松上純一郎 著 ［生成AI対応版］
PowerPoint 資料作成プロフェッショナルの大原則

技術評論社

はじめに

私はコンサルタントとして、多くの企業で資料作成に関する課題を見てきました。わかりにくい資料で進まない会議、資料のせいで伝わらない良いアイデアや企画、資料作成に費やされる膨大な時間、資料に対する上司の漠然としたフィードバック…これらは多くの場合、努力不足ではなく知識不足やスキル不足に起因しています。資料作成に関する本が多く出版され、セミナーが開催されて様々なスキルが提供される中で、なぜこれらの問題は引き続き起きているのでしょうか。

それは資料作成が、仮説思考、ロジカルシンキング、情報収集スキル、図解スキル、グラフスキル、箇条書きスキル、デザインスキル、PowerPointスキル、コミュニケーションスキルなど、広範なスキルを要求するものだからです。

しかし、それがあまりに広範なスキルであるがために、また、それぞれのスキルの体系的な理解が困難ということもあり、既存の資料作成本は一部のスキル（図解、構成、PowerPointの使い方など）に焦点を当てざるを得ず、それがために読者は資料作成の全体像が見えにくくなっていたのです。例えるなら、野球を練習するのに、バッティングだけ学び、素振りばかりしているような状態かと思います。これではいつまでたっても、守備や走塁を含めた野球の試合をプレーすることはできません。

こうした状況を受け、2010年11月、私は一般のビジネスパーソンを対象に資料作成スキルを体系的に教える「戦略的プレゼン資料作成講座」を開始しまし

た。この講座は、資料作成の理論のみ、Tipsのみにフォーカスするのではなく、資料作成の本質的な考え方から具体的な方法論までを一気通貫で教える内容にしました。2日間に渡る講座ですが、おかげさまでご好評いただき、受講者は2024年12月現在で6,000名以上になります。本講座は、経営企画、マーケティング、コンサルタントなど、業務において資料作りが大きな役割を果たす職種から、営業やエンジニアなど様々な方に受講いただき、大きな成果をあげています。

これらの講座を通して、「クライアントへの提案で考えが伝わるようになった」「社内で評価されるようになった」「ロジカルシンキング力が向上した」など、様々な反響をいただいています。変わったところでは、作業療法士の方が現場の意見を経営層に伝えるために資料をうまく使われたというケースも聞いています。このように、資料コミュニケーションは非常に幅広い方にインパクトを及ぼすものだと実感しています。

私自身、この講座を10年以上にわたって続ける中で、どのように伝えれば受講生の皆さまに理解していただけるか、より実践していただけるかを常に試行錯誤してきました。その中でたくさんの気づきを得て、体系化が進み、内容を磨き上げることができました。

その「戦略的プレゼン資料作成講座」の内容をベースにして、資料作成の流れの中で、様々なスキルをどの場面で活用するかを説明しながら、できるだけ体系的、そしてできるだけ具体的に資料作成の方法をまとめたものが本書になります。2019年に本書を発売したところ大きな反響を呼び、5年間で11刷5万部を超える部数が出るまでになりました。そして発売から5年以上がたち、世の

中の様々な仕事の変化に対応するため、リモートワークでの資料の活用法や生成AIの活用などの内容を加えて大幅に刷新した改訂版を、この度発売することになりました。ビジネスパーソンとして必要な資料作成に関する考え方やスキルは、この1冊にほぼ集約されていると考えてよいかと思います。

前述した資料作成に関わるスキルは、実は資料作成以外の場面でも大変役に立つスキルです。例えば、ロジカルシンキングやコミュニケーションスキルは会議の場面で自身の意見を簡潔に伝えるために必要なスキルですし、図解スキルはファシリテーションの場面で大変有効なスキルです。講座では、いつも「資料作成を通して、仕事のコアスキルを高めましょう」とお伝えしていますが、本書はまさに仕事のコアスキルを凝縮した内容と言えます。

仕事のコアスキルを扱った本は、テーマごとのスキルのトピック集になりがちです。一方、本書では「スポーツジム　ルバート」の事例によって、内容の流れに沿って実際に資料ができていく様子を理解することができます。よって、本書は個別スキルを磨くために使うこともできますし、最初から最後まで読むことで資料作成の流れを理解するために使うこともできます。また、本書で紹介しているストーリー作りのフォーマットや生成AIのプロンプト例、図解やグラフのテンプレートファイルはダウンロードすることが可能ですので、本を買ったその日から資料の質や作成のスピードを向上させることができます。

今まで多くの資料作成に関する本を購入してきた方は、この本を通してそれぞれの本の位置づけを理解できるでしょうし、はじめて買う方は、この本の内容を資料作成にすぐに生かすことが可能です。ぜひ最初はパラパラとざっくり通読し、資料作成の全体像を確認してください。続いて、ご自身の興味があ

る部分をピックアップし、精読してください。読了後はお手元に置いて、資料作成で困った時に辞書的に使っていただければと思います。ご使用になるのがPowerPointではなく、Googleスライドでも、操作が一部異なるだけで、資料作成の考え方は不変です。

講座でいつもお伝えすることですが、私は「人の変化、成長のきっかけを生み出す」ことにこだわってきました。本書も読者の皆さまに内容を理解していただき、変化を起こしていただくにはどうしたらよいかということを徹底的に考えて作っています。大きな変化はいつも「小さな変化と、それによる自信」から始まります。私自身も小さな変化を繰り返し、少しずつ自信に変えてきました。ぜひ皆さまも、この本の中から気になるトピックを選んで、小さな変化を実践していただければと思います。

私自身も、コンサルティング業務でのクライアントとのコミュニケーション、NGOでの事業の立ち上げ、海外のローカルパートナーとのやり取り、自身の会社の立ち上げで、いつも資料作成スキルに助けられてきました。資料作成スキルによって自らのアイデアを実現してきたと言っても過言ではありません。

この本を通して資料作成に悩む方が減り、資料の良し悪しではなく、本質的なアイデアが正当に評価される社会が実現することができれば、私としてはこれ以上に幸せなことはありません。本書が皆さまのお役に立つことを心からお祈りしています。

株式会社Rubato代表取締役
松上純一郎

本書の構成

本書は、「人を動かす、1人歩きする資料を早く作る」の実現のために全13章構成になっています。資料作りの考え方から、前準備、実際の資料作成、相手への説明、資料配布、生成AIの活用までを網羅的にカバーしています。

第1章のPowerPoint資料作成の考え方では、そもそもなぜ「人を動かす、1人歩きする資料を早く作る」ことが重要なのか、資料作りのベースになるマインドセットを説明します。最初に心構えを学ぶことで、スキルの背景にある考え方を知ることができ、結果的にスキルの習得が早くなります。また、この心構えは他の業務への応用が可能です。

第2章では、「資料を早く作る」ために作業環境を整えます。PowerPointをカスタマイズせずにそのまま使うと、大変な非効率が発生します。そこで、最初にPowerPointを効率的に使うための設定を行います。また、ショートカットキーや各種操作を覚えることで、さらに効率的な作業が可能になります。

第3章と第4章では、「人を動かす」ために、資料の目的とストーリーを整理します。特に第3章の資料の目的設定は、資料作りにおけるもっとも重要な要素です。目的がないまま資料を作り始めると、資料の内容がわかりづらいものになりがちです。まずは、資料の目的を定めることが重要です。そして、第4章ではその目的に基づいてストーリーを作っていきます。

第5章では、「資料を早く作る」ために、仮説を立ててから情報収集を行う手法を解説します。この仮説設定において重要なのが、「人を動かす」ために、フレームワークなどを用いて重要なポイントを網羅するということです。

第6章と第7章では「資料を早く作る」ため、また「1人歩きする資料」のために、PowerPointのスケルトンの作成と、資料作成のルール作りを行います。特に資料作成のルール作りは、色や図形、フォントなどの選択に迷って時間を浪費することを防いでくれます。

第8章「箇条書き」、第9章「図解」、第10章「グラフ」では、「1人歩きする」スライドの具体的な作成方法を説明します。特に図解では、「型」を用いることを重視しています。図解には様々なパターンがあるので、最初は基本の「型」を身に付けることをおすすめしています。

第11章では、個別に作ったスライドの一貫性を保つため、「全体の流れ」の整理を行います。第12章では「資料配布とプレゼンの方法」を解説しています。この2つの章の内容は、通常の資料作成のプロセスにおいて軽視されがちなポイントです。本書でしっかりと押さえていただければと思います。

最後の第13章では、資料作成における生成AIの活用法を解説します。生成AIは、ストーリーの検討や情報収集、そして内容の要約で特に力を発揮します。資料作成の生産性アップのために活用していただければと思います。

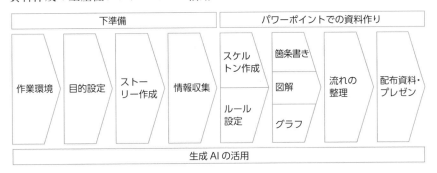

本書では上記の流れを追って学ぶことで、「人を動かす、1人歩きする資料を早く作る」ことに必要なスキルが習得できるように設計されています。

本書で扱う事例

本書では、「スポーツジム　ルバート」という架空の企業を設定することで、学んだことを具体的な事例で確認しながら読み進められるようになっています。「スポーツジム　ルバート」のストーリーは、以下のようなものです。

「スポーツジム　ルバート」のストーリー

「私」は、「スポーツジム　ルバート」の営業部に所属しています。1,500人の会員を擁する三軒茶屋店の入会者数を減少から増加に転じさせるためのプロモーション施策を検討するように、営業部長から依頼されました。アイデアに自信のある「私」ですが、営業部長に提出した企画書は今までことごとく却下されてきました。資料の作成が苦手で、口頭での説明への依存度が高すぎたことが原因です。

自らのアイデアを実行するために、口頭での説明に頼らず、根拠と説得力のある企画書を作成し、部長に再度提案したいと考えています。以下が、「私」の考えている、「スポーツジム　ルバート」の現状と対策です。

● **入会者数が落ち込んでいる**
「スポーツジム　ルバート」の毎月の入会者数は開業以来順調に伸びてきましたが、この半年間、前年と比較して減少傾向がみられます。スポーツジムへの入会を検討している、潜在的な客の取り込みが伸び悩んでいることが原因として考えられます。

●入会者数落ち込みの原因

入会者数の減少には、いくつかの原因が考えられます。まず、内装やマシンなどの設備の老朽化。そして、競合となるジムの増加、特に24時間オープンのジムが増えていることが大きな原因として考えられます。また、少子化による地域人口の減少も影響を与えているかもしれません。

ただ、入会者数の減少を分析したところ、体験入会者数が減少しているのみで、体験入会をした方が正式な入会に至る割合は前年と比較して変化していないということがわかりました。

●新たなプロモーション施策

そこで「私」は、体験入会を促進することが重要と考え、次の3つのプロモーション案を考えました。

① スポーツジムの無料体験チラシの配布
② 無料でのジムトレーナー体験
③ 会員の友人限定の無料体験キャンペーン

それぞれのプロモーション案のコストと効果を比較して、②の無料でのジムトレーナー体験の実施がもっとも有効と考えています。トレーナーの無料体験の提供により、1か月あたり追加の入会者は15名程度になると想定しています。

目次

はじめに ………………………………………………………………… 002
本書の構成 ……………………………………………………………… 006
本書で扱う事例 ………………………………………………………… 008

Chapter 1
PowerPoint資料作成
考え方の大原則

大原則 資料作成はビジネスパーソンの「必須スキル」………………… 022
001　資料作成はビジネスパーソンの必須スキルである ……………… 024
002　英語が不得意な日本人は資料でコミュニケーションすべき …… 025
003　PowerPoint資料は圧倒的にわかりやすい ……………………… 026
004　正しいPowerPoint資料作成を会社は教えてくれない ………… 027
005　プレゼンテーション資料＝説明資料ではない …………………… 028
006　資料には「提案型」と「説明型」の2種類がある ………………… 030

大原則 「人を動かす」「1人歩きする」資料を「早く作る」ことが重要 … 032
007　日々の仕事は「人を動かす」ことの連続である …………………… 034
008　人が「動いてしまう」資料を作る ………………………………… 035
009　「1人歩きする」資料で自分の分身を作る ………………………… 036
010　「1人歩きする」資料には5つのポイントがある ………………… 037
011　作業を「効率化」して資料を「早く作る」………………………… 038
012　資料を「早く作る」と「質が向上」する …………………………… 040

大原則 リモートワーク時代に資料作成は「重要性」を増している …… 042
013　リモート会議での「意思決定の機会」が増えている ……………… 044
014　リモート会議では「説明資料」が求められている ………………… 047
015　リモートワーク時代に必要な「資料作成ノウハウの共通化」…… 050

大原則 生成AIによる資料作成「効率化の可能性」…………………… 052
016　生成AIを活用した「生産性アップ」の重要性 …………………… 054
017　生成AIの活用では「正確性の確認」が重要 ……………………… 056

010

Contents

Chapter 2 PowerPoint資料作成
作業環境の大原則

大原則	外資系コンサルの「作業環境」を再現する	060
018	クイックアクセスツールバーで「作業を高速化」する	062
019	クイックアクセスツールバーは「よく使うコマンド」を右側に置く	066
020	27のショートカットキーは「4つの方法」で記憶できる	070
021	Ctrl、Shift、Altで作業をさらに高速化する	072

Chapter 3 PowerPoint資料作成
目的設定の大原則

大原則	資料の目的は「4つのステップ」で考える	078
022	STEP①「伝える相手」を分析する	080
023	STEP②「期待する行動」を決める	084
024	STEP③「自分の見られ方」を分析する	088
025	STEP④「伝えること」を決める	092

Chapter 4 PowerPoint資料作成
ストーリー作成の大原則

大原則	STEP①「スライド構成」を決定する	102
026	「背景」で資料の重要性を示す	104
027	「課題」で問題点を示す	108
028	「解決策」は課題に対応させる	112
029	「効果」は解決策の結果を示す	116
030	背景、課題、解決策、効果で「スライド構成」を考える	118
031	相手の特徴から資料の「ボリューム・構成」を決める	120
032	「サマリー」と「結論」を必ず加える	124

目次

大原則	STEP② 「スライドタイトル」と「スライドメッセージ」を決定する	126
033	スライドタイトルは「主張なし」で「簡潔」に	128
034	スライドメッセージは「50字以内」で「主張する」	132
035	スライドメッセージでは「3つの型」を活用する	136
036	スライドメッセージに「接続詞」を入れる	140
大原則	STEP③ 「スライドタイプ」を決定する	142
037	スライドタイプは「箇条書き」「図解」「グラフ」から選ぶ	144
038	複数のスライドを「1枚」に入れる	150

Chapter 5 PowerPoint資料作成
情報収集の大原則

大原則	情報収集のために「仮説」を作る	158
039	仮説作りの準備は「入門書」を活用する	160
040	「詳細情報型」と「根拠型」のスライド情報を知っておく	162
041	スライド情報は「ロジックツリー」で整理する	164
042	「フレームワーク」を活用してスライド情報の仮説を作る	166
043	スライド情報の仮説作り① 「ビジネスフレームワーク」	168
044	スライド情報の仮説作り② 「時系列」	174
045	スライド情報の仮説作り③ 「足し算」「掛け算」	176
大原則	ポイントを押さえて「効率的」に情報を収集する	180
046	情報収集には「3つの方法」がある	182
047	情報収集は「計画」を立ててから「実行」する	184
048	インターネット検索では「ファイル形式を指定」する	186

Chapter 6 PowerPoint資料作成
スケルトン作成の大原則

大原則	レイアウト作成は「スライドマスター」を活用する	194
049	「スライドレイアウト」は2枚だけ残す	196

Contents

050	「スライドタイトル」「スライドメッセージ」を追加する		198
051	「ロゴ」「出所」「スライド番号」を追加する		202
052	スライドの使用範囲を「ガイド」で明示する		204
053	「アウトライン」にストーリーを落とし込む		206
大原則	資料の要となる「タイトル」「サマリー」「目次」「結論」を作成する		210
054	「タイトル」「目次」スライドを作成する		212
055	「サマリー」「結論」スライドを作成する		214

Chapter 7 PowerPoint資料作成
ルール設定の大原則

大原則	レイアウトの「法則」を理解する		222
056	スライドは「左から右」「上から下」に読まれる		224
057	スライドは「2分割」「4分割」して使う		226
大原則	文字は「見やすく」 装飾は「不要」		228
058	フォントは「MS Pゴシック」または「Meiryo UI」を選ぶ		230
059	文字の色は「濃いグレー」を選ぶ		233
060	文字のサイズは「14pt」を選ぶ		234
061	小見出しは「下線」と「長方形」を使い分ける		236
大原則	矢印で「読者の目の動き」をコントロールする		238
062	矢印は「カギ線矢印」を使う		240
063	「三角矢印」で全体の流れを示す		242
大原則	図形は情報とイメージを「シンプルに表現」する		244
064	具体は「四角」・抽象は「楕円」で表現する		246
065	「直角の四角形」と「角丸の四角形」を使い分ける		248
066	図形には「影をつけない」		252
067	図形の余白は「最小化」する		254
068	図形の配置は「縦・横」を揃える		256
大原則	センス無用！ 配色には「ルール」がある		258
069	配色は「色相環」で決める		260

目次

070	配色は「イメージ」を考慮する	262
071	背景は必ず「白」を選ぶ	264
072	資料に「原色」は使わない	265
大原則	スライドに「ルール」を適用する	266
073	スライド作成の「ルール表」で生産性を最大化する	268
074	「既定の図形」で書式を自動反映する	270

Chapter 8 PowerPoint資料作成
箇条書きの大原則

大原則	箇条書きは「分解」から始める	276
075	箇条書きは「分解して作る」	278
076	箇条書きは「1文」「40字以内」でまとめる	280
077	箇条書きの文末は「用言」か「体言止め」を選ぶ	282
078	箇条書きの説得力は「数字」で高める	284
079	箇条書きは「3項目」に整理する	286
080	箇条書きは「重要度順」「時系列順」「種類別」に並べる	288
大原則	箇条書きは「階層構造」が鍵になる	290
081	箇条書きの階層は「3階層以内」とする	292
082	「因果・詳細・事例」で階層を作る	294
083	下の階層は「複数項目」にする	296
084	箇条書きで「論理構成」を示す	298
大原則	箇条書き作成には「作法」がある	300
085	箇条書きは「自動」で作成する	302
086	「ビュレットポイント」を独自に設定する	304
087	箇条書きの位置は「ルーラー」で整える	306
088	箇条書きの行間は「6〜12pt」空ける	308
089	箇条書きの弱点を「小見出し」で克服する	310

Contents

Chapter 9 PowerPoint資料作成 — 図解の大原則

大原則 伝わる基本図解は「6種類」から選ぶ ………………… 318
- 090 情報のロジックツリーを図解に「落とし込む」………………… 320
- 091 「情報の関係性」を見抜いて図解を選ぶ ………………… 322
- 092 基本図解①万能の「列挙型」………………… 326
- 093 基本図解②全体を示す「背景型」………………… 328
- 094 基本図解③広がる「拡散型」………………… 330
- 095 基本図解④集まる「合流型」………………… 332
- 096 基本図解⑤流れる「フロー型」………………… 334
- 097 基本図解⑥循環する「回転型」………………… 336

大原則 伝わる応用図解は「6種類」から選ぶ ………………… 342
- 098 応用図解①向上を示す「上昇型」………………… 344
- 099 応用図解②比較の「対比型」………………… 346
- 100 応用図解③情報整理の「マトリックス型」………………… 348
- 101 応用図解④詳細な情報整理の「表型」………………… 352
- 102 応用図解⑤位置づけを整理する「4象限型」………………… 356
- 103 応用図解⑥計画を示す「ガントチャート型」………………… 358

大原則 図解は3ステップで「効率的」に作る ………………… 364
- 104 STEP①図形の「まとまり」を作る ………………… 366
- 105 STEP②図形の「配置」を整える ………………… 368
- 106 STEP③図形に「文字」を入力する ………………… 370

大原則 「図解の強調」でメリハリをつける ………………… 372
- 107 図解の強調色は「色相環」から選ぶ ………………… 374
- 108 図解の強調箇所は「スライドメッセージ」で決める ………………… 376
- 109 図解の文字は「2ステップ」で強調する ………………… 378
- 110 図解の小見出しは「アクセントカラー」で強調する ………………… 379
- 111 図解の範囲は「背景色」で強調する ………………… 380

目次

大原則	「追加の表現」で図解をもっとわかりやすくする	382
112	図解に「評価」を追加する	384
113	図解の内容を「画像」で視覚化する	386
114	「ピクトグラム」で統一感を出す	390
115	ピクトグラムは「背景を透過」して使う	394
116	画像は3つのルールで「配置」する	396
117	写真は「縦横比」を維持して「拡大／縮小」する	398
118	図解に「アイコン」を追加する	400

Chapter 10　PowerPoint資料作成
グラフの大原則

大原則	伝わるグラフは「5種類」から選ぶ	408
119	「ガイドライン」を活用してグラフを選ぶ	410
120	内訳を比較する「積み上げグラフ」	414
121	量を比較する「横棒グラフ」	416
122	高さで変化を示す「縦棒グラフ」	418
123	増減や傾向を示す「折れ線グラフ」	420
124	原因と結果を示す「散布図」	424
大原則	「何を比較するか」でグラフを選ぶ	426
125	「項目比較」は3つのグラフから選ぶ	428
126	「時系列比較」は3つのグラフから選ぶ	430
127	「頻度分布比較」は縦棒グラフが基本	434
128	比較と使用グラフの「ガイドライン」	435
大原則	グラフは「見せ方」で伝達力が変わる	438
129	グラフは「重要なデータ」に絞り込む	440
130	グラフのデータは「大きさ」「重要度」「種類」の順に並べる	442
131	複数のグラフ間で「データの並び順」を統一する	444
132	2種類のデータは「複合グラフ」で表現する	446

Contents

大原則	グラフは「強調」で段違いにわかりやすくなる	450
133	個別データは「色と矢印」で強調する	452
134	複数データは「背景」で強調する	454
135	増減の傾向は「矢印」で強調する	455
136	データの差は「補助線」と「矢印」で強調する	456
137	強調の意図は「文章」で表現する	457
大原則	グラフの重要な要素を「整える」	460
138	「目盛線」を消して「データラベル」を追加する	462
139	複数のグラフは「軸目盛を揃えて」比較する	464
140	凡例は「テキストボックス」で作り直す	466
141	グラフ作成の「5つの注意点」を確認する	468

Chapter 11　PowerPoint資料作成
流れの整理の大原則

大原則	「資料の流れ」をわかりやすくする	476
142	セクションごとに「目次スライド」を挟む	478
143	全体の流れを「パンくずリスト」で示す	480
144	資料の概要を「1枚のスライド」で示す	482
145	スライド間で「色と順番」を統一する	484
146	スライド間で「小見出しを重複」させる	487
大原則	資料全体の「統一感」を出す	490
147	「一括置換」でフォントを統一する	492
148	「書式のコピー」で書式を統一する	493
149	「置換機能」で文章表現を統一する	494
150	「図形の変更」で図形を統一する	496

目次

Chapter 12 PowerPoint資料作成
資料配布・プレゼンの大原則

大原則	外資系コンサルは「配布資料」にもこだわる	502
151	テスト印刷した資料を「チェックリスト」で確認する	504
152	配布資料は「2スライド／1ページ」で印刷する	506
153	配布資料は「グレースケール」で印刷する	508
大原則	外資系コンサル流「資料説明・プレゼン」のコツ	510
154	説明する内容に「優先順位」をつける	512
155	「ページ番号」を伝えて注意を集める	514
156	スライドショーを「瞬時に開始」する	516
157	「ホワイトアウト」で注目を集める	517
158	表示したいスライドに「瞬時にジャンプ」する	518
159	デスクトップのアイコンを「非表示」にする	519
160	「ハイパーリンク」で別ファイルに飛ばす	520
大原則	リモート会議における「資料説明・プレゼン」のワザ	522
161	アニメーションは「フェード」を使う	524
162	アニメーションの「場所」がわかるようにする	526
163	アニメーションは「塊」で出す	528
164	「レーザーポインター」「拡大」で参加者の視線を集める	531
大原則	外資系コンサル流「資料ファイル送付」のワザ	534
165	画像は「圧縮」して容量を軽くする	536
166	重要な文書には「パスワード」をかける	537
167	ファイルの「作成者」を確認する	538
168	メールの文面に「添付ファイルの説明」を入れる	539

Contents

Chapter 13 PowerPoint資料作成
生成AI活用の大原則

大原則	生成AIを活用した資料作成の「全体観」	544
169	生成AIで「ストーリー作成」を行う	546
170	生成AIで「スライド情報の収集」を行う	552
171	生成AIで「スライドメッセージの作成」を行う	556
172	生成AIで「小見出しと箇条書きの作成」を行う	561
173	生成AIで「文字強調」を行う	566
174	生成AIで「表の作成」を行う	570
175	生成AIで「情報の評価」を行う	574
176	生成AIで「サマリーの作成」を行う	579
177	生成AIで「Q&Aの作成」を行う	584

付録 01	資料作成チェックリスト20	592
付録 02	テンプレートファイルの使い方	600
付録 03	参考スライド例(スポーツジム ルバート)	604
付録 04	参考文献	614

索引	616
あとがき	620

◎特典ファイルのダウンロードについて

本書を購入いただいた読者の方限定で、以下のURLから特典ファイルをダウンロードできます。ダウンロードする際に、簡単なアンケートにご協力ください。アンケート回答後に、ダウンロードページのURLが表示されます。ファイルは圧縮されているため、解凍してご利用ください。

https://www.rubato.co/download2

ダウンロード特典は、以下のファイルで構成されています。

・付録01_資料作成チェックリスト20（P.592）
・付録02_1_クイックアクセスツールバー（P.600）
・付録02_2_ストーリーライン作成用Excelテンプレート（P.600）
・付録02_3_スポーツジム事例のスケルトン（P.602）
・付録02_4_スライド作成ルール表（P.602）
・付録02_5_図解とグラフのテンプレートファイル（P.603）
・付録02_6_生成AIプロンプトファイル（P.603）
・付録03_参考スライド（スポーツジム ルバート）（P.604）

なお、特典ファイルの提供は予告なしに中止することがあります。あらかじめご了承ください。

◎免責

本書に記載された内容は、情報の提供のみを目的としています。したがって、本書を用いた運用は、必ずお客様自身の責任と判断によって行ってください。これらの情報の運用の結果、いかなる損害が発生しても、技術評論社および著者はいかなる責任も負いません。

本書記載の情報は、2024年12月現在のものを掲載しています。アプリの画面や機能は更新されることがあり、本書での説明とは機能や画面が異なってしまうこともありえます。アプリの画面や機能が異なることを理由とする、本書の返品や交換、返金には応じられません。

本書の解説に使用している資料の内容は、企業名、個人名等、すべて架空のものとなります。実在の企業、個人等とは関係がございません。

以上の注意事項をご承諾いただいた上で、本書をご利用願います。これらの注意事項に関わる理由に基づく、返金、返本を含む、あらゆる対処を、技術評論社および著者は行いません。あらかじめ、ご承知おきください。

■本書に掲載した会社名、プログラム名、システム名などは、米国およびその他の国における登録商標または商標です。なお、本文に™マーク、®マークは明記しておりません。

Chapter

1

― PowerPoint資料作成 ―

考え方の大原則

大原則 | 資料作成はビジネスパーソンの「必須スキル」

「資料作成」と聞くと、皆さんはどのようなイメージを持たれるでしょうか。「面倒くさい」「時間がかかる」「苦手だ」と思われる方が多いのではないでしょうか。私が代表を務める株式会社Rubatoでは、今までに6,000名以上の方に資料作成の研修にご参加いただいてきました。その多くの方が資料作成に苦手意識を持っており、私も実感として世の中の多くの方が資料作成にネガティブな印象を持っていることを感じています。

私はコンサルタントとして多くの企業に関わってきましたが、新規事業や事業改革の実施に当たり、社内担当者の資料作成能力の低さがハードルになっている場面を数多く見てきました。企画の内容がよいのにもかかわらず企画書がわかりにくいため結果的に承認されない、企画書から重要な情報が抜け落ちていて口頭でそれを補足している、など事例には事欠きません。

たかが資料作成と思われるかもしれませんが、私はせっかくの企画や提案が資料の拙さでうまく周りに伝わらない場面を繰り返し見る中で、資料作成は実はビジネスパーソンの必須スキルではないかと思うようになりました。

私の経験では、仕事ができると言われている人は一般的に資料作成が上手で自身の考えをうまく伝えられている人が多く、一方で仕事ができない人は資料作成が苦手で自身の考えがうまく伝えられない傾向があるように思います。こうしたことから、**仕事でパフォーマンスを上げるためには資料作成は避けて通れない**と私は感じています。

ここではビジネスパーソンにとって、なぜ資料作成が重要なのかということを概観するとともに、資料作成が苦手な原因、また、そもそも資料にはどのような種類があり、私たちはどのような種類の資料を作成するスキルを身につけるべきなのか、といったことについて考えていきます。

資料作成はビジネスパーソンの必須スキルである

皆さんは、資料作成の方法を体系的に学んだことがあるでしょうか。ほとんどの方はないと思います。私たちは業務で資料を日々作成している一方で、**資料作成の技術をほとんど教えられておらず、正しい資料の作り方を実践している方は実はごく少数なのです**。

コンサルティングプロジェクトの中で出会う優秀なビジネスパーソンが、社内改革や新規事業のよい提案や企画を持っていることは多々あります。しかし、それらの企画をうまく表現できず、その結果、実現できていないことが大半を占めます。企画が実現しないのは、資料作成スキルの不足が大きく影響しているのですが、多くの場合、本人たちはそれに気づいていません。

日本企業は終身雇用が前提であったため、過去の経験やあ・うんの呼吸が重視され、資料を用いたコミュニケーションがそれほど必要とされてこなかったということが背景にはあると思います。しかし、多様な人材で新たな付加価値を生み出しながらビジネスを進めることが常識になった今、あ・うんではコミュニケーションが成り立たない環境になってしまったのです。

これが、私が2010年に資料講座を開催することになったきっかけでした。コンサルタントが習得している資料作成のスキルを身につければ、一般企業の社員の業務の生産性は飛躍的に改善され、新規事業などへの取り組みがより促進されると考えたのです。

原則 002 英語が不得意な日本人は資料でコミュニケーションすべき

グローバル化が進む現代において、資料の重要性はますます高まっています。私は一時期、国際NGOでアフリカ・ザンビアや南アジア・バングラデシュでのプロジェクトを行っていました。その際の現地パートナーとの打ち合わせでは、お互いノンネイティブどうしでしたので、英語でのコミュニケーションは誤解の連続でした。また、その傾向は電話会議でより顕著でした。

そこで私は、コミュニケーションを取る方法を、資料をベースにしたやり方に変えました。電話会議の前には必ずPowerPoint資料を送り、電話でその内容を説明する。先方からコメントがあれば、資料にコメントを書き込んでもらう。この方法をとることで、コミュニケーション効率が劇的に上がりました。

これはネイティブとのコミュニケーションにも有効です。言語的な優位性を活かして英語でまくし立ててくる相手に、「よくわからないので、私の資料をベースに話すか、資料にコメントを書いてくれ」と頼むと一気に相手の勢いが弱まります。拙い英語の資料でもかまわないのです。資料の中で意味がわからない英語に対して相手が質問をしてくるようになったら、こちらのペースです。

グローバル化に対応するために英語を必死に学んでいる人は多いと思います。もちろんその努力は大事です。しかし、日本人がネイティブと対等に話すレベルに達するには莫大な時間と労力が必要です。資料の有効活用により、自分のペースに引き込み、よりコミュニケーションが円滑になるとすれば、これを使わない手はないと思います。

PowerPoint資料は圧倒的にわかりやすい

多くの人は資料作成と聞くと、Word資料を思い浮かべますが、仕事を円滑に進める上で欠かせないのが実はPowerPoint資料なのです。PowerPoint資料は

①図やグラフで説明できる
②メッセージが明確である

の2点において、Wordよりも圧倒的に説明資料として適しています。

Wordを使った資料は文字での説明を前提としているため、図やグラフの使用に基本的には適していません。図やグラフを挿入することはできますが、本文とは別に配置されるため、本文の補足説明程度の役割です。一方で、**PowerPointを使った資料では図やグラフを中心に説明するため、読者の直感的な理解が可能になります。**

また、Wordによる資料は文章で説明されているので、読者は時間をかけて文章を読み、何が重要かを読み取る必要があります。一方、PowerPointを使った資料ではスライドごとに明確なメッセージが示されるため、主張がわかりやすく、読者が短時間で内容を理解することが可能です。

これらの特徴から、ビジネスシーンにおいてPowerPointで提案書や企画書を作成する機会はますます増えています。今やPowerPointを使ってわかりやすい資料を作る技術は、ビジネスパーソンに求められている当たり前のスキルの1つと言っても過言ではありません。

正しいPowerPoint資料作成を会社は教えてくれない

それほど重要なPowerPointを使った資料作成ですが、その方法を会社では教えてくれません。それはなぜでしょうか。

その理由は、Excelなどとは違って、正しいPowerPoint資料の作り方が会社に浸透していないということがあります。社内に、正しい方法を知っている人が誰もいないというケースも多いと思います。わかりにくいPowerPoint資料を作っている社員がいて、上司が「あいつのPowerPoint資料はわかりにくい」とコメントしていても、具体的にどこをどう改善すればよいかを教えられる上司がほとんど存在しないため、わかりにくいPowerPoint資料は放置されてしまうのです。

別の理由として、PowerPoint資料を重要視していない世代が会社で主導的な立場にあるということがあります。特に50代半ば以上の方はPowerPointが存在しない時代に仕事を覚えてきたので、PowerPoint資料の効果を軽視する傾向があります。私が資料作成の重要性を説明する際に、「資料の作り方？　表面的な話でしょ？」という反応をされるのは、50代半ば以上の方が大変多いのが現状です。

上司が自分でPowerPoint資料を作らずに、部下に作らせ、感覚ベースでフィードバックをすることが常態化している会社は多いと思います。これほど変化の早い世の中で、前の時代の常識で若手社員のスキル教育はなされ、そして会社はますます時代の流れについていけなくなっているのです。もはやビジネスパーソンは、スキル習得を会社に頼ってはいけない状況なのです。

プレゼンテーション資料
=説明資料ではない

一般的にPowerPoint資料＝プレゼンテーション資料と思われがちですが、これは実は大きな間違いです。ビジネスシーンではPowerPointは多くの場合、「説明資料」作りに使われており、プレゼンテーション資料を作る機会は実際にはそれほど多くありません。

外資系コンサルのプロジェクトでさえ、プレゼンテーション資料はキックオフ会議や中間報告、最終報告など限られた機会で使用されるのみです。会議や打ち合わせの際にPowerPointの説明資料を使用する機会の方が、プレゼンテーションの機会より格段に多いのです。また、企画書や提案書の添付資料としてPowerPoint資料を作ることも大変多くなってきています。

プレゼンテーション資料と説明資料には、大きな違いがあります。**プレゼンテーション資料はプレゼンテーションでプレゼンターのスピーチをサポートする資料（Visual aid）なのに対し、説明資料は口頭での説明なしでも相手が読むだけで内容を理解できる資料なのです。**

スティーブ＝ジョブズや孫正義さんのプレゼンテーション資料はあくまでもスピーチをサポートするもので、説明資料ではありません。スティーブ＝ジョブズや孫正義さんのスピーチがメインなのです。学生に説明資料を作成させると、そのような資料の真似をして画像をたくさん貼り付けた資料を作ってくることがありますが、これはプレゼンテーション資料と説明資料を混同しているからです。

説明資料は、大人数へのプレゼンテーションを前提とした資料ではありません。そのため、文字サイズは小さく、文字数は多めになる傾向があります。画像なども最低限の使用にとどめます。また、読まれることを前提としています。

	プレゼンテーション資料	説明資料
主役	プレゼンター	資料
文字数	少	多
フォントサイズ	大	小
画像	多	少

本書ではプレゼンテーション資料ではなく、説明資料の作り方に絞って解説を行います。しかし、**説明資料を作ることができれば、プレゼンテーション資料を作成するのは実は容易です**。文字の部分をイメージ画像に変えて、プレゼンターが口頭で内容を説明すればよいのです。

逆に、プレゼンテーション資料から説明資料を作るのは困難です。プレゼンテーション資料ではプレゼンターが口頭で内容を説明することを主眼とし、イメージ画像を中心に作成するので、説明資料に必要な、相手に伝えるための論理構成が不足していることが多いからです。

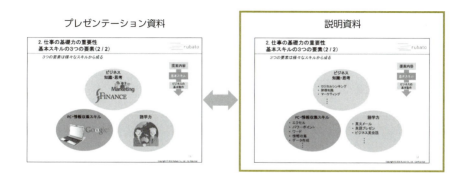

原則 006 資料には「提案型」と「説明型」の2種類がある

資料には種類があり、その種類によって作り方が大きく異なります。大きく2つの種類に分けると、新たな取り組みを提案する「提案型」の企画書や提案書、そして、業務の実施や報告のための「説明型」の計画書や説明書になります。

「提案型」の資料は、企画した内容について上長や顧客が判断をする必要があるので、判断のための材料や根拠を提示します。一方で「説明型」の資料は、すでに実施が決定した内容を説明する資料ですので、根拠よりも具体性が重要になります。

	提案型	説明型
資料の種類	・企画書 ・提案書 ・改善提案書	・計画書 ・説明書 ・報告書
概要	・提案内容について、判断を仰ぐための資料	・提案内容を実施するための資料 ・実施した内容を報告する資料
ポイント	・判断のための材料が必要	・具体性が重要

PDCAプロセスに当てはめると、Plan（計画）の段階では「提案型」の企画書や提案書を作成し、決裁が下りると「説明型」の計画書を準備します。Do（実施）の段階では「説明型」の説明書を作成し、Check（確認）の段階では「説明型」の報告書で問題点を整理し、最後のAction（改善）では「提案型」の改善提案書を作成します。このように、日々の業務では様々な資料を使い分けながら仕事に取り組んでいきます。

	提案型	説明型
Plan	・企画書 ・提案書	
		・計画書
Do		・説明書（マニュアル）
Check		・報告書
Action	・改善提案書	

実際の業務では、この「資料のPDCA」が回るように気を配ることが大事です。業務フローがきちんと整理してあるにもかかわらず、**業務のPDCAが回らない企業に見られるパターンとして、「資料のPDCA」が整備されていない**ということがよくあります。

例えば新規事業に取り組む際に、企画書がある一方で、説明書が存在していないと、企画のみが先行して、業務の現場への浸透が図れないといった事態に陥ります。新しい企画に取り組む際には、この「資料のPDCA」を意識して資料作りを行いましょう。

私の経験では、日本のビジネスパーソンは計画書や説明書などの「説明型」資料の作成が得意な一方で、会社の上長や社外に対する企画書や提案書などの「提案型」資料の作成が苦手な傾向があります。それを反映してか、コンサルタントとして「提案型」資料の作成が必須な入札案件をサポートするプロジェクトを請け負うことも少なくありません。よって**本書では、一般的に苦手意識が高い提案型の資料作成を中心に説明を進めていきます。**

| 大原則 | 「人を動かす」「1人歩きする」資料を「早く作る」ことが重要

世の中には、ビジネスパーソンに対して様々な資料の作り方が提案されています。A3用紙1枚でまとめるトヨタ方式、Excel方眼紙で作成する形式、できるだけシンプルにするZEN方式など、例を挙げればきりがありません。資料作成本は空前のブームで、Amazonで「資料作成」と検索すると1,000冊もの書籍がヒットします。このように資料作成に関する情報があふれる中で、私たちはどのような資料作成スキルを習得すればよいのでしょうか。

私は多くのプロジェクトに従事する中で、1万枚を超える資料を作ってきたと思います。うまく伝わった時、そうでない時など、様々な経験から、資料作成の重要な要素は次の3つに集約されると感じるようになりました。1つ目は「人を動かす」こと、2つ目は「1人歩きする」こと、そして3つ目は「早く作る」ことです。

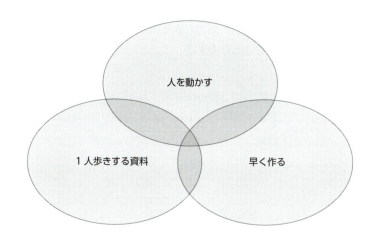

この3つの条件が揃った時に、ビジネスパーソンにとって本当に活用できる資料作成のスキルとなると私は考えています。ここではそれぞれの要素がなぜ重要なのかについて、順を追って説明していきます。

日々の仕事は「人を動かす」ことの連続である

原則 007

「人を動かす」と聞くと、営業担当が顧客に商品を購入してもらうといったことを想像するかもしれません。しかし社外だけでなく、実は社内でも日々人を動かすことに私たちは直面しているのです。

例えば、上司にアイデアや企画を提案して協力してもらう、部長を動かしてもらう。こういったことは、社内の日常業務でよく発生することだと思います。自分が上司の立場なら、部下に指示をして狙い通りに動いてもらうことも、立派な人を動かすということです。また同僚から意見をもらう、先輩に協力してもらう、こういったことも人を動かすことです。つまり、**私たちは業務で常に人を動かすことに直面しているのです。**

一方で、どうすれば人を動かせるかは実は誰も教えてくれないですし、私たちは日々失敗を重ねています。動かない上司、指示と異なる行動をする部下、見当違いの意見をくれる同僚…このような状況を脱却するためにも、私たちは資料によって人を動かすことを学ぶ必要があるのです。

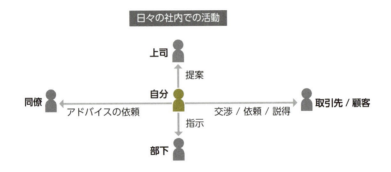

人が「動いてしまう」資料を作る

人を動かす資料とは、その資料を読んだ瞬間に読み手が何をすればよいかがわかり、その行動を起こしてしまう資料のことです。世の中には、読み手が何をしたらよいかわからない資料があふれています。日々の仕事が「人を動かす」ものならば、「人を動かさない」資料は業務上「無駄な」資料ということになります。

「人を動かす」と言っても、無理矢理に人は動くわけではありません。動かそうとすればするほど人は動かなくなるものです。**相手の心理やインセンティブ、やりたくないことをくみ取り、具体的な行動を提案し、「動いていただく」というのが、私たちの目指す「人を動かす」ということになります。**

例えば、私はコンサルティングプロジェクトにおいて、クライアント企業に改革提案を行う際には、クライアント企業のプロジェクト責任者があとどれくらいの期間そのプロジェクトに関われるのかを推測するようにしています。もし、あと2年程度で異動の可能性が高い人の場合は、3年後以降に効果が出るような成果物ですと、プロジェクトに積極的に取り組んでもらえる可能性が低くなってしまうのです。

本当に人を動かす資料にするためには、資料作成の前に資料を説明する対象者について熟考することが必要になるのです。

「1人歩きする資料」で自分の分身を作る

仕事のインパクトを最大化するために、資料作りで留意すべきは、その資料が「1人歩きする」ということです。「1人歩きする資料」とは、自分の説明がなくとも読み手が内容をスラスラ読んで理解することが可能な資料のことです。

1人歩きする資料のメリットは、1つは資料が「自分の代わりに伝えてくれる」こと、そしてもう1つが「多くの人を巻き込める」ことです。

大企業に商品を提案する場合、窓口の担当者が納得しただけでは、その商品は選んでもらえません。担当者が社内で商品について説明し、意思決定者の決裁を得る必要があります。しかし多くの場合、担当者は商品に精通しているわけではありません。このような時に説明資料をしっかりと作っておけば、自分の代わりにその資料が商品の魅力を十分に伝えてくれることになります。

また大規模なプロジェクトの場合、メンバーがプロジェクトについて共通の理解を持つ必要があります。その場合、口頭で伝えるには限界があります。1人歩きする資料なら、多くの人の間で理解を共有することが可能になるのです。

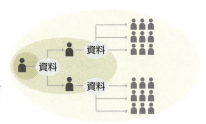

- 自分の代わりに資料が説明をしてくれる
- プレゼンでは巻き込む人数に限界があるが、資料があればより多くの人を自分の提案に巻き込むことが可能になる

原則 010 「1人歩きする資料」には5つのポイントがある

「1人歩きする資料」を実現するために、私は以下の5つが重要だと感じています。

① メッセージが明確である
② パッと見てわかる
③ 根拠が述べられている
④ 情報が整理されている
⑤ 読者のアクションが明確である

まず、相手に対するメッセージが曖昧ではなく、明確であることが重要です。データがたくさんあっても「伝えるメッセージはシンプルに明確に」を意識するようにします。資料を作る前にメッセージを決めておくことがポイントです。

次に、そのメッセージが資料をパッと見た瞬間にわかること、つまり、ほとんど読まなくてもメッセージが伝わるということが重要です。これは文章量を減らし、図解やグラフを使い、大事な部分を強調することで実現できます。

根拠がきちんと述べられていることも重要です。根拠に乏しいメッセージでは、説得力を持ちませんし、人は動きません。そして、こうした根拠となる情報がわかりやすく整理されている必要があります。

最後に、相手に期待するアクションの明確さが大事です。「協力をお願いします」では、具体的な行動がわかりません。例えば「営業会議で議題として取り上げてください」のように、何をすればよいかが明確になるようにします。

原則 011 | 作業を「効率化」して資料を「早く作る」

「人を動かす」「1人歩きする」資料の重要性はわかっていただけたと思います。しかし、これに加えて、**資料をできるだけ早く作ることが大変重要なのです。**

外資系コンサルと聞くと、どのようなイメージを持たれるでしょうか？「経営の課題を瞬時に見抜く」「頭の回転が早く、次々とアイデアが出てくる」「経営に関する知識や経験が豊富」などのイメージを描くかと思います。私も学生時代は同じようなイメージを抱いていましたが、私が外資系コンサルに新卒で入った時に驚いたのはとにかく仕事のスピードが速いことでした。**例えば作業レベルで言うとPowerPoint資料20枚を5、6時間で作り、簡単な事業計画のExcelを3時間で作ってしまうくらいのスピードなのです。**

なぜ仕事が早いのかというと、1つに仕事の進め方の合理化、そしてもう1つに操作の合理化を徹底的に行っているからです。1つ目の仕事の進め方の合理化については、成果物イメージを最初に明確にする「ゴール志向」、仮説をベースに進める「仮説思考」などのスキルを駆使して、仕事を早くしています。

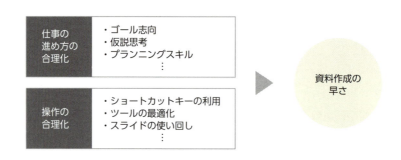

一方で、操作の早さについては、PowerPointなどのソフトウェアのカスタマイズ、ショートカットの多用、よく使うスライドの使い回し、などのスキルを徹底的に活用しています。

新卒当時、私はIBM（現在はLENOVO）のThinkPadを支給されていました。このノートパソコンはトラックポイントという突起状のボタンがキーボードの中央に設けられていて、これがマウスの代わりの機能を果たしています。ただ、このトラックポイントは慣れないと非常に使いにくいことで有名で、私は代わりにマウスを使っていました。

するとある時、先輩のコンサルタントから、**「なぜマウスを使ってるの？　マウスとキーボードの往復の時間が無駄だよね。」**と言われました。私はまったく理解できなかったのですが、その先輩コンサルタントは、「マウスとキーボードの往復を10秒に1回として、1分間に6回。1回に0.5秒かかるとすると、1分間に3秒のロス。1時間だと180秒（＝3分間）、松上さんは1日18時間働いているので、1日に54分のロスだよね。この時間寝たくない？」と説明してくれました。私はそれからマウスを使わなくなり、非常に早く操作を行えるようになり、今でもThinkPadを愛用しています。

これは極端な例かもしれませんが、それくらい外資系コンサルタントは仕事の合理化を行っているのです。

$$0.5秒/回 \times 6回/分 \times 60分/時間 \times 18時間 \fallingdotseq 54分/日$$

原則 012 資料を「早く作る」と「質が向上」する

早く作業をするというのは、実は資料の質の向上にもつながります。私は入社1年目に、先輩コンサルタントから「松上さんは、今は考えるよりも作業を早くした方がいいよ」とアドバイスをもらいました。「コンサルタントになってなんで考えることを後回しにするのだ」とその時は思いましたが、今考えると、とにかく仕事を合理化して作業を早くすることで考える時間を捻出し、仕事の質を上げろ、というメッセージだったと気付きます。

様々な情報を組み合わせて何度も何度も考えることによって、仕事の質は向上します。つまり、**仕事の質を向上させるには「考える量」が絶対的に必要になるのです**。これをピラミッドに例えると、底辺の「考える量」が増えれば増えるほど、より高いピラミッド「高い仕事の質」につながっていくということになります。この「仕事の質」というのは、もちろん「資料の質」にもつながっていくものです。

考える量と仕事（資料）の質の関係

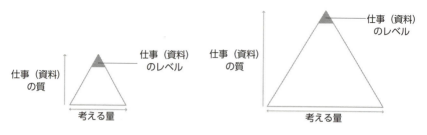

このピラミッドの底辺を支える「考える量」については、頭のよい人が絶対的に優れていると思われる方も多いかもしれません。しかし「考える量」は、「考える速さ×考える時間」に分解できるのです。「考える速さ」（頭の回転の速さ）は人によって違いますし、才能に依存するところがあります。しかし時間は皆に平等に与えられているものなので、工夫次第で誰でも「考える時間」を捻出することが可能なのです。

早く作業をすることは、単なる時間の短縮だけではなく、考えるための時間の捻出につながり、それが「考える量」の増加になり、最終的には「仕事の質」の向上につながるのです。

私は会社の同僚と比較すると決して学歴的にも優れていませんでしたし、頭の回転も速くはありませんでした。しかし、作業のスピードを速くすることで、考える時間を捻出し、考える量を増やし、そして仕事の質を高めていくことでコンサルタントとして今まで働いてこられたのだと思います。

大原則 | リモートワーク時代に資料作成は「重要性」を増している

2019年の新型コロナウイルスの世界的な大流行により、リモートワークが一気に広がり、オフィス出社とリモートワークを組み合わせたハイブリッドワークが一般的になりました。そして、社内や社外との会議や打ち合わせをオンラインで行うことが以前より劇的に増加しました。

それまでの対面の会議では、わかりにくい内容でも視線やジェスチャー、仕草などを伴った形で口頭で説明することで「なんとなく伝わる」ことが可能でした。しかし、リモート会議ではジェスチャーなどの非言語コミュニケーションが限られるため、「なんとなく伝わる」ことが大変難しくなっています。

従来であれば適当な資料でも口頭でなんとか伝わったことが通用しなくなり、**資料をきちんと準備してその資料をベースに説明することがリモート会議の時代には必要になっている**のです。また、その資料をPowerPointを用いて作成して、わかりにくい内容をわかりやすく視覚的に説明することがより求められるようになっています。

また、そのPowerPointを用いた資料作りのプロセスも、リモートワークの影響を受けて大きく変化しています。今までは紙に印刷した資料に対して上司が手書きで修正点を書き込むことが一般的でしたが、現在はファイルのやり取りのみで完結することが多くなりました。また、クラウドを利用して1つのファイルを複数人が同時に編集することも増えてきています。

このように、**リモートワークの時代にはPowerPoint資料の重要性がさらに高まり、その作成プロセスにも大きな変化が起きているのです。**

原則 013 リモート会議での「意思決定の機会」が増えている

新型コロナウイルス流行の影響でリモートワークが増加した結果、**社内会議をMicrosoft TeamsやZoomなどのオンラインツールを用いて行う会社が劇的に増加しました**。新型コロナウイルスによる影響が薄れてからも多くの会社は完全出社に戻さず、リモートワークと出社のハイブリッド勤務を選択しています。このハイブリッド勤務の環境で会議を実施する場合、対面のメンバーが多数であっても、リモートワークのメンバーが1人でもいればそれはオンラインツールを利用した会議になります。

また、取引先を直接訪問しての営業や会議、打ち合わせも激減しました。取引先への訪問のための移動時間や会議室確保のための手間を考慮すると、多くの企業がリモート会議の方が効率的だと考えるようになったからです。

直接訪問	<	リモート会議
・会議室確保の手間 ・移動時間		・ビデオ会議システムのURLの共有のみ

帝国データバンクの2023年の1万1,428社に対する会議に関する調査によると[*1]、社内会議のうち、対面とオンラインのハイブリッドまたはオンラインのみの会議は32.6%を占めており、社外会議の場合、この割合は65.0%にまで増加します。このように社内会議も社外会議もオンラインで実施する傾向があり、今後もこの状況が続いていく可能性は高いと思われます。

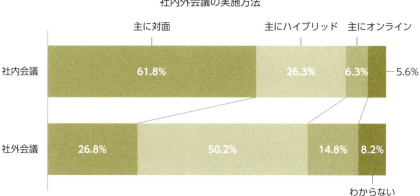

対面での会議は目の前に人がいることから参加者が会議に集中しやすく、議論が比較的拡散しにくい傾向があります。また、参加者の表情を伺いながら、何か言いたげな人がいれば意見を聞いて、集約していくことも可能です。

一方、**リモート会議では集中力が続きにくいことから、意見が拡散しやすく、意思決定が難しい傾向があります。**また、ビデオをオフにする人がいる場合、表情や発言のニュアンスを読み取ることが難しく、参加者の雰囲気を感じながら意見を集約するハードルがさらに高くなります。

[*1] 社内外会議に関する企業の実態調査（帝国データバンク、2023年4月）https://prtimes.jp/main/html/rd/p/000000648.000043465.html

リモート会議で不便・不満を感じる点についてイトーキが首都圏のオフィスワーカー2,000名に対して実施した調査では[*2]、1位は「途切れや遅延などの通信品質（38.9％）」、2位は「相手のカメラがオフで、反応／表情がわからない（32.6％）」、3位は「周囲の雑音が気になる（28.4％）」、4位は「資料共有時に相手の反応／表情がわからない（27.7％）」と、リモート会議でのコミュニケーションの難しさを示しています。

コミュニケーションの難しいリモート会議が増える中で日々意思決定をしていくことが求められる、そんなビジネスパーソンをとりまく現在の状況が見えてきます。

[*2] 首都圏ハイブリッドワーカー調査（イトーキ、2023年5月）
https://prtimes.jp/main/html/rd/p/000000372.000032317.html

リモート会議では「説明資料」が求められている

コミュニケーションや意思決定の難易度が高いリモート会議が増える中で、私達はこの状況にどのように対処すればよいのでしょうか。私は、リモート会議の前にファシリテーションの準備をしっかりと行うことが重要だと考えています。

リモート会議では参加者の表情や空気をお互いに読み取って議事進行することが難しいため、会議の主催者が議論を積極的にファシリテートする必要があります。具体的なファシリテーションのポイントとしては、会議アジェンダを決めること、論点を設定すること、内容を説明しながら必要に応じて参加者に意見を求めることです。

もちろん、会議の主催者にとってこのようなファシリテーションは大きな負担でしょうし、その準備をすることはハードルが高く感じられるでしょう。そんな中で、リモート会議のファシリテーションの準備を強くサポートしてくれる存在があります。それがPowerPointの資料なのです。

PowerPoint資料にあらかじめアジェンダや論点を書いておき、それをベースに進行したり、テーマに対する参加者の発言を資料に書き込んだりしながら会議を進めることで、リモート会議でも参加者の集中力を維持しやすく、議論が拡散することを防げます。また、会議主催者の負担感が大きく軽減されるのです。

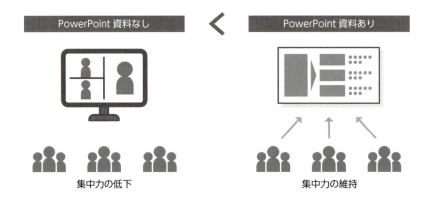

対面での会議が多い頃は、会議のためのPowerPoint資料と言えば、プレゼンテーション資料、つまり文字が少なく、フォントサイズが大きく、画像が多い資料が一般的でした。対面の会議では、口頭で内容を補足したり、身振り手振りで伝えたりすることが可能だったからです。また、その場で討議することが目的の資料であれば、内容は最低限でよかったのです。

しかし、リモート会議では、口頭での補足や雰囲気で伝えることが難しいので、伝え手が伝えたいことを資料にしっかりと書き込むことが求められます。つまり、リモート会議が増えている現在は、**口頭での説明なしでも資料を読めば理解できる、「説明資料」の重要性が増している**のです。

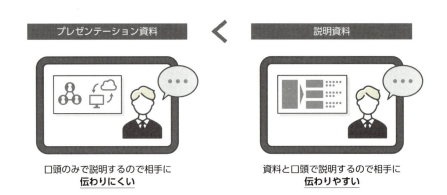

実はこれを後押ししているのが、リモート会議ツールの画面共有機能です。画面共有機能では、PowerPointの説明資料を画面全体で相手と共有することが可能になります。これにより、多少文字が多くても相手が細かい内容を把握しやすくなったのです。

また、口頭で伝えたことはその場に同席した相手には伝わりますが、その先のより上位の役職者や意思決定者には伝わりにくいものです。リモート会議用にPowerPointの説明資料を用意しておけば、会議終了後にファイルをメールなどで送付してすぐに共有可能ですし、相手はそのファイルを上位の役職者に転送するだけで情報の伝達が可能になります。**リモート会議用に準備した説明資料は、そのまま「1人歩きする資料」になるのです。**

実は、新型コロナウイルスの流行で世の中が一気にリモート会議中心のワークスタイルになった時に、PowerPoint関連の書籍の売れ行きが急増しました。これは、今まで口頭で伝えれば問題なかったのが、リモート会議で資料を作成して説明を求められることが増えたからだと考えられています。リモート会議の時代には、それだけで説明可能な1人歩きする資料が必須なのです。

リモートワーク時代に必要な「資料作成ノウハウの共通化」

リモートワークが一般化する中で、資料作成の方法にも大きな変化が起きています。それは、**クラウドを利用して複数人が同時に資料を編集する機会が増えてきたこと**です。クラウドを使った同時編集には、さまざまなメリットがあります。一度に複数の人が資料作成を行うため、作成時間が大幅に短縮できます。また、自分の担当箇所以外の様子を確認できるため、内容を調整することも可能です。

一方で、当然デメリットもあります。それぞれが自分の担当部分を作成するため、資料全体の論理構成が乱れたり、スライドの色やフォントがバラバラになったりすることがよくあります。皆で作ろうとしたのに結果的に1人で作り直したという経験は、皆さんもあるのではないでしょうか。

このような事態を防ぐためにも、リモートワークの時代には、2つの点で資料作成ノウハウを社内のメンバー間で共通化しておくことが大事になってきています。

1点目は、資料作成のプロセスを共通化することです。いきなり資料の担当を割り振るのではなく、各スライドの構成、タイトルやメッセージなどをExcelなどの表で明確にしてから担当を割り振ることや、各資料のスライドイメージを手書きで共有してからPowerPointでの資料作成作業に入ることなどがこれに当たります。

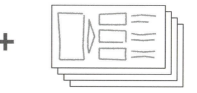

2点目はより重要で、資料の表現を共通化することです。図形の色やフォントのタイプ、フォントのサイズ、1枚のスライドの文字量のイメージなどを、最初にチームで揃えておくことが重要になります。

資料の表現ルールの統一は、共同作業において絶大な効果を発揮します。まず、各メンバーが資料を作る際に図形の色やフォントのサイズや文字量などで迷わなくなり、資料作成に費やす時間を短縮できます。また、資料の表現が統一されるために最後に色や文字の修正を行う必要がなく、修正時間の短縮が可能になります。

結果として出来上がった資料は、全体の論理構成が整っており、資料の表現が揃っているため、読み手にとって読みやすく、伝わりやすいものになります。リモートワークでのPowerPointの資料作成作業や共同編集を円滑にするために、こうした資料作成プロセスの共通化や表現ルールの統一が以前より重要になっているのです。

大原則 生成AIによる資料作成「効率化の可能性」

リモートワークやリモート会議の拡大と同じくらい、近年の我々の業務環境に影響を与えているものがあります。それは生成AIです。

2022年11月のOpenAI社によるChatGPTの公開がその先鞭をつけました。その後、2023年3月にはAnthropic社がClaudeを公開。2023年12月には、ChatGPTをベースにしたMicrosoft Copilotがリリースされました。

特にMicrosoft CopilotはMicrosoftのWordやExcel、PowerPointに搭載され、業務の効率化や品質の向上に対して大きなインパクトを及ぼすことが期待されています。

生成AIは、以下のような点で私たちの業務を効率化してくれる可能性があります。

①大量のデータ処理やタスクの自動化による手作業の業務の減少
②新たなアイデアの作成補助によるクリエイティブ業務の質の向上
③顧客の分析によるコミュニケーションの改善
④意思決定のサポート

PowerPointの資料作成においては、**①の関連では情報収集や情報の整理、③の関連では伝える相手や目的に合わせたストーリーの作成などで、生成AIは私たちの大きな力になってくれる可能性**を持っています。

一方で、生成AIにはまだ不十分な部分も多く、それを把握した上でどこまでを生成AIに頼り、どこから人間の力を使うかを判断する力が求められています。

原則 016 生成AIを活用した「生産性アップ」の重要性

資料の目的を設定した上で、相手に必要な情報は何かを考えてストーリーを考える。これは、資料作成でもっとも重要で時間がかかるプロセスの1つです。**しかし、生成AIを使うと、資料のストーリー作りは一気にスピードアップします。**伝えたい相手はどういう人で、どんな行動を期待しているのか、また、どのような内容を伝えたいのか。これらの情報をプロンプトの形で入力すると、生成AIはすぐにお勧めの資料の構成案を提示してくれます。ストーリー以外にも、スライドメッセージの作成、スライド情報の収集、サマリーの作成、表の作成、情報の評価など、生成AIが資料作りにおいて活躍する場面は多岐に渡ります。

一方、「生成AIを使うと皆が資料作りがうまく、早くなり、資料の質に差がなくなる」、そう思われる方もいるかもしれません。しかし、私はそうは考えていません。**生成AIによい提案をしてもらうためには、「論理的な問いかけ」や「良質なインプット」や「生成AIに出してもらうアウトプットの明確な定義」が必要になる**からです。

これらを実現するのは、実は簡単なことではありません。普段から生成AIに触れ、必要な情報を伝える訓練をすることで、少しずつ身についていくものです。また、そもそも生成AIが出すアウトプットのどこを採用してどこを使わないかの判断は、人間が行わなければなりません。

プロンプト		資料の構成
論理的な問いかけと明確なアウトプット定義		より適切なアウトプット

私は生成AIの登場により、生成AIを使いこなして効率的に高品質の資料を作成できる人と、生成AIを使いこなせず今まで通り低い生産性で低品質の資料作りをする人との差がどんどん開いていくのではないかと考えています。実際に私の周りでも、生成AIを用いて1人で数名分のパフォーマンスを発揮する人が増えてきています。

生成AIを使いこなして資料作成を生産的に行っていくことは、「やった方がよいこと」ではなく、**もはや仕事で生き抜くために「やらなければならないこと」**と言ってもよいのかもしれません。本書でも、資料作成における生成AIの活用方法について積極的に扱っていきます。

原則 017 生成AIの活用では「正確性の確認」が重要

資料作成において非常に便利な生成AIですが、**生成AIの現時点での限界を私たちは理解しておく必要があります。その1つは情報の正確性です**。生成AIが世に登場した時には、この情報の正確性の問題が話題になりました。

例えば「東京の世田谷にある隠れ家カフェを5つ教えて」と生成AIに試しに入力してみると、実在しないカフェが紹介されます。皆さんも、試しにご自身の住んでいるエリアで同じような問いかけをしてみてください。もしかすると実在しないカフェが出てくるかもしれません。

もちろんこの問題は生成AIの進歩とともに改善されていくと思いますが、情報収集のために生成AIを活用する場合は、間違いの可能性が0%ではない限り、今後も常に情報の正確性を確認することが必要になります。

私は、現時点では情報収集に生成AIの結果をそのまま利用することは勧めていません。もし情報収集に活用するなら、生成AIが提供した情報が事実かどうかをウェブサイトや書籍などで確認することが必要だと思います。

056

その他にも、生成AIを利用する際に気をつけなければならないことがあります。それは、「生成AIは入力した情報から判断する」ということです。P.54で資料のストーリー作りに生成AIを活用する事例を紹介しましたが、資料で伝える相手の特徴を生成AIにまちがって入力すると、生成AIはまちがった情報に基づいて資料の構成を考えます。

例えば資料を伝える相手が、実際には「提案の結論だけ知りたい人」であるにもかかわらず、「提案の根拠を詳しく知りたい人」と生成AIに入力してしまうと、提案の根拠を詳しく伝えるストーリーを生成AIはお勧めしてきます。その提案通りの構成で資料を作成すると、当然、伝える相手に響かない資料になってしまいます。

このように、**生成AIを効果的に使うためには普段から自分自身がよいインプットができるような情報を集めておく必要があります**。先ほどの情報の正確性の確認についても、自身が普段から情報に触れておくことで生成AIによる情報の間違いに気づきやすくなります。

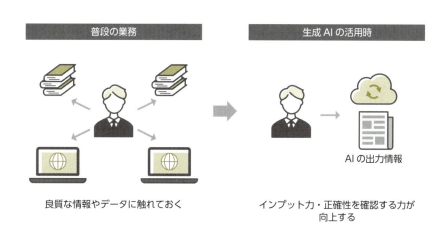

考え方まとめ

- 多様な背景を持つ人たちや海外の仕事相手と円滑なコミュニケーションを図る必要のあるビジネスパーソンにとって、資料作成は必須のスキルです。
  - グローバルな時代には英語で勝負するのではなく、資料でコミュニケーションをとることが重要です。
  - 口頭説明がなくても伝わる、PowerPointを使った説明資料が大事です。

- 資料作成においては、「人を動かす」「1人歩きする」資料を「早く作る」ことが重要です。
  - 相手のインセンティブや、やりたくないことをくみ取り、具体的な行動を提案し、「動いていただく」というのが、目指す「人を動かす」ことです。
  - 「自分の代わりに伝えてくれる」こと、そして「多くの人を巻き込める」ことが「1人歩きする」資料のポイントです。
  - 仕事の進め方や操作の合理化を徹底的に行い、資料を「早く作る」ことが重要です。そしてそれが質の向上につながります。

- リモートワークの時代にはPowerPoint資料の重要性がさらに高まり、その作成プロセスにも大きな変化が起きています。
  - リモート会議での「意思決定の機会」が増えています。
  - リモート会議では口頭での補足や雰囲気で伝えることが難しくなり、説明なしでも理解できる「説明資料」の重要性が増しています。

- 生成AIの活用によって、資料作成を飛躍的に効率化できます。
  - ストーリー作成、スライドメッセージの作成、スライド情報の収集、サマリーの作成など、生成AIが活躍する場面は多岐に渡ります。
  - 一方で、情報の収集などでは正確性の確認などが必要です。

Chapter 2

PowerPoint資料作成

作業環境の大原則

大原則 | 外資系コンサルの「作業環境」を再現する

資料を早く作ることで、資料の質が向上するという解説をP.40で行いました。そこで「資料を早く作る」準備として、まずは作業環境を整えることから始めましょう。資料作成を始める前に作業環境を整えることで、これ以降の様々な資料作成のプロセスを円滑に進めることが可能になります。

作業環境を整えることは、大きく2つに分けられます。1つがPowerPointの準備です。具体的には、PowerPointの機能であるクイックアクセスツールバーの設定になります。そして、もう1つがPowerPointを使う人間側の準備です。こちらはPowerPointをすばやく使うために便利なショートカットの習得になります。

クイックアクセスツールバーやショートカットと聞くと、多くの人が「そんな細々したことは面倒くさい」と感じると思います。しかし、**PowerPointで資料を作成するということは、たくさんのコマンドをマウスで選び続ける作業になります。この1つ1つの操作を効率化することで、結果的に膨大な時間の節約になるのです。**また、スライドの細かな修正に便利なコマンドをあらかじめ使いやすい位置に設定しておけば、結果的に資料のクオリティが上がることも期待できます。

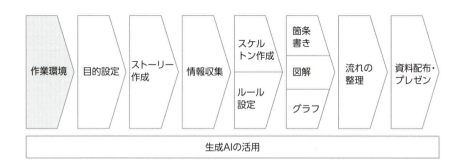

原則 018 クイックアクセスツールバーで「作業を高速化」する

クイックアクセスツールバーを設定する

PowerPointにはたくさんのコマンドが用意されており、通常はマウスを何度もクリックして目的のコマンドまでたどり着く必要があります。たどり着くまでに、4回以上もマウスをクリックするコマンドもあります。これはPowerPointがバージョンを重ねるたびに機能を強化し、コマンドの数が増え、リボン機能が導入されたために起きている現象です。

この複数回のクリックの手間を省くために、クイックアクセスツールバーを利用しましょう。クイックアクセスツールバーとは、スライド編集画面からすばやくコマンドを選ぶことができるツールバーのことです。このツールバーを利用することで、PowerPointの操作を劇的に早くすることができます。

それでは、クイックアクセスツールバーの設定の仕方を見ていきましょう。当初の設定では、このツールバーは画面の一番上に位置しています。

| クイックアクセスツールバー | ショートカットキー |

この状態では、ツールバーがスライドから遠く、マウスの移動距離が長くなってしまいます。そこで、ツールバーをリボンの下に移動し、スライドに近い位置に配置します。

①クイックアクセスツールバーの右の▼をクリックし、「リボンの下に表示」を選択します。

②クイックアクセスツールバーがリボンの下に表示されます。

次にリボンを折りたたんで、スライド編集画面を広く使えるようにしましょう。必要なコマンドはのちほどすべてクイックアクセスツールバーに移しますので、リボンを折りたたんで各タブにあるコマンドを直接クリックできなくなっても問題ありません。

①リボンの右下にある∧ボタンをクリックします。

②リボンが閉じられます。

クイックアクセスツールバーにコマンドを追加する

次に、必要なコマンドをクイックアクセスツールバーに追加していきましょう。追加の方法は2通りあります。まずは、追加したいコマンドを右クリックしてツールバーに追加していく方法です。

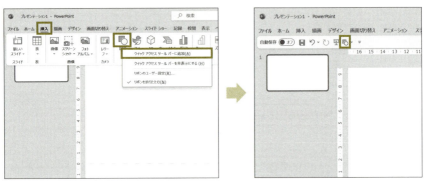

①「挿入」タブの、「図形」の上で右クリックし、「クイックアクセスツールバーに追加」を選択します。

②クイックアクセスツールバーに「図形」のコマンドが追加されます。

もう1つの方法は、ユーザー設定画面から選んでいく方法です。

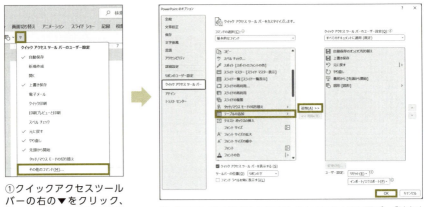

①クイックアクセスツールバーの右の▼をクリック、「その他のコマンド」を選択します。

②「コマンドの選択」で追加したいコマンドを選び、「追加」ボタンをクリック、最後に「OK」をクリックします。

クイックアクセスツールバーの設定をインポートする

最後にご紹介するのが、既存のクイックアクセスツールバーの設定をインポートする方法です（PowerPoint 2010以降のみインポート可能です。それ以前のバージョンの場合はコマンドを1つずつ追加する必要があります）。本書の読者のために、筆者お勧めの設定をインポート用ファイルとしてダウンロードできるようにしました。P.600を参照してインポート用ファイルをダウンロードし、デスクトップに保存した上で下記の操作を行ってください。インポートが完了すると、クイックアクセスツールバーにコマンドが追加された状態で表示されます。

①クイックアクセスツールバーの右の▼をクリックし、「その他のコマンド」を選択します。

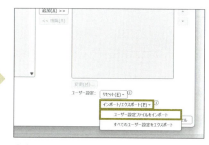

②「インポート／エクスポート」→「ユーザー設定ファイルをインポート」をクリックします。

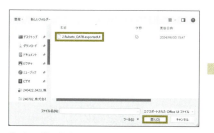

③インポート用ファイルを選択し、「開く」をクリックします。

④ダイアログが開くので、「はい」をクリックします。

⑤クイックアクセスツールバーに、コマンドがインポートされます。

原則 019 クイックアクセスツールバーは「よく使うコマンド」を右側に置く

お勧めのクイックアクセスツールバーの設定

クイックアクセスツールバーのコマンドは、**左から右に向けて、操作が細かくなるように配置するのがお勧めです**。つまり、使用頻度が低いコマンドは左に、使用頻度が高いコマンドは右に来るようにするのです。これは、右側の方がスライドからの距離が近いためです。ここでは私のお勧めするコマンドとその並び方を紹介します。

❶ 表示 / 追加
- 標準表示
- アウトライン表示
- スライド一覧表示
- スライドマスター表示
- 電子メール
- 横書きテキストボックスの描画
- 図形
- 表の追加
- グラフの追加
- SmartArt グラフィックの追加

❷ テキスト・図形書式
- フォント
- フォントサイズ
- フォントの色
- 箇条書き
- 段落番号
- 行間
- 文字の配置
- 図形の書式設定
- 図形の塗りつぶし
- スポイトによる塗りつぶし
- 図形の枠線
- 枠線の太さ
- 矢印

❸ 位置 / 表・グラフ書式
- 最前面へ移動
- 最背面へ移動
- オブジェクトを左に揃える
- オブジェクトを上に揃える
- 左右に整列
- 上下に整列
- オブジェクトを中央に揃える
- オブジェクトを上下中央に揃える
- 表のクリア
- ペンの色
- 格子
- セルの余白
- 罫線を引く
- 罫線の削除
- 幅を整える
- 高さを揃える
- グラフ要素を追加
- グラフデータの編集

| クイックアクセスツールバー | ショートカットキー |

①表示 画面の表示を設定するコマンドです。

標準表示	標準のスライド編集画面です
アウトライン表示	アウトラインにWordやExcelから構成を貼り付けると、プレゼンテーションの構成ができあがります
スライド一覧表示	スライドを複数表示して、全体像の確認ができる画面です
スライドマスター表示	プレゼンテーションの外観やレイアウトを決める画面です
電子メール	作成中のファイルをメール添付して送れます（Outlookのみ）

①追加 スライドを構成する4要素（文章、図形、表、グラフ）を追加するコマンドです。

横書きテキストボックスの描画	文章を挿入できます
図形	図形を挿入できます
表の追加	表を挿入できます
グラフの追加	グラフを挿入できます
SmartArtグラフィックの追加	SmartArt（あらかじめ設定された図形）を挿入できます

②テキストの書式 文章の書式を設定するコマンドです。

フォント	文字のフォントを設定します
フォントサイズ	文字のサイズを設定します
フォントの色	文字の色を設定します
箇条書き	文章を箇条書きにします
段落番号	文章を番号付きの箇条書きにします
行間	文章の行間隔を設定します
文字の配置	テキストボックスや図形内での文章の位置を上、中央、下から選びます

②図形の書式 図形の書式を設定するコマンドです。

図形の書式設定	図形の見た目を設定します
図形の塗りつぶし	図形の色を設定します
スポイトによる塗りつぶし	スポイトで他の図形や画像の色を取り、塗りつぶします
図形の枠線	図形の枠線の色を設定します
枠線の太さ	枠線の太さを設定します
矢印	矢印の書式を設定します

2 作業環境

③位置 図形や文章の位置関係を整えるコマンドです。

最前面へ移動	選んだ図形や文章を、他のすべてのものより前に配置します
最背面へ移動	選んだ図形や文章を、他のすべてのものよりうしろに配置します
オブジェクトを左に揃える	複数の図形や文章の左端を揃えます
オブジェクトを上に揃える	複数の図形や文章の上端を揃えます
左右に整列	複数の図形や文章を、左右に均等に整列させます
上下に整列	複数の図形や文章を、上下に均等に整列させます
オブジェクトを中央に揃える	複数の図形や文章の左右中央を揃えます
オブジェクトを上下中央に揃える	複数の図形や文章の上下中央を揃えます

③表の書式 表の書式を設定するコマンドです。

表のクリア	表のスタイルを解除します
ペンの色	罫線の色を変更します
格子	表に格子を追加します
セルの余白	表のセルの余白を設定します
罫線を引く	表のセルに罫線を追加します
罫線の削除	表の罫線を削除します
幅を揃える	複数の列を同じ幅に揃えます
高さを揃える	複数の行を同じ高さに揃えます

③グラフの書式 グラフの書式を設定するコマンドです。

グラフ要素を追加	グラフに要素を追加します
グラフデータの編集	グラフのデータを編集します

便利なコマンドを駆使して、作業をさらに早くする

クイックアクセスツールバーのコマンドのうち、特に便利なコマンドは以下の通りです。意識して使えば、早さだけでなく資料の質の向上も期待できます。

・**電子メール**：作成中のPowerPointファイルを保存して、そのファイルが添付された新規メールの作成画面が開きます。ファイル名がそのままメールの件名になるのも便利です（メーラーがOutlookの場合のみ）。

・**スポイトによる塗りつぶし**：画面の色を指定して、図形をその色で塗りつぶすことができる機能です。企業ロゴから色を抽出する場合などに特に便利です。

・**最前面／最背面へ移動**：スライド上で選択した図形の、他の図形に対する位置を決めることができます。図形どうしが重なっている場合にどちらを上にするかを決めることができ、大変便利です。

・**整列機能**：複数の図形の配置を整えることができます。特に左揃えや上揃えは、複数の図形の左端や上端を一瞬で揃えることができます。また、左右に整列機能を使えば、一番左と一番右にある図形の位置を維持したまま、その間にある図形が均等に配置されます。

・**幅を揃える／高さを揃える**：表のセル幅を均等に揃えたい場合に便利なコマンドです。すべての列や行を選択する必要はなく、幅を均等にしたい列や行のみを選択して整えることが可能です。

27のショートカットキーは「4つの方法」で記憶できる

27のショートカットキーを覚えるためのコツ

クイックアクセスツールバーに加えて、27個のショートカットキーを覚えることで、作業のスピードは劇的に早くなります。皆さんの中にはすでにショートカットを覚えようと何度も挑戦され、挫折された方も多いのではないでしょうか。挫折する理由は、ショートカットの覚え方のコツを知らないことにあります。ショートカットを覚えるには、実は4つの方法があります。私の講座では、4つの覚え方を教えることで受講生の8割以上の方が20個以上のショートカットを覚えることに成功しています。それでは4つの方法を見ていきましょう。

①頭文字　　ショートカットの頭文字から覚える
　　　　　　（コピー→Copy→Ctrl + C）

②位置　　　関連するショートカットのキーボード上の位置で覚える
　　　　　　（貼り付け→コピーCの横のV）

③紐づけ　　関連するショートカットに紐づけて覚える
　　　　　　（Ctrl + Shift + C（書式コピー））

④こじつけ　どれにも当てはまらないのでこじつけで覚える
　　　　　　（H→置換（チカン）はH（Hanzai））

		意味	覚え方
基本			
1	Ctrl + C	[コピー]の実行	① Copy
2	Ctrl + X	[切り取り]の実行	④ ✂ はさみ
3	Ctrl + V	[貼り付け]の実行	② コピー（C）の横
4	Ctrl + D	[コピー]と[貼り付け]の実行	① Duplicate
5	Ctrl + Z	直前の操作を元に戻す	④ Zはアルファベットの最後なのでAに戻る
6	Ctrl + Y	Ctrl + Zで戻した操作を進める、または直前の操作の繰り返し	④ Z（戻る）の前のアルファベットYなので進む
7	Ctrl + Shift + C	書式のコピー	③ コピーにShiftを追加
8	Ctrl + Shift + V	書式の貼り付け	③ 貼り付けにShiftを追加
9	Ctrl + A	全選択	① All
ファイル操作			
10	Ctrl + O	ファイルを開く	① Open
11	Ctrl + N	ファイルの新規作成	① New
12	Ctrl + M	新規スライドの挿入	② Ctrl + Nが新しいファイルだからその横にあるM
13	Ctrl + P	[印刷]の実行	① Print
14	Ctrl + S	[上書き保存]の実行	① Save
15	Ctrl + W	[閉じる]の実行	② Ctrl + Sが保存だからその上でW
検索			
16	Ctrl + F	検索	① Find
17	Ctrl + H	置換	④ チカンはHanzaiと覚える
文字			
18	Ctrl + E	[中央揃え]の設定	① cEnter
19	Ctrl + L	[左揃え]の設定	① Left
20	Ctrl + R	[右揃え]の設定	① Right
21	Ctrl + [	フォントサイズの縮小	④ ＜（小なり）にこじつける
22	Ctrl +]	フォントサイズの拡大	④ ＞（大なり）にこじつける
23	Ctrl + B	[太字]の設定・解除	① Bold
24	Ctrl + I	[斜体]の設定・解除	① Italic
25	Ctrl + U	[下線]の設定・解除	① Underline
図形			
26	Ctrl + G	グループ化	① Grouping
27	Ctrl + Shift + G	グループ化解除	③ グループ化にShiftを追加

原則 021　Ctrl、Shift、Altで作業をさらに高速化する

特に便利なショートカットキー

ショートカットキーのうち、特に便利なものは以下の通りです。

・**書式のコピー／貼り付け**（Ctrl + Shift + C／V）：いわゆる「ハケ」の機能です。図形の塗りつぶし色、線の色、太さ、フォントサイズやフォントの種類などをコピーすることができます。

・**グループ化／グループ化解除**（Ctrl + G／Ctrl + Shift + G）：複数の図形をグループ化する機能です。通常はマウスで複数の図形を選び右クリックをして選ぶコマンドですが、ショートカットキーですばやく使うことができます。複数の図形を拡大・縮小したい時によく使います。

・**フォントサイズの拡大／縮小**（Ctrl +]／[）：複数のテキストボックスや図形を選んだ状態で使うと、フォントのサイズを一度に拡大／縮小することができます。ポイントは、異なるサイズのフォントがあった場合に、その相対的な大きさを維持したまま拡大／縮小できるということです。

・**文字の左揃え／中央揃え／右揃え**（Ctrl + L／E／R）：テキストボックスや図形の中で文字を揃える位置を決めることができます。左揃えはLeftのL、右揃えはRightのRで、中央揃えのみCenter（cEnter）のEになります。これは、Cがすでにコピーのショートカットで使われているからです。これらはWordでも使えるため大変便利です。

Ctrl、Shift、Alt キーを使いこなす

普段あまり使わない Ctrl、Shift、Alt キーをうまく使いこなせば、操作のさらなるスピード化が可能になります。

	キー操作	説明
図形	Ctrl ＋矢印キー	図形を細かく移動できる
	Alt ＋→または←	図形を回転させる
	Alt ＋マウスで選択して移動	図形を細かく移動できる
	Ctrl ＋マウスで選択して移動	図形をコピーできる
	Shift ＋マウスで選択して移動	図形を平行移動できる
	Ctrl ＋ Shift ＋マウスで選択して移動	図形を平行移動でコピーできる
線	Shift ＋マウスでドラッグ	線をまっすぐ引ける
グラフ	Ctrl ＋左クリックで選択して矢印キーで移動	グラフを矢印キーで細かく移動できるようにする

上記で**特に便利な技**は、「Ctrl ＋ Shift ＋マウスで選択して移動」です。複数の図形を平行に並べたい場合に、この方法で図形をコピーすれば非常にスムーズに平行の位置に図形をコピーすることが可能になります。

図形を細かく移動して位置を調整するには、図形を選んだ状態で「Ctrl ＋矢印キー」で位置を微調整できます。

グラフについては、**グラフを「Ctrl ＋左クリック」**で選択すると、その後「Ctrl ＋矢印キー」を押して、グラフを細かく移動できるようになります。グラフを単に左クリックで選ぶとグラフの編集モードになり、グラフの位置を調整することができないので注意しましょう。

作業環境まとめ

- 資料を早く作るには、作業環境を整えることが第一です。クイックアクセスツールバーとショートカットキーを使いこなすことがポイントです。

- 複数回のクリックの手間を省くためにクイックアクセスツールバーを設定し、作業を高速化しましょう。クイックアクセスツールバーは、左から右に向かって使用頻度の高いコマンドになるようにコマンドを配置しましょう。

- ショートカットキーは4つの方法で覚えましょう。
①頭文字：ショートカットの意味から覚える（コピー→Copy→ Ctrl + C ）
②位置：関連するショートカットの位置で覚える（貼り付け→ C （Copy）の横の V ）
③紐づけ：関連するショートカットに紐づけて覚える（ Ctrl + Shift + C （書式コピー））
④こじつけ：どれにも当てはまらないのでこじつけで覚える（置換→置換（チカン）はHanzai→ Ctrl + H ）

- 特に便利なショートカットキーとして「書式のコピー／貼り付け（ Ctrl + Shift + C ／ Ctrl + Shift + V ）」「グループ化／グループ化解除（ Ctrl + G ／ Ctrl + Shift + G ）」「フォントサイズの拡大／縮小（ Ctrl +] ／ Ctrl + [）」などが挙げられます。

- Ctrl 、 Shift 、 Alt キーを使いこなすことで、さらに操作のスピードアップが可能になります。例えば、図形を細かく移動させる（ Ctrl +矢印キー）ことや、図形をコピーできる（ Ctrl +マウスで図形を選択して移動）ことなどです。

Chapter 3

PowerPoint資料作成

目的設定の大原則

3章 目的設定の大原則

資料を効率的に作成するための作業環境を十分に整えたら、早速資料作成に取りかかりましょう。とはいえ、すぐにPowerPointを開いて、スライドを作り始めてはいけません。いきなりスライドを作り始めるのは、家の設計図ができていない状態で家を建て始めるのと同じことです。資料を作る上で最初に行うのは、「その資料の目的は何か？」ということを具体的に考え、全体設計の準備をすることです。**「資料の目的」が明確になっているか否かによって、資料の完成度の80％が決まる**といっても過言ではありません。

そして資料作成における「資料の目的の具体化」とは、

「誰」に対して「何」を伝え、どのような「行動」を起こしてもらうか？
そしてそのために「伝えるべきこと」は何か？

を明らかにするということです。仕事上のコミュニケーションとプライベートのコミュニケーションには大きな違いがあります。それは、相手に期待する行動の有無です。プライベートのコミュニケーションでは、とりとめもなく自分の感じたことや話したいことを話してかまいません。コミュニケーション自体が目的だからです。

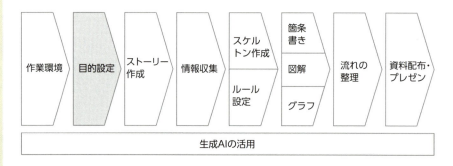

一方で**仕事上のコミュニケーションは、相手に何らかの行動を促すことが一番の目的**です。資料作成は仕事上のコミュニケーションの1手法ですので、必ずこの目的を明確にする必要があります。資料作成自体が目的化していることがよくありますが、資料作成は相手に何らかの行動を起こしてもらうための手段であるということを必ず意識しましょう。

相手に「期待する行動」と、そのために「伝えること」を明確にしてから資料作りを始めることで、結果として資料作成の作業自体も円滑に進めることができます。資料作りにおいてもっとも避けなければならないのは、資料作成の最中にどの情報を追加するべきか、削除するべきかがわからなくなり、迷走してしまうことです。この場合、資料作成が停滞し、時間ばかり浪費してしまいます。しかし「資料の目的」を最初に明確にしておけば、資料作りが迷走し始めた時、本来の目的に立ち戻って考えることができ、比較的短時間で元のペースに戻ることが可能になるのです。

「相手に期待する行動なんてわからないし、まずはPowerPointを開いて作り始めたい。」と思う方がいるかもしれません。私も、目的を設定せずにいきなりPowerPointを開いてしまうことがよくあります。しかし、それに気づいた時にはすぐにPowerPointを閉じるようにしています。なぜなら、これまでの経験上、10分でもよいので最初に資料の目的を考えるだけで、質的にも効率的にも、このあとの資料作成プロセスに大きな違いが出るからです。なお目的設定のサポート用に、Excelファイルを用意しています。詳しくはP.600を参照してください。

| 大原則 | 資料の目的は「4つのステップ」で考える |

資料の作成は、「資料の目的」を明確にすることから始まります。本書では「資料の目的」を、次の4つのステップに分けて考えていきます。

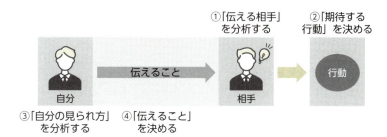

①「伝える相手」を分析する：意思決定してほしい相手にターゲットを絞り、相手のやりたいこと、やりたくないこと、案件への知識と興味を明らかにします。

②「期待する行動」を決める：相手に期待する行動をできるだけ具体化します。行動を指示されることに拒否反応を示す相手には、複数の選択肢を提案します。

③「自分の見られ方」を分析する：相手からの自分の見られ方を考えます。特に相手から見た自身の知識・経験、信頼度、性格を明らかにします。

④「伝えること」を決める：相手に伝えることを150字以内にざっくりまとめます。その際には課題→解決策→効果→行動の要素を含めるようにします。

それでは、具体的に４つのステップを見ていきましょう。

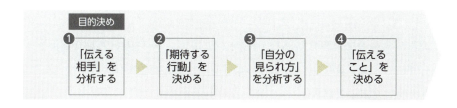

STEP① 「伝える相手」を分析する

伝える相手を絞り込む

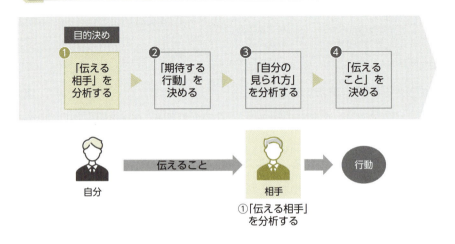

資料の目的設定の第1ステップでは、自分がメッセージを伝えたい相手を「1人に絞る」ことに取り組みます。資料の対象が1人であれば問題ありませんが、会議で複数の参加者に対して説明を行う場合、つい参加者全員の顔を思い浮かべながら資料を作ってしまいがちです。しかしそれでは考慮すべきことが多くなり、資料の目的が曖昧になってしまいます。**複数の人間を想定するのではなく、資料の内容に決裁権がある意思決定者にターゲットを絞りましょう。**

また、決裁権者に影響を与える人物（インフルエンサー）がいる場合は、その人にターゲットを絞ります。重要なのは、「意思決定に影響を与えるのは誰か？」を明らかにすることです。

伝える相手を3つの観点で分析する

伝える相手を決めたら、続いて、相手を①**インセンティブ**、②**バリア**、③**知識・興味・性格・立場**の3つの観点から分析を行います。

①の「インセンティブ」とは、その人が「やる気を出すために必要な要素」のことです。例えば、昇進、昇給、同僚との調和、などが挙げられます。インセンティブの分析によって、その人のやる気を引き出すポイントを押さえます。

②の「バリア」とは、その人が「やる気を失う要素」のことです。例えば、新たな業務の発生、従来の仕事のやり方の変更、失敗のリスクなどです。バリアの分析によって、やる気を失う要素を資料から排除することができます。

③の「知識・興味・性格・立場」の中で、一番重要なのは「知識」です。伝えるテーマに関する知識量によって、資料の内容や使用する言葉が変わるからです。「立場」については、業務で何に責任を負っているかによってその人の重視するポイントが変わります。「興味」「性格」は、その人の資料の見方に影響します。

現在のインセンティブやバリアの分析には、相手の過去の職歴・経験、将来の目標を考えるのがお勧めです。この伝える相手の分析により、資料の内容、ボリューム、流れ、情報のレベルを決めやすくなります。

> スポーツジムの事例　「伝える相手」の分析

P.8のスポーツジムのプロモーション企画の例で、「私」は企画に対しての決裁を営業部長に仰ぐ必要があります。そのため、「伝える相手」は「営業部長」に絞られることになります。続いて、営業部長の分析を行います。まず営業部長の「インセンティブ」ですが、噂では、次期社長になることが将来の目標との話を聞きました。そのため、

・社長への実績のアピール

がインセンティブになるだろうと予想します。それを踏まえて、資料では今回の提案が営業部長の実績になることを強調することにします。

次に「バリア」ですが、営業部長は、過去に前例のないプロモーションで大失敗をして、社長に強く叱責された経験があります。そのため、失敗の可能性がある

・前例がないこと

は、営業部長が嫌がるバリアと考えられます。よって、資料で前例のない解決策を提示する場合は、できるだけリスクが低い形で提案することにします。例えば、まずは試験的な導入にとどめて効果を確認するなどの方法です。

最後に「知識・興味・性格・立場」ですが、営業部長は経理畑出身のため、数字に細かく、結論を具体的な数字で示すことを求める傾向があります。一方で、プロモーションには疎いため、広報の内容については部下に任せる傾向があります。従って「知識・興味・性格・立場」としては、

| 相手の分析 | 行動の決定 | 自分の分析 | 伝えることの決定 |

・数字への興味があること
・プロモーションの知識が浅いこと

が挙げられます。ここから、資料では解決策の効果を詳細な数字で表現することにします。またプロモーションの内容については、大まかな方針のみを伝えることにします。

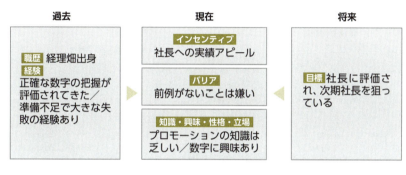

営業部長

以上の分析から、「私」は営業部長をターゲットにした資料作成の方向性を次のように考えました。

・プロモーションの内容：大まかな方針のみを伝達
・プロモーションの実施：前例がないため失敗がないように段階的に導入
・プロモーションの効果：数字で詳細に表現
　　　　　　　　　　　社長へのアピールになることを表現

これで資料の方向性が固まりました。次は、絞り込んだ相手に期待する行動を決めていきましょう。

STEP②
「期待する行動」を決める

相手に期待する行動を具体化する

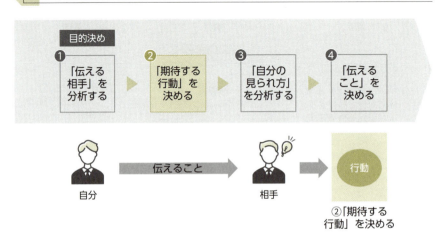

第2ステップでは、資料を説明した結果として「相手にどうしてほしいのか？」を決めましょう。私がよく見かけるのは、「相手に期待する行動」が明確になっていない資料です。期待する行動が不明確だと、相手がすぐに行動に移れず実行が遅れてしまうことがあります。ここでは、**相手が考えなくてもよいくらいに行動を具体化すること**が重要です。行動を具体化することにより、自分の意図と異なる行動を防止することができます。以下に、期待する行動のよい例と悪い例を挙げておきます。どちらが行動に移しやすいか、明解だと思います。

・悪い例：「ご検討いただきたい」「ご協力いただきたい」
・よい例：「次回の経営会議までに承認の是非をご回答いただきたい」

| 相手の分析 | **行動の決定** | 自分の分析 | 伝えることの決定 |

期待する行動を決める際の3つのポイント

相手に期待する行動を決める際には、3つのポイントを押さえておくとよいでしょう。

①「すぐに取り組める行動」を提示する

1つ目のポイントは、資料を読んだあと、「すぐに取り組める行動」を提示するということです。人は資料を読んだ直後が、もっとも行動へのハードルが低くなっています。そのため、資料を読んだあとにすぐに実行できる行動を提示すれば、迅速に実行に移してもらえる可能性が高くなります。**すぐに取り組める行動を設定するためには、目標までの行動を分解することが有効です。**以下の図は、営業の目標を分解した例です。最終的な目標は商品を購入してもらうことですが、まずはサンプル品を使ってもらうことを目標にした方が、行動のハードルが低くなり、実現しやすくなります。

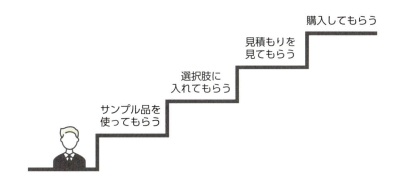

②「3W1H」を考える

行動を具体化するための方法として、私は3W1Hを考えることを推奨しています。**誰が（Who）、いつ（When）、どのように（How）、何を（What）するのかを明確にするということです。**例えば、

- 社長に（Who）
- 5月20日までに（When）
- メールで（How）
- 営業方針の変更を伝達してもらう（What）

といった具合です。この4つを押さえることで、相手が考える必要がない程度にまで行動を具体化することができます。

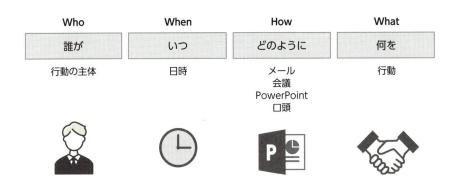

③複数の選択肢を提示する

中には、行動を1つのみ提示されると「やらされ感」を感じて拒否反応を示す人もいます。**相手が「自分で選んだ感」を出すために、具体的な行動の選択肢を複数提示するということも有効です。**例えば、新たな業務導入への協力を部長から部門に呼びかけてもらう場合、「メールで呼びかけてください」と部長に直接伝えると部長にはやらされている感覚が生まれる可能性があります。そこで、選択肢として「メールによる呼びかけ」と「部門会議での伝達」の2つを提示すると、部長にお伺いを立てている形になり、部長のやらされている感が軽減されます。ただしここで示すのは、あくまでも相手に期待する行動を選んでもらうための選択肢です。選んでほしくない選択肢は、含めないようにしましょう。

スポーツジムの事例 「期待する行動」の決定

「私」が企画書で実現したいことは、「パーソナルトレーナーの無料体験キャンペーンに対する部長からの承認」になります。部長が承認しやすいものとするために、本格的なキャンペーンの実施ではなく、試験的なキャンペーンの実施の許可を「期待する行動」としました。さらに、次のようにWho、When、How、Whatを明確にすることで、営業部長に期待する行動がより具体的になりました。

- Who: 営業部長に
- When: 8月24日（金）15時までに
- How: メールで
- What: パーソナルトレーナー無料体験の試験的キャンペーンの承認

最終的に、「試験的なキャンペーンを8月24日（金）15時までにメールで営業部長に承認してもらう」ことが「期待する行動」になります。

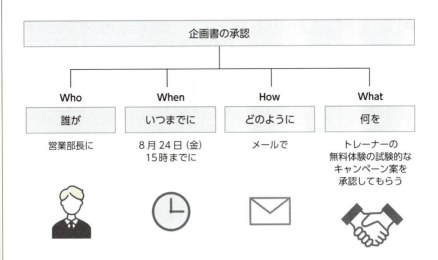

STEP③
「自分の見られ方」を分析する

相手から見た自分の強み・弱みを把握する

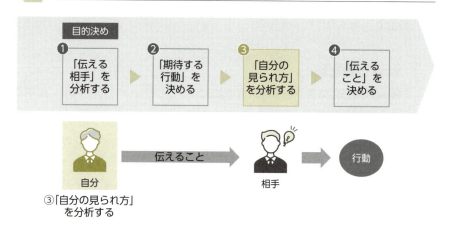

　第3ステップとして「自分の見られ方」を考えましょう。孫氏の兵法に「敵を知り己を知れば百戦危うからず」という言葉がありますが、資料作成においてもそれは同様です。ただし、**ここで言う「自分」は、自身の主観による自分ではなく、相手から見ての「自分」になります**。例えば相手からミスの多い印象を持たれているなら、企画書には綿密な準備計画を盛り込み、ミス防止の努力の姿勢を強調する必要があります。

　弱みばかりではなく、自分の強みもまた、相手の資料の読み取り方に影響します。例えばアイデアマンだと思われているのであれば、資料には新しいアイデアへの期待があるでしょう。このように、自分が相手からどのように見られているかを明確にすることで、自分の弱みに配慮し、強みを生かした資料を作ることができます。

| 相手の分析 | 行動の決定 | **自分の分析** | 伝えることの決定 |

相手との関係性を振り返る

相手から自分がどのような強み・弱みを持っていると思われているかを考えるには、仕事での関係を振り返ってみることが有効です。特に以下の3点を書き出してみましょう。

- （相手から見た）自分の知識、経験
- （相手から見た）立場、信頼度
- （相手から見た）自分の性格

実際の事例としては、次のような内容になります。

- **（相手から見た）自分の知識、経験**：開発部署での経験が長かったことから技術に関する知識はある
- **（相手から見た）立場、信頼度**：部下。もともと開発畑ということもあり、企画力への信頼感は高くない
- **（相手から見た）自分の性格**：論理的ですべての物事を理詰めで考えないと気がすまない、柔軟性に欠ける

多くの人は自分の見られ方に関して先入観を持っているので、つい偏った見方になりがちです。例えば、自己肯定感の低い人は「信頼されている部分はない」などと考えがちです。そこで、**自分だけで考えるのではなく、できれば周りの人の客観的な意見を聞くようにする**と、より適切な内容になりますし、自身の理解にもつながります。

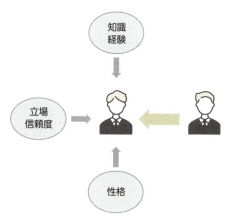

3 目的設定

スポーツジムの事例　「自分の見られ方」の分析

「私」は「自分の見られ方」の分析から、企画書の方向性を決めることにしました。「私」の知識・経験、信頼度、性格に関する相手からの評価から、「私」の強みと弱みを把握します。

強みとして、「私」は営業部長からアイデアマンだと認められているため、資料ではユニークなアイデアを積極的に打ち出すようにします。また、営業部長は「私」の性格を自分のやりたいことに熱中し、最後までやり抜くタイプと信頼しているので、実行計画はそれほど詳細に書く必要はないと考えました。一方弱みとしては、数字に弱いと思われているため、資料作成においては効果を数字で示すことを特に重要視することにします。

強み
- 経験　アイデアを評価されてきた
- 性格　自分のやりたいことには熱中
- 信頼度　始めたらやり抜くと信頼されている

弱み
- 経験　効果の定量化などの数字に弱い

私　　　営業部長

すでに、P.80で行った「伝える相手の分析」から、

・プロモーションの内容：大まかな方針のみを伝達
・プロモーションの実施：前例がないため失敗がないように段階的に導入
・プロモーションの効果：数字で詳細に表現
　　　　　　　　　　　社長へのアピールになることを表現

という資料の方向性を決めています。

| 相手の分析 | 行動の決定 | **自分の分析** | 伝えることの決定 |

それに加えて、「自分の見られ方」の分析から、

・アイデアを積極的に打ち出す
・アイデアは数字で裏付ける
・実行計画は概要のみに絞る

という点を意識して資料を作成することにします。

コンサルの現場

私たちは、異なる相手から異なる見られ方をされています。例えば、私はコンサルティングの仕事に15年以上従事してきました。そのため、コンサルティング1年目の人からすれば、経験豊富なコンサルタントと思われるかもしれません。しかし、25年以上のキャリアのベテランコンサルタントからすると、私はまだまだ経験不足でしょう。また、コンサルティング業界に馴染みがない事業会社の方からすると、実業を経験せずにコンサルティング業務ばかりに従事している私は、本当に事業を理解できるのか？　と思われるかもしれません。相手からの見られ方には、このようにポジティブなものからネガティブなものまで様々なものがあります。コンサルタントはこうした「相手からの異なる見られ方」を意識して資料を作ることで、資料の伝わり方を格段にアップさせているのです。

コンサルの現場

コンサルティングの現場では、「相手に期待する行動」を具体的にすることが大変重視されていました。これは、その行動がはっきりしていないとプロジェクトがうまく進まないからです。しかし、「期待する行動」が押しつけがましいと感じられると、相手が動かず、かえってプロジェクトに悪影響を及ぼす可能性があります。そこで経験豊富なマネージャーたちは、こうした行動を求める前に「この資料を使って、相手にどんな気持ちを抱いてもらいたいか」を考えるように勧めていました。たとえば、「プロジェクトに興味を持ってもらう」や「やってみたいと感じてもらう」といった、さまざまな感情を喚起することが考えられます。このように「相手に抱いてもらいたい感情」と「期待する行動」をセットで考えることで、相手が期待通りに動きやすくなり、プロジェクトをスムーズに進めるための資料を作成できるのです。

STEP④ 「伝えること」を決める

伝えることを150文字以内でまとめる

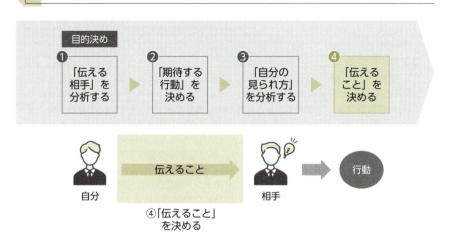

目的設定の最後のステップでは、「伝えること」を作成しましょう。**「伝えること」は、資料で提案する内容を150文字以内でまとめたものになります。**コンサル業界には、「エレベーターピッチ」という言葉があります。クライアントである経営者は多忙なため、コンサルタントはエレベーターの移動中に提案を終了できるくらい、内容をシンプルに説明することが求められます。資料作成でも、「伝えること」をエレベーターピッチのレベルまでシンプルにする必要があります。また「伝えること」をまとめておくことで、資料の一貫性が保たれ、内容に迷った時も常に「伝えること」に立ち戻って考えることができる効果もあります。

| 相手の分析 | 行動の決定 | 自分の分析 | **伝えることの決定** |

伝えることは2ステップでまとめる

「伝えること」は、大きく2つのステップでまとめていきます。

①課題、解決策、効果、行動の要素を含める

最初のステップとして、「伝えること」には、課題、解決策、効果、行動の要素を含めるようにします。詳細は第4章で説明するので、ここではそれぞれを簡単に説明します。

課題：目標を達成するための障害となっている原因
解決策：課題を解決するための方法
効果：解決策の実施によって期待される成果
行動：提案を受けて相手に起こしてほしいアクション

ここでの「行動」は、ステップ②の「期待する行動を決める」で検討した内容を参考にします。例えば以下は、テーマパークのリピート客への割引キャンペーンの場合です。まずはそれぞれの要素を列挙します。

課題：リピート客の減少
解決策：リピート客への割引キャンペーンの実施
効果：来場客の1割増加が可能
行動：キャンペーンの承認

そして、文章で次のように「伝えること」としてまとめます。

> 「当テーマパークはリピート客の減少に悩まされている。リピート客への割引キャンペーンの実施により、来場客が1割増加することが可能と考えられる。キャンペーンの承認をお願いしたい。」

②「伝える相手の分析」と「自分の見られ方の分析」からの示唆を加味する

2つ目のステップとして、「伝える相手の分析」と「自分の見られ方の分析」からの示唆を「伝えること」に加えます。先ほどのテーマパークの例では、「伝える相手の分析」で、相手が今期の売上目標の達成に強いインセンティブがあることがわかりました。そこで、キャンペーンの実施によって売上目標が達成可能なことを伝えます。

次に「自分の見られ方の分析」で、相手から「キャンペーンの経験がなく、信頼度は低い」と思われていると考えました。そこで、営業の観点からの意見を求めることにします。そして「伝えること」を以下のように修正します。

> 「当テーマパークはリピート客の減少に悩まされている。リピート客への割引キャンペーンの実施により、リピート客が1割増加することが期待できる。その結果、今期の売上目標達成も視野に入る。営業の観点から改善点をご意見いただき、キャンペーンの承認をお願いしたい。」

このように分析結果を反映することにより、相手に刺さる内容へと改善することが可能になります。

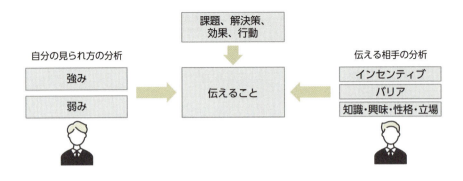

| 相手の分析 | 行動の決定 | 自分の分析 | **伝えることの決定** |

スポーツジムの事例　「伝えること」の決定

「伝えること」を整理するため、まずは課題、解決策、効果、行動を整理することにします。

課題：体験入会の少なさ
解決策：パーソナルトレーナーの無料体験キャンペーン
効果：他の施策よりも集客に有効
行動：キャンペーン実施の承認

ここから、「伝えること」を以下のように決定します。

> 当スポーツジムの会員数の減少は、体験入会の少なさが原因と判明した。パーソナルトレーナーの無料体験キャンペーンは他の施策よりも集客に有効な手段である。キャンペーンの実施をご承認いただきたい。

ステップ①の「伝える相手の分析」とステップ③の「自分の見られ方の分析」では、「伝え方」を以下のように整理しています。

●ステップ①：伝える相手の分析
・プロモーションの内容：大まかな方針のみを伝達
・プロモーションの実施：前例がないため失敗がないように段階的に導入
・プロモーションの効果：数字で詳細に表現
　　　　　　　　　　　　社長へのアピールになることを表現

● **ステップ③：自分の見られ方の分析**
・アイデアを積極的に打ち出す
・アイデアは数字で裏付ける
・実行計画は概要のみに絞る

これらを踏まえて「伝えること」では、プロモーションのアイデアは「パーソナルトレーナーの無料体験キャンペーン」と、内容にざっくり触れる程度にとどめ、「新たなキャンペーン手法として社長にアピールできる」と、部長の実績になることを伝えます。

また、プロモーション効果は「他の施策よりも20％有効」という定量的な数字で示し、導入方法については「試験的なチラシ配布」と段階的な方法を示します。

これらの要素を加味して、「伝えること」を次のように修正しました。

当スポーツジムの会員数の減少は、体験入会の少なさが原因と判明した。パーソナルトレーナーの無料体験キャンペーンは他の施策よりも集客に20％有効な手段であり、新たなキャンペーン手法として社長にアピールできる。前例がない施策なので、まずは試験的なキャンペーンの実施をご承認いただきたい。

| 相手の分析 | 行動の決定 | 自分の分析 | **伝えることの決定** |

3 目的設定

課題、解決策、効果、行動

課題：体験入会の少なさによる会員数の減少

解決策：トレーナーの無料体験キャンペーン

効果：他の施策よりも集客に有効

行動：キャンペーン実施の承認

自分の見られ方の分析

強み
・アイデアを評価されてきた
・自分のやりたいことには熱中
・始めたらやり抜くと信頼されている

弱み
・効果の定量化などの数字に弱い

伝えること

当フィットネスクラブの会員数の減少は、体験入会の少なさが原因と判明した。

パーソナルトレーナーの無料体験キャンペーンは他の施策よりも集客に20％有効な手段であり、新たなキャンペーン手法として社長にアピールできる。

前例がない施策なので、まずは試験的なキャンペーンの実施をご承認いただきたい。

伝える相手の分析

インセンティブ
・社長への実績アピール

バリア
・前例がないことは嫌い

知識・興味・性格・立場
・プロモーションの知識は乏しい
・数字に興味あり

これで、資料で「伝えること」が決定しました。次の章では、この「伝えること」をスライドの構成やスライドタイトルへと落とし込んでいく作業を行います。

目的設定まとめ

- 資料の作成を始める前に、「資料の目的」を明確にすることが大切です。相手に「期待する行動」を明確にすることで、資料作成の方針が明らかになり、結果として、資料を効率的に作成することができます。

- 次に挙げる4つのステップで、「人を動かす」目的を設定します。

STEP1 「伝える相手」を分析する

- メッセージを伝えたい相手を複数の人間ではなく、1人に絞ります。資料の内容に決裁権がある意思決定者にターゲットを絞りましょう。
- 相手の「インセンティブ」「バリア」「知識・興味・性格・立場」の理解に努め、資料に盛り込む情報を決定します。

STEP2 「相手に期待する行動」を決める

- 相手に期待する行動を明確にします。
- その際、「すぐに取り組める行動」を設定します。誰が（Who）、いつ（When）、どのように（How）、何を（What）を明らかにすることが重要です。

STEP3 「自分の見られ方」を分析する

- 自身の知識や経験などを踏まえて、相手から見た強み・弱みを考えます。

STEP4 「伝えること」を決める

- 「伝えること」は、資料で提案する内容を150文字程度にまとめます。
- 「伝えること」には、課題、解決策、効果、行動を含めます。
- 相手と自分の分析から得られた示唆を「伝えること」に反映します。

Chapter 4

PowerPoint資料作成

ストーリー作成の大原則

4章 ストーリー作成の大原則

資料の「目的」が明確になり、相手に「伝えること」が決まったら、資料の「ストーリー」作りに取り掛かりましょう。**資料のストーリー作りとは、「伝えること」に沿った形で、スライド構成、スライドタイトル、スライドメッセージ、スライドタイプを決めることです。**

コンサルティングファームでは、プロジェクトマネージャークラスの経験豊富なコンサルタントが必ずストーリーの確認を行います。私もコンサルタント3年目くらいになると、最終報告用資料のドラフトを作る機会を与えられました。その際、シニアコンサルタントからのフィードバックは、グラフや図解に対してよりも、多くの場合は資料のストーリーに関するものでした。

それほど重要な「資料のストーリー」作りですが、具体的には次の3つのステップで行います。

①スライド構成を決める
②スライドタイトルとスライドメッセージを決める
③スライドのタイプを決める

①の「スライド構成を決める」では、資料で「伝えること」を複数のスライドで表現し、それをどのような組み合わせで構成するかを決めます。

②の「スライドタイトルとスライドメッセージを決める」では、それぞれのスライドのタイトルとメッセージを決めます。スライドタイトルとはスライドの最上部に置かれ、スライドの内容を端的に示すものです。スライドメッセージはスライドタイトルの下に置かれ、そのスライドで相手に伝えたい主張を示すものです。

③の「スライドのタイプを決める」では、スライドの内容を箇条書き、図解、グラフのどのタイプで表現するかを決めます。

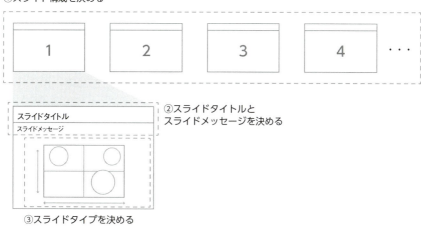

もうしばらくは、PowerPointを開くのをグッと我慢して、Excelやノートに書き込む形で準備していきましょう。ストーリーの作成用に、Excelファイルを用意しています。詳しくは、P.600を参照してください。それでは、一緒に資料のストーリー作成に取り組みましょう。

大原則

STEP①
「スライド構成」を決定する

資料のストーリー作りにあたって、まずはスライド構成を決めましょう。第3章で決定した「伝えること」を複数の要素に分けて、各スライドに割り当てていきます。ここで私が皆さんにお勧めしているのは、「伝えること」を次の4つの要素で説明する方法です。

①**背景**
②**課題**
③**解決策**
④**効果**

①「背景」では、今回の提案に至った経緯として現状と目標を示し、相手にこの資料の重要性を理解してもらいます。②「課題」では、目標を達成するための障害となっている原因を示し、何を解決しようとしているのかを明確にします。③「解決策」では、その課題を解決するための方法を説明します。④「効果」では、解決策の実施によって期待される成果、必要なコスト、実施計画などを伝えます。

非常にシンプルな構成ですが、シンプルなだけに相手にとってわかりやすく、説得力があります。そしてこれら4つの要素について、それぞれ何枚のスライドで説明するかを決めることで、スライド構成を決定することができます。では、このスライド構成の作り方を見ていきましょう。

ストーリー決め

伝えること ▶ ① スライド構成 ▶ ② スライドタイトル・メッセージ ▶ ③ スライドタイプ

原則 026 「背景」で資料の重要性を示す

資料を作るに至った「背景」を示す

多くのビジネスパーソンは、日々業務に追われています。そのため相手に資料を読んでもらうためには、相手に「自分がなぜこの資料を読む必要があるのか？」ということを、最初に理解してもらう必要があります。特に相手の職位が高くなるほど短時間での理解が必要になるため、「背景」の重要性は高まります。そこで**資料には必ず「背景」を示すスライドを配置し、提案に至った状況を説明します。**

例えば売上増加のための企画を提案する資料では、「背景」として「売上の伸び悩み」が説明されている必要があります。売上の伸び悩みという情報が共有されていなければ、今回の資料がどの程度重要なのかを相手は理解できません。どれくらい売上が伸び悩んでいるのかを「背景」として説明することで、今回の資料が重要な提案だということを理解してもらうことができるのです。

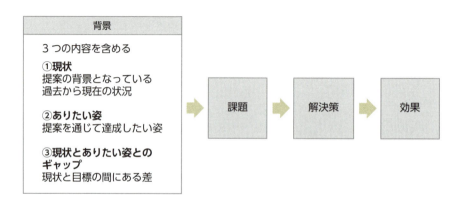

「背景」は現状・ありたい姿・ギャップで示す

資料の重要性を示す「背景」には、次の3つの要素を盛り込むようにします。

①現状
②ありたい姿
③現状とありたい姿とのギャップ

以下に、それぞれの詳細を説明していきます。

①現状

何かを提案するということは、会社の内外の環境が変化し、何らかの対策が必要になっていることを意味します。そこで「背景」では、提案の背景となっている現在の状況を読み手に示します。現在の状況は、過去から現在の状況の変化として示されます。例えば、「過去5年間で当社の売上が減少し続けている」や「市場への新規参入が増加し、シェアが奪われている」「お客様の購買意欲が減少している」などは、典型的な内外の変化の例です。

②ありたい姿

次に、ありたい姿を示します。提案する以上は、何かしらの目指すべきありたい姿があるということです。ありたい姿には、売上目標や利益目標のような数字で表現できる目標(定量的目標)と、目指すべき組織風土のような数字で表現できない目標(定性的目標)の2種類があります。

③現状とありたい姿とのギャップ

目指すべき目標を示したら、次は現状とありたい姿の間にどのようなギャップがあるかを説明します。資料で提案する内容は、この現状を改善し、ありたい姿を達成するためのものとなっている必要があります。

それでは具体的な例で「背景」を考えていきましょう。「①現状」として自社が「過去5年間で売上が減少し、1,000億円になっている」とします。それに対して目指すべき「②ありたい姿」として、「1,100億円の売上達成」という場合、「③現状とありたい姿のギャップ」は「100億円の売上増加が必要」ということになります。

この提案の「背景」を文章でまとめると、「自社は過去5年間で売上が減少しており、1,000億円となっている。それに対して目標は1,100億円である。よって100億円の売上増加について検討する」という形になります。

会社や部署として、ありたい姿が会議の出席者で統一されていないということがよくあります。**それぞれがバラバラの目標を設定していると、それぞれが感じる現状とありたい姿のギャップが異なり、そもそも議論が成り立ちません。そこで資料では必ず冒頭にありたい姿を明記し、問題意識を統一することが重要なのです。**

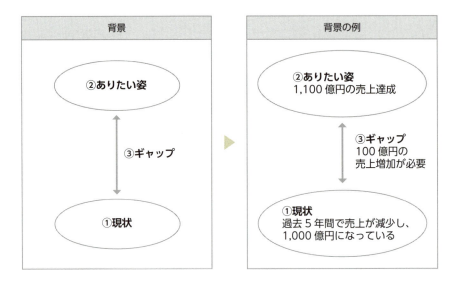

スポーツジムの事例　「背景」の整理

前章では、「私」はスポーツジムのプロモーション企画を提案するために上司である営業部長の分析、部長から見た自分の分析、そして部長に期待する行動を決め、資料全体で「伝えること」を考えました。

部長への提案書を作成するに当たり、会員数増加のためには何らかのプロモーションを行う必要性があることを部長に理解してもらわなければなりません。そこで資料の冒頭の「背景」パートで、「現状」「ありたい姿」「現状とありたい姿のギャップ」の3つのポイントで提案の背景を整理してみました。

①現状：入会者数が減少
②ありたい姿：前年並みの入会者数の確保
③現状とありたい姿のギャップ：入会者数の不足

まず「現状」で入会者数が減少していることを伝えて、何らかのアクションが必要なことを明確にします。次に、「ありたい姿」で具体的に目指すゴールを示します。そして最後にその間にはギャップがあることを示しています。このようにして、部長に何らかの対策が必要だと意識してもらうことにします。

コンサルの現場

コンサルタントは、「今やってることはそもそも何のためだっけ？」とよく同僚に質問を投げかけます。細かい業務を進めていると、コンサルタントもつい何のためにその業務をやっているのかわからなくなることがあります。その時にこの「そもそも」質問は本来の業務の目的を思い出し、「ハッ」と本質に気づかせてくれるのです。業務に行き詰まった時にはぜひ、「そもそも…」という質問を同僚や自身に投げかけてみてください。きっと新たな発見があると思います。

原則 027 「課題」で問題点を示す

何が問題なのかを「課題」で明らかにする

「背景」「課題」「解決策」「効果」の中で、コンサルタントは「課題」がもっとも重要だと考えます。「解決策」がもっとも重要なように感じますが、適切な「課題」を対象にした「解決策」でなければ根本的な解決にはならないからです。

日常では「課題」という言葉は、「次回打ち合わせまでの課題」のように、取り組むべき仕事という意味で使われることが多いです。しかし、ここでの「課題」とは、背景にある目標と現状のギャップを生んでいる「問題点」のことを指します。例えば以下のような場合です。

・売上が目標を下回っている（背景）→営業員の不足（課題）
・海外での市場シェアが昨年より低下（背景）→製品の品質の低下（課題）

「背景」から「課題」を見つけ出すために、①ギャップの深掘り、②取り組むべき課題（メインイシュー）の設定を行います。

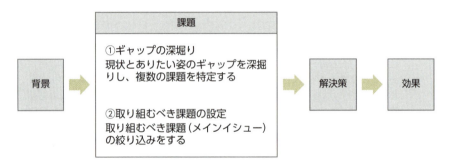

①ギャップの深掘り

「背景」から「課題」を見つけ出すには、最初に「背景」である現状とありたい姿のギャップを深掘りするところから始めます。現状とありたい姿の間にギャップが生まれている原因を探り、複数の課題を見つけ出すのです。**ポイントは、「Why（なぜ？）」という問いかけを繰り返すということです**。例えば以下の例の通りです。

背景：現状の売上が目標を下回っている→Why（なぜ？）
→課題①：製品価格が低下しているから
→課題②：新製品の発売が遅れたことで売上数量が低下しているから
→課題③：他社が新製品を発売したことで売上数量が低下しているから

この「なぜ？」による深掘りの際に重要なのは、課題をモレなく、見逃さないようにするということです。ロジカルシンキングで言うところの、MECE（モレなくダブリなく）という概念です（P.123参照）。特にモレがないということは、ダブリがないことよりも重要です。

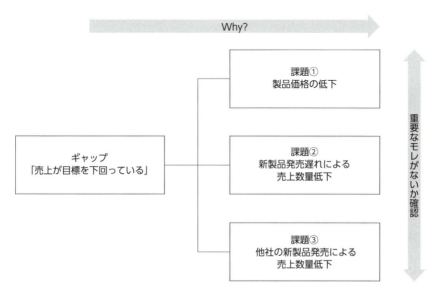

②取り組むべき課題の設定

次に、複数見つけた課題の中から、取り組むべき課題(メインイシュー)を絞り込みます。**課題を絞り込む際には、「解決できる可能性が高く」かつ「重要度・緊急性が高い」**ものを、取り組むべき課題として設定することが多いです。

説明に際しては、下記のように2軸の中に課題を配置して、解決できる可能性が高く、かつ重要度も高い「取り組むべき課題」を示します(「解決できる可能性」を判断軸に入れると難易度が高い課題を避けがちになるため、重要度と緊急度の二軸で評価する場合も多いです)。

先の例では、課題①の「製品価格の低下」は自社だけではコントロールが難しく、解決の可能性が低いと考えました。また課題③の「他社の新製品発売」もまた、これから対策を行うのではすでに間に合わず、解決の可能性が低いと考えました。そこで、今からでも挽回可能で解決できる可能性が高く、重要度・緊急性も高い**課題②：新製品発売の遅れによる売上数量の低下**を今回の「取り組むべき課題」として設定しました。

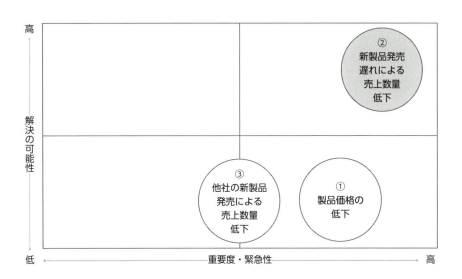

スポーツジムの事例　「課題」の特定

「私」は「背景」で、「入会者数が前年同月比で5%減少」していることを示しました。次に、「なぜ」このギャップが発生しているかを整理していきます。ここでは入会に至るまでのプロセスを「①当スポーツジムを知っている人が、②体験入会をして、③入会にいたる」という3つのプロセスに分けて、それぞれのプロセスごとに3つの課題を導き出しました。

これらの課題を「重要度・緊急性」と「解決の可能性」で評価し、

課題②：体験入会が減少している

がもっとも重要度・緊急性が高く、かつ解決の可能性が高いため「取り組むべき課題」として設定しました。

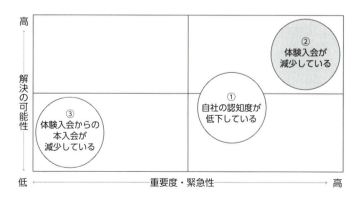

原則 028 「解決策」は課題に対応させる

「課題」に対応した具体的な「解決策」を示す

「背景」と「課題」を設定できたら、次に「解決策」を検討しましょう。「解決策」の検討とは、現状と目標のギャップを生んでいる原因である「課題」を、どのようにすれば克服できるかを考えることです。例えば「新製品発売の遅れによる売上数の低下」という「課題」に対して、どのようにすればこの問題を解決できるかを考えるのが、「解決策」の策定になります。解決策の策定では、次の3つのポイントを考慮することが重要です。

① 課題に正しく対応しているか？
② 複数の解決策の中から選択しているか？
③ 具体性のある解決策か？

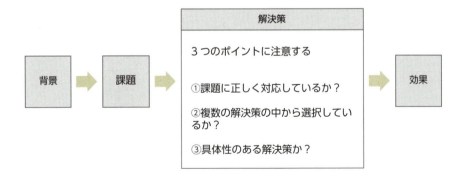

①課題に正しく対応しているか？

解決策は、必ず課題に対応したものでなければなりません。例えば「新製品発売の遅れによる売上数量の低下」という課題に対して、「営業人員の増加によるお客様へのアプローチ強化」という解決策は、課題に対応していません。それに対して「開発部門と相談して製品発売を早める」であれば、課題に正しく対応した解決策であると言えます。

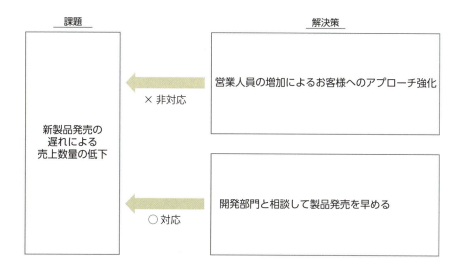

②複数の解決策の中から選択しているか？

解決策を提示する際には、資料の読み手に複数の解決策を示すことが重要です。その中から期待する効果が大きく、実現可能性が高いものを選ぶようにすると、説得力が高まります。**1つの解決策しか示されないと、読み手は、なぜその解決策が選ばれたのか、本当にその解決策が有効なのか、疑問に思ってしまいます。**必ず複数の解決策を根拠とともに提示し、その中から選択するようにしましょう。

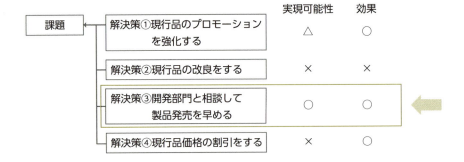

③具体性のある解決策か？

解決策には、具体性が必要です。例えば「新製品発売の遅れによる売上数量の低下」という課題に対して、解決策として「開発部による総力を挙げた新製品の開発」を提案したとします。しかしこれでは、具体的に何をどうすればよいのかわかりません。例えば「新製品開発人員を増加する」や「製品開発パートナーを開拓する」など、具体的な解決策を示す必要があります。

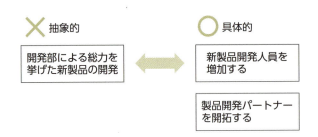

スポーツジムの事例　「解決策」の決定

「私」は、提案書の「課題」として「体験入会が減少している」ということを設定しました。「私」は自身の経験を踏まえて、この「課題」に対する3つの解決策を整理しました。

①近隣世帯への無料ジム体験チラシの配布
②パーソナルトレーナーの無料体験プロモーションの実施
③会員の友人限定無料体験プロモーションの実施

最終的にこの3つの案の中から、もっとも効果が大きく、実現可能性が高いと思われる

②パーソナルトレーナーの無料体験プロモーションの実施

を「解決策」として示すことにしました。「パーソナルトレーナー無料体験の提供」は、課題に正しく対応していますし、複数の案から選択されたということを示すことで、説得力を持ちます。また、十分に具体性を持っています。「解決策」としての必要な条件を兼ね備えていると言えるでしょう。

解決策	実現可能性	効果
①近隣世帯への無料ジム体験チラシの配布	○	×
②パーソナルトレーナーの無料体験プロモーションの実施	○	○
③会員の友人限定無料体験プロモーションの実施	○	△

原則 029 「効果」は解決策の結果を示す

「効果」は定量的に示す

最後に「解決策」の実施により、どのような「効果」が得られるかを示しましょう。ここでは**費用対効果を示すことが重要ですので、「①効果」に加えて、「②必要なリソース」、そして「③アクションプラン」を示す**ようにしましょう。

「①効果」は数字で定量的に示すことが望ましいですが、数字では表現できない場合は、定性的に示すことも選択肢の1つです。数字を使った定量的な効果の例としては、「開発人員の増加により新製品の発売が4ヵ月早まり、年間10億円の売上増加の効果がある」などが挙げられます。一方、定性的な効果の例としては、「製品開発パートナーの開拓により、一部の開発プロセスのアウトソースが可能になる」などが挙げられます。

「②必要なリソース」では、解決策の実施に必要な人員、スキル、ツール、コストを明らかにします。「③アクションプラン」では、実施計画として、具体的なアクションとそれぞれの期間を示すようにしましょう。

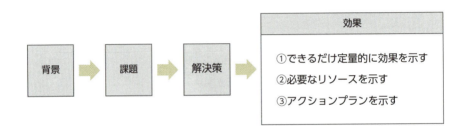

スポーツジムの事例　「効果」の特定

「私」は、「パーソナルトレーナー無料体験のプロモーション」を「解決策」として設定しました。その解決策の「効果」は、部長が前例のないことが嫌いなので、アクションプランとしては段階的な導入を行うことにします。また部長は経理部出身ですので、数字で示すことが重要です。

そこで、「パーソナルトレーナーの無料体験のプロモーション」の効果をExcelで試算しました。その結果、

「段階的な導入で平均15人／月の入会者の増加につながる（入会者の30％の増加）」

ことがわかり、これを「効果」として示すことにしました。また、解決策に必要なリソースも洗い出しました。
これにより、「背景」「課題」「解決策」「効果」の4つの要素が次のように決定しました。

背景：前年同月比で5％の入会者数の減少
課題：体験入会者数が減少している
解決策：パーソナルトレーナーの無料体験プロモーションの実施
効果：段階的な導入で平均15人／月の入会者の増加（入会者の30％の増加）

原則 030 背景、課題、解決策、効果で「スライド構成」を考える

4つの要素の関係

ここまでに解説した「背景」「課題」「解決策」「効果」の4つの要素を整理すると、次の図のような関係になります。①「背景」によって示される「ありたい姿と現状のギャップ」の原因（なぜ？）が、取り組むべき②「課題」になります。そして、その課題を解決するのが③「解決策」です。解決策を実行した結果が④「効果」になります。最後にその「効果」が、「現状」に対して影響を与えるということになります。

例えば、①背景が「売上目標と実際の売上（現状）の間のギャップ」で、②課題は「売上の未達は営業人員の不足」にある。そしてその課題の③解決策として「営業人員の強化」を提案し、「売上目標の達成」が④効果になる、といった関係です。

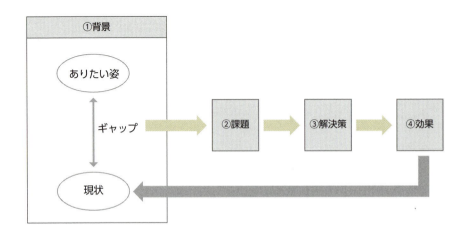

フォーカスによってスライド構成は変わる

これら4つの要素（背景、課題、解決策、効果）は、それぞれ1枚のスライドで表すこともありますし、**複数枚のスライドで表す場合もあります**。複数枚のスライドで表す場合は、どの要素にフォーカスを当てるかによって、スライド構成を決定するようにします。特に「課題」については、課題を深堀りし、複数の課題を提示した上で「取り組むべき課題」を絞り込む、といったプロセスを見せることが必要な場合が多いため、スライドが複数枚になることが多いです。また、解決策も複数の解決策を提示したあとに1つに絞り込むパターンが多いため、スライドが複数枚になる傾向があります。

なお、4つの要素はあくまでも提案のプロセスです。説明を複数回行う場合は、課題のみで構成された資料、解決策のみで構成された資料など、提案プロセスの段階に応じて、資料の内容が4つの要素のうちの1つに絞られる場合もあります。

	4枚の場合	課題フォーカス	解決策フォーカス	解決策のみ
背景	❶背景	❶背景	❶背景	
課題	❷課題	❷課題の概要 ❸課題の詳細1 ❹課題の詳細2	❷課題	
解決策	❸解決策	❺解決策	❸解決策の概要 ❹解決策の詳細1 ❺解決策の詳細2	❶解決策の概要 ❷解決策の詳細1 ❸解決策の詳細2
効果	❹効果	❻効果	❻効果	
スライドの枚数	4枚	6枚	6枚	3枚

相手の特徴から資料の「ボリューム・構成」を決める

相手の職位で「ボリューム」を決める

検討した内容を資料の形でまとめる際に悩ましいのは、どれくらいの資料のページ数で説明するかです。1つの目安になる考え方としては、相手の職位が上がるにつれて、資料のボリュームを少なくしていくということです。

例えば部門責任者レベルへの説明であれば10枚以内、社長や役員などの経営層に説明する場合は5枚以内に留めるのが現実的です。**なぜなら上位者になればなるほど、責任範囲が広くなり、1つの案件にかける時間や労力が少なくなるからです。**

資料が少ないと質問が来た時に対応できずに困るという場合は、資料を「本編」と「参考資料」という2つのセクションに分けて、「本編」はポイントのみをまとめた資料、「参考資料」は細かいデータなどを掲載した資料にするのがお勧めです。基本は本編を説明し、質問があれば参考資料を参照しながら説明するという形がスマートです。

職位	説明時間のイメージ	資料の枚数の目安
経営層（社長・役員）	5-10分	5枚以内
部門責任者層（本部長・部長）	10-20分	10枚以内
中間管理職層（課長）	20-30分	20枚以内

相手の特徴や状況から「構成」を決める

資料を説明する際の流れは背景→課題→解決策→効果が基本ですが、**相手の特徴や状況によってその順番や強調するポイントを変えるようにします**。例えば、結論を早く求める相手であれば、解決策→効果→背景→課題のように、「何をするか」を序盤に伝えた方が良いでしょう。また、方法よりも成果を求めている相手の場合は、効果→解決策→背景→課題のように最初に「これくらいの効果が出ます」ということを伝えた方が良いでしょう。

また、相手の興味や関心によってどの要素を厚く伝えるかも同時に考えます。根拠を大事にする人には「背景」や「課題」の分量を多くした方が良いでしょうし、方法を気にする人には手段をより具体的に書くために「解決策」のボリュームを増やした方が良いでしょう。

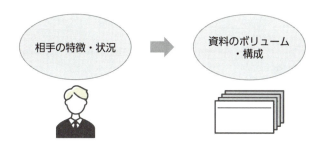

これに関連して、**資料の文字量や体裁も相手によって変えることが重要です**。例えば、詳細な情報まで確認してくるような相手であれば、細かい情報まで書く必要があるので文字が多くなっても構いませんが、結論と根拠だけ明解であればよいという相手であれば、文字量は少なく要点を書いた方が良いでしょう。また、相手が年輩の方であればフォントサイズは大きいものを選んだ方が良いです。このように相手の特徴や状況によって構成や体裁は大きく異なるので、常に相手のことを考えて資料作りに取り組むようにしましょう。

> スポーツジムの事例　スライド構成の決定

「私」はスライド構成を検討することにしました。今までの検討から、4つの要素「背景」「課題」「解決策」「効果」はそれぞれ以下の内容で示すことに決めました。

背景：前年同月比で5%の入会者数の減少
課題：体験入会者数が減少している
解決策：パーソナルトレーナーの無料体験プロモーションの実施
効果：段階的な導入で平均15人／月の入会者の増加（入会者の30%の増加）

今回は営業部長に提案の全体像を簡潔にバランスよく見せたいと考え、「背景」「課題」「解決策」「効果」をそれぞれ1枚ずつのスライドで示すことにしました。

	内容	スライドの枚数
背景	❶前年同月比で5%の入会者数の減少	1枚
課題	❷体験入会者数が減少している	1枚
解決策	❸パーソナルトレーナーの無料体験プロモーションの実施	1枚
効果	❹段階的な導入で平均15人／月の入会者の増加（入会者の30%の増加）	1枚
		合計 4枚

> **column** モレなく、ダブリがない構成を心がける

資料のスライド構成を考える際には、構成の内容がMECE (ミーシー、Mutually Exclusive Collectively Exhaustive:モレなくダブリなく) になっているかどうかを確認しましょう。

「MECEな構成」とは、「伝えたいこと」が漏れなく、重複なく根拠づけられている状態のことです。先ほど説明した、「背景」「課題」「解決策」「効果」も、MECEな構成の一例です。下記に、MECEな場合、モレがある場合、ダブリがある場合を列挙しています。

伝えたいこと

広告の不足で、新製品の売れ行きが悪い。プロモーション強化が必要。2億円の投資で売上10%アップが見込める

	MECEな場合	モレがあるケース	ダブリがあるケース
背景	新製品の売れ行きが悪い	新製品の売れ行きが悪い	<u>広告が不足</u>し、新製品の売れ行きが悪い
課題	自社の広告が不足		<u>自社の広告が不足、プロモーションが必要</u>
解決策	プロモーションの強化が必要	プロモーションの強化が必要	<u>プロモーションの強化</u>が必要
効果	2億円の投資で売上10%アップ	2億円の投資で売上10%アップ	2億円の投資で売上10%アップ
		課題がモレており、解決策が唐突	背景と課題、課題と解決策が重複

MECEで注意するべきポイントは、モレなくとダブリなくのうち、「モレなく」の方がはるかに重要ということです。ダブリは内容がややわかりにくくなる程度ですが、重要な情報にモレがあると内容について致命的な指摘を受ける可能性が高くなります。

ここでの「重要な情報」とは、正確に言うと"相手にとって"「重要な情報」ということです。資料はコミュニケーションの手段ですので、相手が気にしないことはストーリーの要素に入れなくてもよいのです。機械的に全体を網羅しようとするのではなく、相手にとって大事な要素を網羅するようにしましょう。

原則 032 「サマリー」と「結論」を必ず加える

「タイトル」「サマリー」「目次」「結論」を加える

ここではスライド構成の最後の作業として、資料に必要不可欠な4枚のスライドについて解説を行います。それは、**「タイトル」「サマリー」「目次」「結論」**です。この4つの要素は、それぞれ1枚ずつ、計4枚のスライドで構成されます。

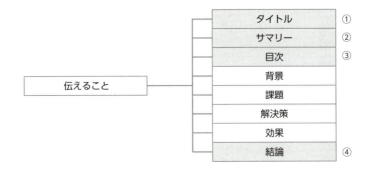

①タイトル

タイトルのスライドには、バージョン、日付、作成者などの情報を入れ、新旧の資料の見分けがつくようにしておきます。タイトルは、資料を読むべきかどうかが一瞬でわかる、具体的な見出しをつけましょう。

②サマリー

サマリーのスライドでは、資料の内容を簡潔にまとめます。この1枚を読むだけで、資料の全貌を理解できる内容を目指します。「サマリー」がない資料をよく見かけますので、注意が必要です。

③目次

目次のスライドでは、資料がどのような要素で構成され、どのような順番で展開するかをまとめます。

④結論

結論のスライドでは、資料全体のまとめと、自身が取り組む行動と相手に取り組んでほしい次の行動を具体的に示します。資料全体の内容を振り返ることで、内容の理解と次の具体的な行動を促します。

タイトル、サマリー、目次、結論スライドの実際の作成方法は、第6章で解説を行います。

タイトル

Ver.8
新製品開発体制強化の提案

20XX年8月10日
経営企画部 中路 真太郎

サマリー

- 競合の営業体制と製品ラインナップの強化の影響を受け、弊社の売上は過去5年間で減少傾向にある
- 特に自社の新製品発売遅れによる売上数量低下の影響は深刻である
- 新製品開発人員の増員を実行し、新製品の発売を早めることを提案する
- 人員増強により新製品発売が4ヵ月早まり、年間売上10億円の売上増加が見込める

目次

1. 背景：弊社の売上と競合動向
2. 課題：自社新製品の現状
3. 解決策：新製品開発人員の増強
4. 効果：新製品発売時期と売上予測

結論

- 自社の新製品発売遅れによる売上数量低下の影響は深刻である
- 新製品開発人員の増員を提案する
- 人員増強により新製品発売が4ヵ月早まり、年間売上10億円の売上増加が見込める
- 開発人員増員の予算獲得のための詳細案作成の承認をいただきたい

大原則

STEP②
「スライドタイトル」と「スライドメッセージ」を決定する

スライドの構成が決まったら、次は各スライドの「スライドタイトル」と「スライドメッセージ」を決定していきましょう。適切なスライドタイトルがついていれば、相手は一瞬でそのスライドの内容を理解することができます。そしてスライドメッセージがあれば、そのスライドが主張していることを相手にわかりやすく伝えることができます。

スライドメッセージには3つの種類、「事実型」「解釈型」「行動型」があります。これらを知ることで、より適切に相手にメッセージを伝えられます。また、スライドメッセージの流れを意識することで、資料全体のストーリーが相手に伝わりやすくなります。**具体的でわかりやすいスライドタイトルとスライドメッセージをつけることは、「1人歩きする資料作り」の第一歩です。**

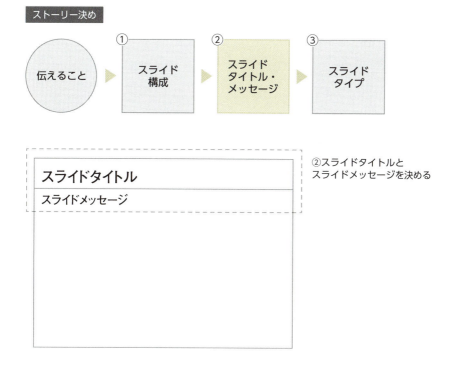

②スライドタイトルとスライドメッセージを決める

スライドタイトルは「主張なし」で「簡潔」に

スライドタイトルは4つのポイントを押さえる

「スライドタイトル」は、スライドの最上部に配置して、スライドの内容を相手に簡潔に示すものです。以下の4つのポイントを押さえれば、わかりやすいスライドタイトルをつけることができます。

①短くまとめる
②主張しない
③体言止め、または名詞で終わる
④主語を明確にする

スライドタイトル

| スライド構成 | **タイトル・メッセージ** | スライドタイプ |

①短くまとめる

スライドの内容を一瞬で理解してもらえるように、スライドタイトルは短くまとめます。詳細な情報は、スライドタイトル以外の部分で伝えるようにします。下の例では、集計期間「(20XX年1月～12月)」はスライドの中で示せばよいので、スライドタイトルからは外しています。

> × 悪い例：当社製品の売上数量推移 (20XX年1月～12月)
> ○ よい例：当社製品の売上数量推移

②主張しない

スライドタイトルには、主張を入れないようにします。下記の例では「減少」という言葉に主張が含まれますので、スライドタイトルには適しません。より主張がなく、客観的な「推移」という言葉を使った方が客観的な分析を行ったように見えるのでスライドタイトルには適切です。

> × 悪い例：当社製品の売上数量の減少
> ○ よい例：当社製品の売上数量推移

③体言止め、または名詞で終わる

スライドタイトルは、体言止めまたは名詞で終わるようにします。それによって、①の簡潔さも実現できます。下記の例で、「売上減少は3つの要因で説明できる」は丁寧ですが、文章が長く、冗長です。そこで「売上減少の3要因」と名詞で終わる形に変更すると、簡潔でわかりやすい表現になります。

> × 悪い例：売上減少は3つの要因で説明できる
> ○ よい例：売上減少の3要因

4 ストーリー作成

④主語を明確にする

スライドタイトルでは、主語を明確にするようにしましょう。また、スライド間で、できるだけ主語を揃えた方が読者は理解しやすくなります。主語を揃えた場合は、スライドタイトルを簡潔にするため、2枚目以降のスライドタイトルの主語を省略できます。

一方、途中で主語の異なるスライドタイトルを使う場合は、必ず主語を示すようにしましょう。主語が異なるのに主語が省略されると、スライドの理解が難しくなる可能性があります。

× 悪い例
(スライド1) 当社製品の売上数量推移
(スライド2) 当社製品の売上減少の3要因　←主語「当社製品の」は省略可能
(スライド3) 購買行動の変化　　　　　　←主語が省略され、誰の購買行動か不明

○ よい例
(スライド1) 当社製品の売上数量推移
(スライド2) 売上減少の3要因　　　　　←「当社製品の」を省略
(スライド3) 顧客の購買行動の変化　　　←「顧客の」という主語を追加

スポーツジムの事例　スライドタイトルの決定

「私」はスライドタイトルの4つのポイント、「①短くまとめる」「②主張しない」「③体言止め、または名詞で終わる」「④主語を明確にする」を参考に、スポーツジムのプロモーション企画書のスライドタイトルを作成しました。

「背景」のスライドスタイルは、入会者数減少の状況を示す必要があるため「入会者数の推移」としました。「課題」のスライドスタイルは、入会者減少の原因を示すため「入会者減少の原因」とします。「解決策」のスライドスタイルは、課題の解決策としてプロモーション施策を示すため「入会者増加のためのプロモーション」としました。最後に、「効果」のスライドスタイルはプロモーションの効果を示すため、そのまま「プロモーションの効果」としました。

どのスライドタイトルも短く、主張がなく、名詞で終わり、主語が明確という4つの基準を満たすことができました。

	スライドタイトル
背景	入会者数の推移
課題	入会者減少の原因
解決策	入会者増加のためのプロモーション
効果	プロモーションの効果

原則 034 スライドメッセージは「50字以内」で「主張する」

1スライド1メッセージの原則

「スライドタイトル」が決定したら、次は「スライドメッセージ」を決めましょう。スライドメッセージはスライドタイトルの下に配置され、スライド全体の内容を簡潔に示すものです。スライドメッセージは1スライドにつき1つの文章が原則で、2文以上で示すことはありません。スライドメッセージなしの資料が使われている企業も多いですが、コンサルティングファームでは必ずスライドメッセージを記載しています。

「資料で何を言いたいのかわからない」といったコメントを周りから受ける方には、特にスライドメッセージを記載することをお勧めします。 スライド内容の要約をスライドメッセージとして明示することで、「スライドで言いたいこと」を相手に直接示すことができます。また、スライドメッセージを作成することで、自身の要約力が磨かれる効果も期待できます。

スライドタイトル
スライドメッセージ

スライドメッセージは主張がある文章

スライドメッセージは、次の3点に注意して作成するようにします。

①主張を含める

スライドタイトルには主張がありませんが、スライドメッセージには基本的に自身の主張を含めます。主張と言っても自分の主観的な意見ではなく、事実に基づいて相手に伝えたい内容のことです。例えば、「売上が下がっているのは新製品の販売の遅れが一因である」というようなメッセージです。

②文章で表現する

スライドタイトルが体言止めや名詞で表現されるのに対して、スライドメッセージは必ず文章として表現します。これは文章で主張の時制や確度を明確にするためです。例えば「売上の減少」というよりも、「売上が減少する可能性がある」「売上が減少した」「売上が減少しつつある」の方が、より明確に主張を伝えられます。

③50文字以内にまとめる

スライドメッセージは、スライドの内容を簡潔に相手に伝えるためのものです。そのため長文ではなく、50文字以内にまとめるようにしましょう。

スライドタイトル	当社製品の売上数量推移
スライドメッセージ	○ 5年前と比較して当社製品の売上数量は10%減少している
	× 過去5年間の当社製品の売上数量推移は以下の通りである ←主張がない
	× 5年前と比較して当社製品の売上数量は10%減少 ←名詞で終わっている
	× 当社製品の売上数量の推移を過去5年間にわたってデータを元に検証すると、売上数量は10%減少していることが判明した ←50文字を超えている

スライドメッセージは「比較対象」と「差」を示す

スライドメッセージの内容に関しては、より説得力を持って主張を伝えるために、「比較対象」と「差」を明確にすることを意識しましょう。

人は客観的な評価をもとに、その主張が妥当かどうかを判断します。例えば**「当社製品の売上数量は減少している」**というメッセージでは、評価が主観的で説得力を欠きます。それでは、比較対象を加えた**「5年前と比較して当社製品の売上数量は減少している」**というメッセージではどうでしょうか。「5年前」という比較対象があるおかげで客観性が増し、説得力が高まっています。

一方で、どれくらい減少しているかという「差」の部分はまだ曖昧です。そこで数字を使って「差」を具体的にしましょう。「5年前と比較して当社製品の売上数量は**10%**減少している」とすると、主張がより説得力を持つことがわかると思います。この比較対象と差については、三谷宏治（2011）「一瞬で大切なことを伝える技術」（かんき出版）が詳しいです。

不十分な例
今期の当店の予算は増額された
当店はコストパフォーマンスが非常に高い
当店には20代女性の会員が多い

▶

よい例
今期の当店の予算は前期を5%上回る
当店は競合ジムBと比較してサービスが同等にもかかわらず、会費は10%安い
当店は30代女性に比較して20代女性の会員が10%多い

スポーツジムの事例　スライドメッセージの決定

「私」は、スライドタイトルに続いてスライドメッセージを作成しました。スライドメッセージは、必ず主張を含んだ文章になるようにします。また、50文字以内で、何と「比較」してどれくらいの「差」があるのかということを意識して作成しました。

特に「背景」や「課題」のスライドでは自社の現状を明確に示す必要があるため、前年同月との比較を具体的な数字で示すことにしました。また経理部出身の部長を意識して、定量的な数字を「効果」に盛り込みました。これで、「プロモーション企画」のスライドタイトルとスライドメッセージが完成しました。

	スライドタイトル	スライドメッセージ
背景	入会者数の推移	入会者数が前年同月比で5%低下している
課題	入会者減少の原因	体験入会者数が前年同月比で5%減少している
解決策	入会者増加のためのプロモーション	トレーナー無料お試しキャンペーンはコストと効果の点から最適と思われる
効果	プロモーションの効果	段階的なプロモーション導入の効果として平均15人／月の入会者の増加が期待できる

原則 035 スライドメッセージでは「3つの型」を活用する

空・雨・傘のフレームワーク

前節で、スライドメッセージには主張がなければならないことをお伝えしました。そしてスライドメッセージで主張する際には、3種類の「型」を活用するのがお勧めです。この3種類の「型」は、マッキンゼー社が用いてきた「空・雨・傘」の問題解決のフレームワークに対応しています。

「空・雨・傘」のフレームワークでは、問題解決を行う際に必ず「空」→「雨」→「傘」の順番に考えていくことを勧めています。「空」は、「事実」を確認することを意味します。つまり「空を見て天気を確認する」ことになります。ここでは仮に、曇りだったとしましょう。次に、「雨」はその事実を「解釈」することを意味します。ここでは「曇りだから雨が降るだろう」と解釈しています。最後に、「傘」は「行動」(判断)を示します。つまり「雨が降るだろうから傘を持っていこう」ということです。

この「事実」→「解釈」→「行動」の順番に考えていくことは、問題解決の基本的な考え方になります。そして、スライドメッセージを考える上ではこれら3つの種類を意識することが大切なのです。

●問題提起の「事実型」メッセージ

問題解決のストーリーの流れの中で、最初の起点になるのが「事実型」のメッセージです。問題に関する「事実」、つまりデータや出来事が共通認識として共有されることで、**皆が事実に基づいた解釈で議論を行うことが可能になります**。反対に事実が提示されないと、事実に基づかない空中戦の議論になり、問題解決を前に進めることが難しくなります。

> 例)
> 当社の売上は過去5年に渡って減少している
> 消費者調査によると製品Aのリピート率は15%にとどまっている

●意見を伝える「解釈型」メッセージ

事実を伝えたら、次に事実の「解釈」を伝えるのが「解釈型」メッセージです。同じ事実、データを見ても、人によって解釈は異なります。そのため、**自分なりの分析に基づいた解釈でスライドメッセージを作成することがポイント**になります。

> 例)
> 売上の減少は他社の新商品発売の影響が大きいと考えられる
> 製品Aのリピート率の低迷は今後も続くだろう

多くの資料では「事実型」のメッセージが多く、「解釈型」のメッセージが大変少ない現状があります。それは、多くのビジネスパーソンが解釈に踏み込むことで反対意見が出たり、議論になるのを避けたいという本能を働かせていることが原因のように私には見えます。しかし、解釈があるからこそ、問題解決は前に進みます。無難な「事実型」のスライドメッセージに終わらず、自身の解釈を積極的に伝えるようにしましょう。

● **問題解決につなげる「行動型」メッセージ**

最後に、**事実に基づく解釈から問題解決につなげる**のが「**行動型**」メッセージです。いくら問題の「事実」と「解釈」を述べても、行動につながらなければ解決にはなりません。資料には、必ず「行動型」のスライドメッセージを入れるようにしましょう。

> 例）
> 他社の新商品に対抗するため、1年以内の新商品の発売が必要である
> 製品Aのリピート率向上のために消費者調査での原因究明を行う

スライドメッセージは3つの型を組み合わせる

事実、解釈、行動のスライドメッセージは、それぞれ単独のメッセージとして作成することもできますが、3つの型から2つを選んで組み合わせることも有効です。事実→解釈→行動は、前のステップがあるからこそ次のステップに進むことができます。そのため、前後の2つを組み合わせてスライドメッセージを作ると、より説得力が上がり、資料の流れもよくなります。

> 例）
> 当社の売上は過去5年間減少しており、原因としては他社の新商品発売の影響が大きいと考えられる（事実＋解釈）
> 製品Aの低いリピート率は今後も続く見込みであり、原因究明のために消費者調査を実施する（解釈＋行動）

3種類の型で「背景・課題・解決策・効果」を作る

「背景・課題・解決策・効果」のストーリーで資料を作る場合も、3種類のスライドメッセージの「型」を意識して使い分けると、ストーリーの流れがよくなります。

スライドメッセージの使い分け

	事実	解釈	行動
①背景	●	●	
②課題	●	●	
③解決策		●	●
④効果		●	

①「背景」パートでは、過去からの経緯などを「事実」ベースで整理した上で、自分なりの「解釈」を加味します。②「課題」パートでは必ず「事実」を確認し、「解釈」を加えていきます。③「解決策」パートでは、主に「行動」のスライドメッセージを用います。最後の④「効果」パートでは、「解決策」の期待による効果を示すため、「解釈」のスライドメッセージが中心になります。

スライドメッセージに「接続詞」を入れる

前後のスライドメッセージの流れを意識する

スライドメッセージを書く際には、必ず前後のスライドのスライドメッセージと内容がつながるか、意味が通じるかどうかを確認します。内容がつながらない場合は、スライド間で何らかの論理の飛躍があるか、スライドメッセージが適切に書かれていない可能性があります。

最終的には、**最初のスライドから最後のスライドまで、スライドメッセージだけを読んで意味が通じるもの**にする必要があります。この流れを確認することで、資料全体の言いたいことが明確になり、自身の頭の中の整理にもつながります。

| スライド構成 | **タイトル・メッセージ** | スライドタイプ |

接続詞で流れがよくなる

スライドメッセージ間の流れをよくするために、スライドメッセージの冒頭に接続詞を入れることも有効です。「しかし」(逆接)、「また」(並列)、「その上」(追加)、「一方」(対比)、「なぜなら」(説明)、「例えば」(例示)などの接続詞を使うことで、前のスライドメッセージとの関係が明確になり、聞き手にとってより理解しやすい資料になります。

●その上（追加）

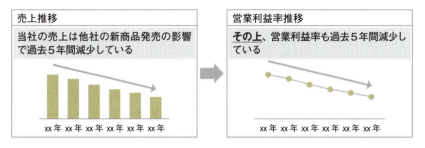

●一方（対比）

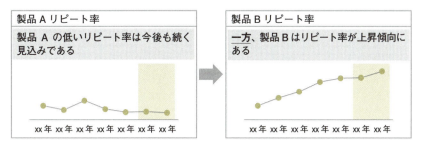

大原則

STEP③
「スライドタイプ」を
決定する

「スライドタイトル」と「スライドメッセージ」が決まったら、最後に、各スライドの「スライドタイプ」を決定します。

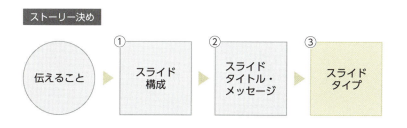

スライドタイプには、「箇条書き」「図解」「グラフ」の3種類があります。各スライドの内容をもっとも適切に表現するのはどのスライドタイプなのかを考え、選択します。また、場合によっては複数のスライドタイプを1枚のスライドに含めることも検討しましょう。

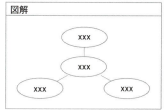
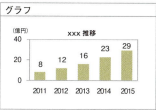

本書では、8、9、10章で、箇条書き、図解、グラフそれぞれの作成方法を詳しくご紹介していきます。ここで決定したスライドタイプに合わせて、各章での作成方法の紹介を読み進めてください。

スライドタイプは「箇条書き」「図解」「グラフ」から選ぶ

スライドタイプは特徴で使い分ける

スライドタイプには、「箇条書き」「図解」「グラフ」の3種類があります。「箇条書き」は、文章を複数の項目や短文に分けて表現する方法です。「図解」は、文章や数字で表現される内容を、図を使って表現する方法です。「グラフ」は、数値データを視覚化して表現する方法です。3種類のスライドタイプの特徴を理解し、各スライドに適切なものを選択しましょう。**それぞれのスライドタイプは、「背景」「課題」「解決策」「効果」のスライド構成と、以下のように対応しています。**

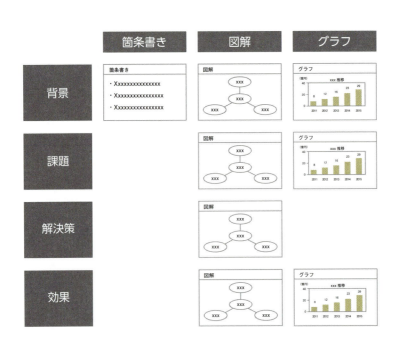

「背景」スライドは、「箇条書き」「図解」「グラフ」のいずれのタイプも利用可能です。スライドの内容に応じて、もっとも適切と思われるものを選択しましょう。

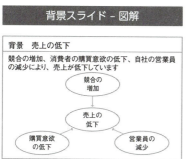

「課題」スライドは、数値データで示せない場合は「図解」を用い、数値データで示せる場合は「グラフ」を用います。例えば「営業活動の質の低下」といった課題は数値データでは示しにくいので、「図解」を用いる場合が多いでしょう。一方で「営業員の減少」を示す場合は数値データがあるはずなので、「グラフ」を用います。

「課題」スライドで数値データを示せず「図解」を用いる場合は、「箇条書き」を使用することもできます。しかし「図解」の方がわかりやすいので、できるだけ「図解」を用いましょう。

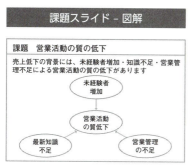

「解決策」スライドは、「図解」を用います。これは、一般的に解決策の数値化が難しいからです。「箇条書き」でも表現可能ですが、できるだけ「図解」でわかりやすく示しましょう。

解決策スライド - 図解
解決策　退職した営業員の活用 営業の質を向上するために、退職した営業員を活用する 退職した営業員の活用 5年以内の退職者／各営業所への配置 ・質の高い営業業務　・若手教育 ・つながりを活かした営業開拓　・つながりの現役への継承

「効果」スライドは、できる限り数値データにして、「グラフ」で表すようにします。定性的な効果は、「図解」で表しましょう。

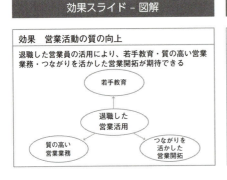

複数のスライドタイプ（例えば「グラフ」と「図解」）を組み合わせて説明する場合もあります。この場合は、1枚のスライドに2つのスライドタイプを掲載します。例えば、1枚のスライドの左側を「図解」、右側を「グラフ」で表現するようなケースです。下記の例は、効果を定性面、定量面の両方から示すために、図例とグラフを用いて表現しています。

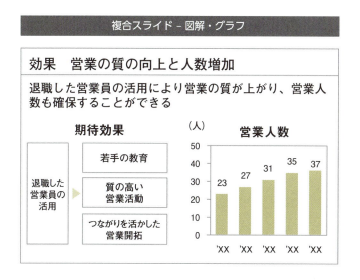

最後に「サマリー」「目次」「結論」は、文字だけで説明する場合が多いので、「箇条書き」を使うようにしましょう。

> スポーツジムの事例　**スライドタイプの決定**

「私」は「スライドタイトル」と「スライドメッセージ」を決定したので、次に各スライドで入手可能なデータを考えながらスライドタイプを決定することにします。

「背景」スライドでは、入会者数が目標を下回っていることを示す必要があるため、「グラフ」を選びます。「課題」スライドは、入会者数減少の原因が体験入会者数の減少であることを示すため、「グラフ」を選びます。「解決策」スライドは、プロモーション案を示すので「図解」を選びます。最後に「効果」スライドは、プロモーションの効果を数字で示すので「グラフ」を選びます。

	スライドタイトル	スライドメッセージ	スライドタイプ
背景	入会者数の推移	入会者数が前年同月比で5%低下している	グラフ
課題	入会者減少の原因	体験入会者数が前年同月比で5%減少している	グラフ
解決策	入会者増加のためのプロモーション	トレーナー無料お試しキャンペーンはコストと効果の点から最適と思われる	図解
効果	プロモーションの効果	段階的なプロモーション導入の効果として平均15人／月の入会者の増加が期待できる	グラフ

| スライド構成 | タイトル・メッセージ | スライドタイプ |

column　ノートにラフスケッチを書く

スライドタイプが決まったら、実際にPowerPointに手をつける前に、スライド全体のイメージをラフスケッチとしてノートに書くようにしましょう。A4ノートを用意し、必要な数のスライドを書きます。

それぞれにスライドタイトル、スライドメッセージを記入し、図解やグラフのイメージをスケッチします。図解やグラフはあくまでイメージですので、ざっくりしたものでかまいません。

このスケッチによって、スライドの全体構成とイメージを確認することができます。それにより、いきなりPowerPointで作り始め、図解やグラフの検討に時間を使ってしまうことを未然に防げます。

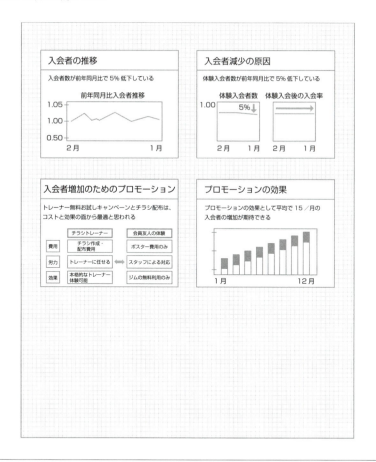

複数のスライドを「1枚」に入れる

1枚のスライドに複数のスライドを入れる

資料の構成の関係で、1枚のスライドの中に多くの情報を盛り込むことが必要な場面があると思います。その場合は、**1枚のスライドの中にあたかも複数枚のスライドがあるかのようにレイアウト**すると、情報が多くても読み手にとってわかりやすいものになります。

ここでは例として、1枚のスライドの中にスライド2枚を配置したレイアウトを示しています。読み手は左から右に読むので、最初に読んでほしい内容を左、次に読んでほしい内容を右に配置します。

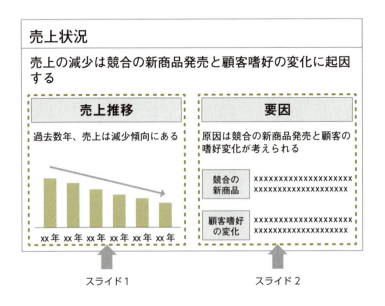

4枚を1枚にまとめる場合は、スライドを4つに割るレイアウトになります。左上→右上→左下→右下の順番に読み手は読みますので、その順番に内容を配置するようにします。ただし、1枚のスライドを4つに割るレイアウトは情報量がかなり多くなりますので、ページ数に制約があるなどの特別な時だけに留めることをお勧めします。

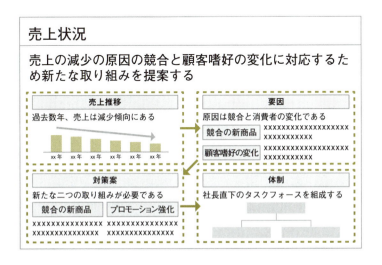

スライドごとにメッセージを入れる

ここで特に重要になるのが、スライドメッセージです。1枚のスライドに複数のスライドを入れると、情報量が多くなり、何を言いたいのか読み手がわからなくなることがよくあります。そこで、**それぞれのスライド領域の該当する部分に、内容を説明するスライドメッセージを書くようにします。**

以下の例では、左側は「過去数年、売上は減少傾向にある」、右側は「原因は競合の新商品発売と顧客の嗜好変化が考えられる」というメッセージになります。この2つのスライドメッセージにより、読者はその部分だけ読めば内容がわかり、情報を理解するための負荷が低減します。

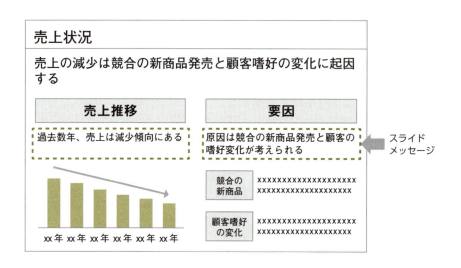

この構造をロジックツリーで示すと、以下のようになります。1枚のスライドの中にシンプルな論理構造ができて、伝わりやすい内容になっていることがわかります。

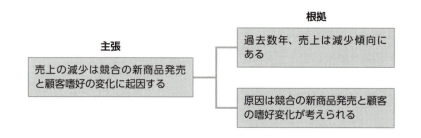

column ストーリーは何度も修正する

ストーリーはあくまで仮説

ストーリー作成まで完了したら、次は情報を収集する作業になります（第5章）。しかし、実際に情報を収集してみると、最初に想定していたスライドメッセージとは異なる内容の情報を発見することがあると思います。これでは作成したストーリーと整合しません。どうすればよいのでしょうか。

私も新人の頃に、そういった事態に遭遇したことがありました。その時に先輩から、「ストーリーはあくまでも仮説だから、実際の情報に合わせて修正すればいい。むしろ仮説が外れているのは大事なことだから、その情報を中心にスライドメッセージを書き直して。」と言われました。

最初のストーリーは、あくまで仮説ベースで書いたものです。情報を集めて新たな事実が出てきたら、ストーリーを書き直せばよいのです。また、情報収集を通してストーリーに加えた方が資料の目的を果たせる内容が出てき場合は、当然ストーリーに加えてもよいのです。

ストーリー（全体最適）とスライド（個別最適）を行き来する

情報収集と同様に、スライドでグラフや図解を作成してみると、当初想定したスライドメッセージとは異なる内容の方がしっくりくると感じることも起こります。ストーリーを作成する時は全体を俯瞰して考えるので、個別のスライドのことまではあまり考えません。一方で、個別のスライドを作成する時には個別のスライドレベルで情報や中身がスライドメッセージと整合するかどうかを考えるので、全体のストーリーと整合しないことが起きてくるのです。ストーリー作成がトップダウンで全体最適を目指すのに対し、スライド作成はボトムアップで部分最適を目指します。その結果、スライドメッセージ上で両者の衝突が起きるのです。

こうした時には、ストーリーとスライドの間を何度も行き来しながら修正し、整合性を取っていく必要があります。何度か修正を繰り返すと、全体のストーリーとしても問題なく、個別のスライドとしても成り立つ形に落ち着きます。私が実際に企画書や提案書を作成する際にも、ストーリー修正とスライド修正の行き来を2、3度は行い、当初のストーリーから変更していきます。最初は面倒に感じるかと思いますが、何度も行うことで徐々に慣れていきますので、ぜひチャレンジしてみてください。

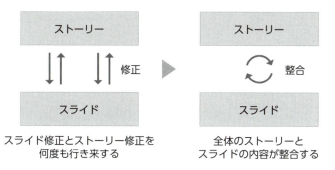

ストーリー作成まとめ

資料のストーリーは、3つのステップで作りましょう。

STEP1 スライド構成を決める
- スライド構成は「背景」「課題」「解決策」「効果」の4つの要素の流れで作成しましょう。
- 「タイトル」「サマリー」「目次」を冒頭に、最後に「結論」スライドを入れましょう。

STEP2 スライドタイトルとスライドメッセージを決める
- スライドタイトルは「短くまとめる」「主張しない」「体言止めまたは名詞で終わる」「主語を明確にする」の4つのポイントを踏まえて作りましょう。
- スライドメッセージは1スライドにつき1つです。
- スライドメッセージは「主張を含める」「文章で表現する」「30文字以内にまとめる」の3つのポイントを押さえましょう。
- スライドメッセージは「比較対象」と「差」を示すことにより客観性をもたせましょう。

STEP3 スライドのタイプを決める
- スライドタイプには、「箇条書き」「図解」「グラフ」の3種類があります。
- 箇条書きは、文章を複数の項目や短文に分けて表現する方法です。
- 図解は、文章や数字で表現される内容を図を使って表現する方法です。
- グラフは、数値データを視覚化して表現する方法です。
- 最後に、ノートにスライドのラフスケッチを書きましょう。
- 1枚に情報量を盛り込むことが必要なときは、複数枚のスライドの内容を1枚に集約することも検討しましょう。

Chapter 5

PowerPoint資料作成

情報収集の大原則

5章 情報収集の大原則

第3章と第4章では、資料の目的を明確にした上で、それを相手に伝えるためのスライド構成、各スライドのスライドタイトル、スライドメッセージ、スライドタイプを決めました。本章では、スライドの内容を根拠づけるための、情報の集め方を解説していきます。

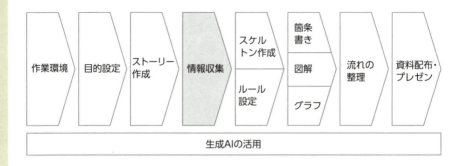

ここで集めた情報は、最終的に箇条書き（第8章）、図解（第9章）、グラフ（第10章）といった形でスライドに表現されます。

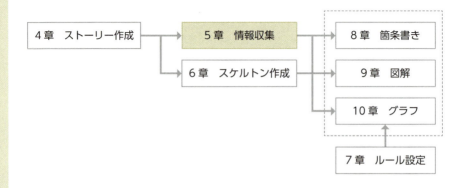

本章で収集する情報は、資料を読む相手がスライドメッセージを理解するために必要な情報となるものです。ここでは、この情報を「スライド情報」と呼びます。「スライド情報」を集める際には、最初に、どのような情報を集めればよいかの仮説を立てることが重要です。**仮説を立てた上で情報収集を開始することで、情報を効率的に集めることができ、大幅な時間の短縮が可能になります。**

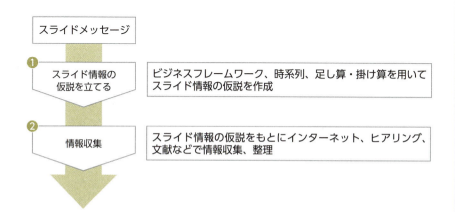

注意すべき点としては、最初に立てた仮説の通りにデータが入手できない場合もあるということです。その場合は仮説に修正を加えて他のデータを収集するか、スライドメッセージを修正します。

なお、データの出所が明記されていない資料は情報の信ぴょう性が低く、説得力が弱くなります。「スライド情報」の「出所」を必ず記録しておくようにしましょう。P.600を参照し、Excelファイルをダウンロードして情報を整理すると便利です。

大原則 情報収集のために「仮説」を作る

最初に、情報収集の前提として「スライド情報」には2種類あることを知っておきましょう。1つはスライドメッセージを詳細に説明するための「詳細情報型」のスライド情報。もう1つは、スライドメッセージの根拠を説明するための「根拠型」のスライド情報です。

これら2種類のスライド情報があるということを知った上で、次はスライド情報の仮説作りに進みます。しかし、それぞれのスライド情報について適切な仮説を設定するのは、簡単なことではありません。そこで私は、「スライド情報の仮説」を作るために「フレームワークの活用」をお勧めしています。フレームワークとは、「考え方の枠組み」のことです。フレームワークの枠組みに基づいて仮説を立てることで、適切な情報を、効率的に収集することができます。

またフレームワークの利用に加えて、スライドのテーマを掛け算や足し算で分解するという方法も、「スライド情報の仮説」作りには有効です。これはやや難易度が高いもののコンサルタントが多用するテクニックで、身につけておくと大変便利なものです。

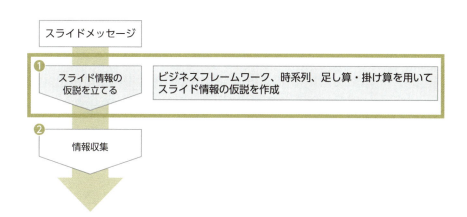

仮説作りの準備は「入門書」を活用する

その分野の知識や理解を深める

スライド情報の仮説を作る際に、もしその分野に関する知識や理解が不足している場合、仮説作りはなかなか進まないと思います。その場合、最初にどのような仮説が適しているかの見当をつける必要があります。コンサルティングファームでは、次のような流れで仮説作りに必要な知識を身につけます。

最初に、市販されているその業界の入門本を読みます。次に証券会社のアナリストレポートを読み、現在の業界トレンドなどを理解します。そして経験者にヒアリングすることで、業界の内部情報を理解します。最後に、業界に精通しているエキスパートにヒアリングを行い、今後の業界動向などへの理解を深めます。ここまで来ると、その業界に関して、基本的なことは語れるようになっているのです。

方法	内容	例
①入門本	入門本を複数読み、その分野の知見を深める	「だれでもわかる〜な本」
②アナリストレポート	証券会社などのアナリストが書いたレポートを読む	日本取引所グループのアナリストレポート
③経験者ヒアリング	その分野での業務従事経験者やプロジェクト経験者にヒアリングする	同僚 同僚の友人
④エキスパートインタビュー	その分野に精通している専門家へのインタビューを行う	業界紙の編集長 大学の教授 総研の研究員 業界アナリスト

| 仮説作り | 情報収集 |

専門書ではなく、入門書を活用する

通常は④エキスパートインタビューは難しいと思いますので、①入門本を読むことや③経験者ヒアリングが現実的だと思います。何か調べものをする際にはついつい難しい本を読みたくなるものですが、最初は平易すぎるくらいの入門本がお勧めです。最近は漫画で専門的な分野を説明している本も多いのですが、そういった本は特にお勧めです。**入門本は、3冊ほど読むことをお勧めします。**精読する必要はなく、3冊並行してざっくり読むだけで、それぞれの本で同じことを何度も読むことになるので、理解と定着が早いのです。

こういった方法で情報収集する分野についてざっくりとした理解を持った上で、次のスライド情報の仮説作りに進みます。

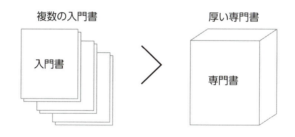

コンサルの現場

ここでご紹介したエキスパートインタビューですが、大変だったのが専門家へのインタビューのアポ取りでした。見ず知らずの専門家をインターネットで調べて、その職場に突然電話をかけるのですから、相手からしても迷惑な話です。その上で、我々コンサルタントは身分を偽ることやクライアント名を知らせることは禁止されていましたので、相手からするとなぜ話をしなければならないのか、理解に苦しむ電話だったと思います。しかし、その厳しい状況下でアポを取り、得られた情報は本当に価値があるものですので、うまく行った時の喜びもひとしおでした。現在ではインターネットで専門家を簡単に探してアポを取れる「ビザスク」のようなサービスがありますので、本当によい時代になったと思います。

原則 040 「詳細情報型」と「根拠型」のスライド情報を知っておく

「詳細情報型」と「根拠型」のスライド情報

スライド情報は、スライドではスライドメッセージの下に配置され、「ボディ」と呼ばれます。ボディに入るスライド情報はすでに説明した通り、2つの種類に分けられます。1つは、スライドメッセージの内容をより詳しく説明する「詳細情報型」のスライド情報です。もう1つは、スライドメッセージの根拠を説明する「根拠型」のスライド情報です。

計画書や報告書といった説明に使う資料では、前者の「詳細情報型」のスライド情報が多く使われます。また企画書や提案書といった提案に使う資料では、後者の「根拠型」のスライドが多く使われる傾向があります。

①詳細情報型のスライド情報

「詳細情報型」のスライド情報は、スライドメッセージをより詳しく説明するためのものです。例えば、「本プロモーションを計画期、準備期、実施期の3つのステージに分けて進めていきます」というスライドメッセージであれば、スライド情報には、「計画期」「準備期」「実施期」で取り組む内容を記述します。

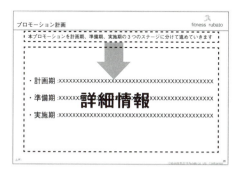

②根拠型のスライド情報

「根拠型」のスライド情報は、スライドメッセージを根拠づけるためのものです。例えば、「パーソナルトレーナー無料お試しキャンペーンがもっとも効果が高いと思われる」というスライドメッセージの場合、ボディには「パーソナルトレーナー無料お試しキャンペーン」と他のプロモーション案とを比較した結果の情報を記述します。

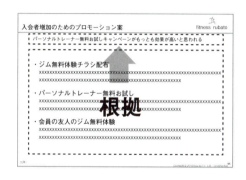

スライド情報は「ロジックツリー」で整理する

「詳細情報型」と「根拠型」のロジックツリー

情報を集める際は、情報と各スライドメッセージとの関係をツリー状に整理していきます。このツリーのことを、「ロジックツリー」と言います。スライド情報には詳細情報型と根拠型の2つがありましたが、ロジックツリーもこの2つの型に対応しています。

①詳細情報型
詳細情報型では、スライドメッセージはロジックツリーに含まれず、ロジックツリーは単に「情報を整理したもの」になります。例えば「リーマンショックは様々な分野に影響を与えた」というメッセージを伝えたい場合、リーマンショックの影響の情報を整理してロジックツリーで示したいので、ロジックツリーは「リーマンショック」をツリーの頂点とし、「①消費者の消費の鈍化　②中小企業の倒産　③銀行の貸し渋り」を第2階層に配置して、リーマンショックを説明しています。

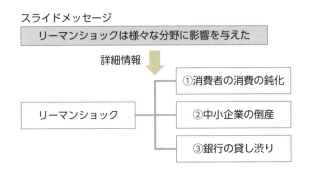

②根拠型

根拠型では、スライドメッセージ自体がロジックツリーに含まれます。 スライドメッセージはツリーの第1階層にあり、第2階層の情報がメッセージを根拠づけます。例えば、「少子高齢化が進んでおり、今後もその傾向は続く」というメッセージを、「①少子化　②高齢化　③今後の見通し」という3つの情報が根拠づけているような場合です。

根拠型の情報をロジックツリーに整理する際には、第2階層の情報が第1階層の情報をしっかりと根拠づけているかを確認するようにしましょう。大事な根拠が漏れていると、スライドメッセージに説得力が欠ける結果になってしまいます。

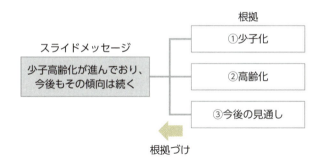

> **コンサルの現場**
>
> 私がコンサルティングファームに入社して初めて取り組んだのが、顧客企業の基本情報を資料にまとめるという業務でした。その際、先輩コンサルタントから重要と思われる内容が20項目以上（例えば、過去5年の売上高・営業利益率推移、取扱商品、主要顧客、株主構成、主要競合企業など）提示され、その項目に従って情報収集を進めました。その結果、たったの数時間で、驚くほど効率的に情報を集められたことを覚えています。ここで先輩から提示された情報リストは、先輩コンサルタントの経験に基づく、顧客企業を理解するために必要な「情報の仮説」だったのだと思います。私はその仮説に基づいて情報を集めたため、非常に効率的に情報を集めることができたというわけです。

原則042 「フレームワーク」を活用してスライド情報の仮説を作る

フレームワークで切り口を決める

ロジックツリーを使ってスライド情報の仮説を作る上では、どのような切り口でツリーを構成するかが非常に重要になります。この際に、「フレームワーク」が強力な武器となります。**フレームワークとは、世の中でよく用いられている「考え方の枠組み」**のことです。フレームワークを使えば、経験の少ない方でも比較的簡単に「スライド情報の仮説」を作ることができます。

例えば「少子高齢化が進んでおり、今後もその傾向は続く」というメッセージの根拠づけには、「現状＋将来」というフレームワークを使うと効率的です。それによって、現状①「少子化」、現状②「高齢化」、将来「今後の見通し」というスライド情報の仮説を作ることができます。

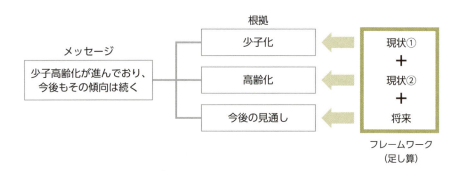

フレームワークでMECEな仮説になる

仮説作りにフレームワークを利用する理由としては、フレームワークが多くの場合MECE(ミーシー、またはミッシー)であることが挙げられます。MECEとは、「Mutually Exclusive and Collectively Exhaustive」の略で、直訳すると「お互いにダブリがなく、全体にモレがない」ということになります(P.123参照)。

情報を集める際にこのMECEを意識していないと、メッセージを根拠づけるための大事な情報が抜け落ちたり、情報が重複したりと、メッセージの説得力が低下してしまいます。このMECEという考え方は訓練すれば徐々にできるようになるのですが、いきなりできるものではありません。そこで本書では、フレームワークを使って情報収集の仮説を作ることをお勧めしているのです。

例えば「自社を取り巻く状況」について情報収集の仮説を立てる場合は、「3C分析」のフレームワークが有効です。このフレームワークを使うことで、モレがなく、ダブリがない情報収集の仮説が立てられます。もちろんフレームワークも完全ではないので、過度に信頼することには注意が必要です。しかし、手始めにフレームワークから考えてみることは、有効な方法です。

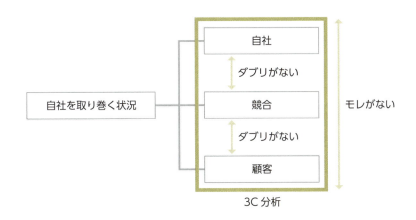

3C分析

043 スライド情報の仮説作り① 「ビジネスフレームワーク」

定番のビジネスフレームワークを使う

仮説作りに利用するフレームワークとして、ビジネスでの情報収集であれば、やはり「ビジネスフレームワーク」の利用が適しています。有名なビジネスフレームワークとして、「3C分析」「マーケティングの4P」「ファイブフォース分析」「PEST分析」「バリューチェーン分析」「購買行動」「QCD」などがあります。

「背景」スライドで業界分析や自社分析を行う場合には、マクロ情報の整理に適した「PEST分析」「ファイブフォース分析」「3C分析」を使うのがよいでしょう。「課題」スライドで自社の課題を分析する場合は、自社や消費者の状況をブレイクダウンする「バリューチェーン分析」「組織の7S」「購買行動分析」がお勧めです。「解決策」スライドの情報収集には、実施する取り組みを説明する「マーケティングの4P」が適しています。

なお、ビジネスフレームワークの使用方法はケースバイケースです。例えば社内の課題分析資料の場合は、背景スライドにバリューチェーン分析が使われることもありえます。スライドとの相性は参考程度に利用してください。

	よく使用されるビジネスフレームワーク
背景スライド	PEST分析、ファイブフォース分析、3C分析
課題スライド	バリューチェーン分析、組織の7S、購買行動分析
解決策スライド	マーケティングの4P

背景スライドによく使われるビジネスフレームワーク

背景スライドでよく使われるビジネスフレームワークには、次のようなものがあります。

・PEST分析
PEST分析はマーケティングの分野で有名なコトラーが考案したもので、業界を取り巻く外部環境を、政治（Politics）、経済（Economy）、社会（Society）、技術（Technology）の4つの観点から検討するフレームワークです。「背景」の中でも、業界に影響する外部環境の情報を収集する際に適しています。

・ファイブフォース分析
「ファイブフォース分析」は、戦略論で有名なハーバードビジネススクールのマイケル・ポーターが考案した、業界の特徴を整理するためのフレームワークです。「買い手の交渉力」「供給業者の交渉力」「新規参入者の脅威」「代替品の脅威」「業界の競合度」の5つの観点から業界を分析します。「背景」の中でも、業界内部の環境の情報を収集する際に適しています。

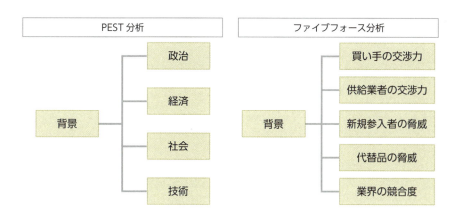

・3C分析

「背景」スライドでよく使われる「3C分析」は、ビジネスのプレイヤーを「市場」(顧客：Customer)「競合」(Competitor)「自社」(Company)の3つに分類することで、自社の現状を分析するフレームワークです。例えば自社が置かれている状況を説明するためのスライドの場合は、このフレームワークを用いて、「市場(顧客)の状況」「競合の状況」「自社の状況」に分けて情報を収集します。

実はコンサルタントは、戦略策定プロジェクトなどでは一般的なビジネスフレームワークをほとんど使いません。しかし、その中で例外的によく使われるのがこの3C分析です。この3Cに流通(Channel)を加えて、4C分析を行う場合もよくあります。

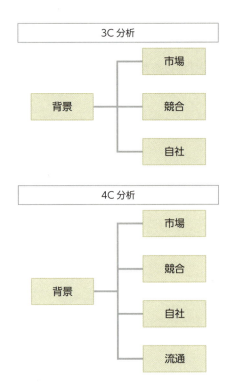

課題スライドによく使われるビジネスフレームワーク

課題スライドでよく使われるビジネスフレームワークには、次のようなものがあります。

・バリューチェーン分析

「バリューチェーン分析」は、戦略論で有名なハーバードビジネススクールのマイケル・ポーターが考案しました。バリューチェーン分析は、自社の商品やサービスの課題についての情報を集める際に適したフレームワークです。例えば自社の商品の利益率が低い原因を明らかにするためには、「購買物流」「製造」「出荷物流」「販売・マーケティング」「サービス」ごとの課題に関する情報を集めていきます。また、自社の間接部門の課題について情報収集する場合は、「全般管理」「人事・労務管理」「技術開発」「調達活動」に分けて情報を集めていきます。

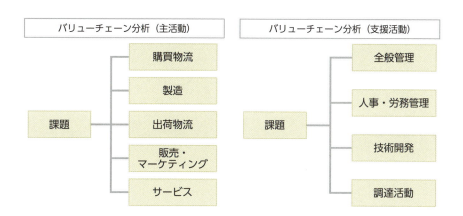

・組織の7S

「組織の7S」は、コンサルティングファームのマッキンゼー社が考案しました。7Sは組織を整理するためのフレームワークで、「課題」の中でも組織の課題に関わる情報を集める際の枠組みに向いています。

・購買行動分析

「購買行動分析」は、顧客の購買行動を分解したフレームワークです。「課題」の中でも、消費者の購買行動について集めるべき情報の仮説作りに向いています。例えば、ある商品の課題について洗い出すために「購買行動」のフレームワークを使うと、「認知」段階、「情報収集」段階、「来店」段階、「購入」段階、「評価」段階に分けて情報を集め、課題を見つけるということになります。

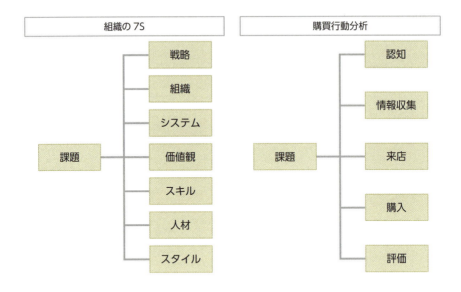

解決策スライドによく使われるビジネスフレームワーク

解決策スライドでよく使われるビジネスフレームワークには、次のようなものがあります。

・マーケティングの4P

「解決策」スライドでよく使われる「マーケティングの4P」は、商品のマーケティングを、「商品」(Product)「価格」(Price)「流通・場所」(Place)「販促」(Promotion)の4つの観点から検討するフレームワークです。新製品・サービス等のスライドで情報を集める際の仮説作りに適しています。例えば商品のマーケティング案の場合、「商品の特徴やスペック」「価格」「流通形態や販売場所」「販促活動」の4つに分けて情報を整理していきます。

ここでご紹介したフレームワークの関係を整理すると、以下のようになります。

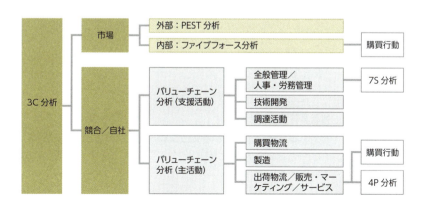

スライド情報の仮説作り② 「時系列」

汎用性の高い「時系列」フレームワーク

ビジネスフレームワークではなく、より一般的なフレームワークを「スライド情報の仮説作り」に活用する場合もあります。一般的なフレームワークには、例えば「ヒト・モノ・カネ・情報」「心・技・体」などがあります。一般的なフレームワークはビジネスフレームワークに比べて汎用性が高く、様々なスライドの「情報の仮説作り」に活用することができます。

一般フレームワークの中でも、ビジネスでの活用という点で特にお勧めなのが、「時系列」のフレームワークです。**時間の流れはモレがなく、ダブリもない**ため情報を整理しやすく、また完成したスライドも時系列のストーリーになるため、読み手にとっても理解しやすいという特徴があります。例えば営業の課題であれば、営業の段階を「計画」「準備」「実施」「振り返り」といった形で時系列に分けることで、効率的に情報を集め、整理することができます。

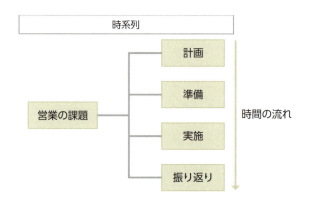

「前」と「後」で分けて整理する

「時系列」のフレームワークで有効なのは、「前」と「後」で分けるという方法です。例えば、新人研修の課題を「入社前」と「入社後」で分けて整理するということが一例です。

特定の解決策について情報を整理する場合は、ある会社でのその解決策の導入例を示すために、「導入前」「導入後」という形で情報を整理することも有効です。「前」と「後」で整理することでどのような変化がその会社に起こったかが明確になり、自社で導入する際の参考にすることがやりやすくなります。

「前」と「後」での整理から発展させて、「前」「中」「後」とすることも有効です。例えば解決策を導入する際の必要情報を整理する場合、「導入前」「導入中」「導入後」とすると、それぞれのタイミングでどのような情報が必要になるかが明確になります。

スライド情報の仮説作り③ 「足し算」「掛け算」

足し算で分解する

ここまでビジネスフレームワークと時系列フレームワークを見てきました。**実はこれらのフレームワークは、いずれも対象となる物事を足し算、あるいは掛け算で分解した枠組みとなっています**。例えば3C分析では、「自社の現状」を「市場(顧客)」+「競合」+「自社」という3つの足し算の要素に分けています。時系列では、「営業の課題」を「計画」+「準備」+「実施」+「振り返り」の4つの足し算の要素に分けています。

「足し算」は、「背景」スライドでの「スライド情報の仮説」作りに有効です。例えば売上を足し算で分解して、「A店売上+B店売上…」「商品A+商品B…」「新規顧客売上+リピーター客売上」といった仮説を作り、情報を集めていくのは定番のアプローチです。

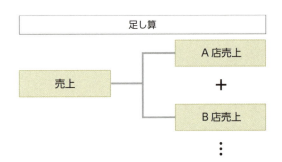

掛け算分解は「量×質」が定番

それに対して「掛け算」は、「課題」スライドでの「スライド情報の仮説」作りに有効です。ビジネス上の多くの課題は、「質×量」の仮説に分解できます。例えば売上を掛け算で分解して、「数量（量）×価格（質）」「客数（量）×客単価（質）」「店員数（量）×店員1人当たり売上（質）」「店舗数（量）×1店舗当たり売上（質）」といった仮説を作ることができます。

掛け算と足し算での分解は大変便利な方法ですが、いきなり挑戦するのは難しいかもしません。まずは、前節までで紹介したフレームワークに慣れることから始め、その上で掛け算や足し算を使った分解にチャレンジしてみましょう。

> スポーツジムの事例　スライド情報の仮説作り

スポーツジムのプロモーション企画の事例で「私」は、「入会者数が前年同月比で5%低下している」という「背景」スライドの情報収集のために「スライド情報の仮説」を作ってみることにしました。アプローチとして、ビジネスフレームワーク、時系列フレームワーク、掛け算のそれぞれで「スライド情報の仮説」を作ってみます。

①ビジネスフレームワークで仮説を立てる
「私」は、部長が入会者数減少の背景を知りたいだろうと予想して、市場・競合環境と自社の状況の整理に便利な3Cのフレームワークを使って、スライド情報の仮説を作成しました。これは第2階層の情報がメッセージを根拠づける、根拠型（P.162参照）のロジックツリーになります。
3CはCompany（自社）、Competitor（競合）、Customer（市場、顧客）ですので、それぞれについて、入会者数の減少に影響を与えている要素の仮説を出していきます。自社は「設備の老朽化」が考えられ、競合は「ジムの増加」、市場は「地域の人口の減少」が要因として予想できます。仮説として出された3つの要素について、情報を収集することになります。

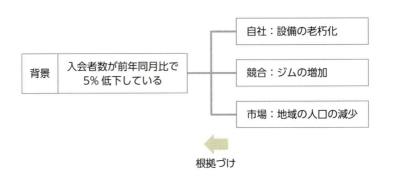

②時系列で仮説を立てる

次に「私」は、入会者数の減少を時系列で整理し、四半期ごとの入会者数の推移を示す形を考えました。四半期ごとの入会者数の推移を見せることで、入会者数減少の詳細を示すことが期待できます。これは第2階層が第1階層の詳細情報となる、詳細情報型のロジックツリーです。この場合、第1四半期、第2四半期、第3四半期の入会者数の情報を収集することになります。

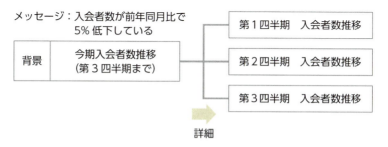

③掛け算で仮説を立てる

最後に「私」は、入会者数の減少を掛け算で「地域の世帯数」「世帯当たり人数」「入会率」に分解することを考えました。これは根拠型のロジックツリーになります。それぞれの情報を収集し、実際に数字で示すことで、入会者数減少の詳細な状況を伝えることができます。

「私」は、自社の環境まで理解できる3C分析が適していると考え、3Cの観点でスライド情報の仮説を立て、情報収集をすることにしました。

大原則 | ポイントを押さえて「効率的」に情報を収集する

スライド情報の仮説が完成したら、いよいよその仮説に沿って、情報を集めていきます。情報収集のノウハウ自体は、この本では概要を示すのみとなりますが、情報収集は資料作成のスピードや質を左右する重要なプロセスです。コンサルタントは、このプロセスをいかに高いレベルで、かつ短時間に行うかということに日々知恵を絞っています。

情報収集を高品質かつ効率よく行うために、あらかじめどのような情報収集の方法があるのかを把握しておきましょう。コンサルタントはインタビューや文献、資料、インターネット、アンケート調査など、様々な方法を使い分けて情報を集めています。そして実際に情報を集める際には、**必ず情報収集の計画を立てます**。計画を立てずに情報収集を始めると、多くの場合、よりよい情報を求めて時間だけがどんどん浪費されていくことになります。情報収集が終わったら、収集した情報がスライドメッセージと整合しているかどうかを確認します。

情報収集に関するスキルというのは、社内で教えられることはほとんどありません。そのため、身につけると大きな武器になるはずです。それでは、順を追って情報収集のノウハウを見ていきましょう。

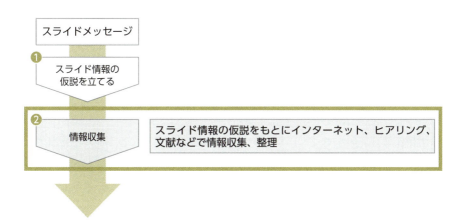

情報収集には「3つの方法」がある

情報収集は「人に聞く」ことから始める

情報収集を効率的に行うには、情報をただ闇雲に探し始めることを避ける必要があります。最初にどのような収集の方法があるのかということを知っておき、その中から最適なものを選び出しましょう。ここでは数ある情報収集の方法を、3つに分類して紹介します。

①人に聞く

情報収集の方法として最初に検討するべきなのは、「人に聞く」ということです。つまり、集めようとしている情報をすでに知っている人、詳しい人が社内にいないかどうかを確認するのです。かつて同じ内容の情報を調べたことがある人がいれば、どのような書籍やウェブサイトを見ればよいかを把握しているはずですし、何よりもその人自身が情報を提供してくれる可能性があります。コンサルティングファームでは、「○○業界の情報に詳しい人いませんか」「友人に○○社に勤めている人はいませんか」といったメールが飛び交っています。**まずは「人に聞く」というのは、情報収集の基本動作なのです。**

②社外の情報を収集する

「人に聞く」ことを試みた上で、さらに情報が必要な場合は、いよいよ本格的に情報収集を開始することになります。情報収集には、大きく社外情報収集と社内情報収集の2つがあります。社外情報収集は、主に競合企業や市場情報を集めるために行います。社外の情報ですので、インターネット検索、記事検索、民間情報サービス検索を利用することが多いです。

種類	概要	対象
インターネット検索	インターネットで、Googleを活用して検索します。ファイル形式をPDFに限定すると、質の高い情報が得られます（P.186参照）	競合・市場
企業のサイト検索	企業のWebサイト内の情報を調べます。会社の基本情報なら会社概要ページ、財務情報ならIR情報のページを参考にします	競合
財務データ収集	企業の財務情報を調べます。EDINETが便利です	競合
文献検索	書籍からの情報です。特に国立国会図書館は多くの資料を揃えているので便利です	競合・市場
記事検索	新聞記事の検索です。日経テレコンが代表的なサービスです	競合
統計情報検索	市場に関するマクロデータが多いです。総務省統計局のWebサイトが便利です	市場
民間情報サービス検索	有料の民間情報サービスです。競合や市場の情報を得られます。SPEEDAのサービスが人気です。非上場企業は帝国データバンクが有名です	競合・市場
専門家ヒアリング	専門家にインタビューをすることで、市場や競合の情報を入手します。業界紙の記者や証券アナリストへのヒアリングが多いです	競合・市場
消費者定量調査	消費者のデータを、インターネットでアンケート調査します。調査会社は楽天インサイトやマクロミルが有名です	消費者
消費者定性調査	消費者のデータを、インタビューで入手します。定量調査では得られない、詳細な情報が入手できるのが特徴です	消費者

③社内の情報を収集する

自社の情報を集めるために行います。自社の財務データや商品・サービス情報、顧客情報などを入手します。社内ヒアリングで情報を聞く場合もあります。

種類	概要
財務データ収集	自社の財務諸表を確認します
社内資料分析	社内の資料から情報を得ます。経営企画、マーケティング、開発、営業などの部署から関連した資料を入手します
ヒアリング調査	社内で関係者にヒアリングを行います
社内定量調査	社内で社員にアンケート調査を行います

情報収集は「計画」を立ててから「実行」する

情報収集の計画を立てる

手当たり次第に情報ソースを当たって情報収集を進めると、情報の海に溺れ、膨大な時間を使ってしまう場合があります。そこで必要になるのが、事前に情報収集の計画を立てることです。情報収集の計画を立てる上では、情報収集の方法を決めること、そして時間を決めることの2点が重要です。

①情報収集の方法を決める

情報収集を行う上では、あらかじめ、どのタイプの情報収集を行うかを決めておくようにします。P.183で紹介した中から、実際に行う情報収集方法のリストアップを行いましょう。各情報収集の先頭には「□」を書いておき、チェックリストとして使えるようにします。

②情報収集の時間を決める

情報収集の方法を決めたあとは、それぞれの情報収集を行うのにかける時間を下記のように決めておきます。

```
                          計画
□ インターネット検索       13:00-13:30
□ 記事検索                 13:30-14:00
□ 専門家ヒアリング（電話） 14:00-15:00
```

情報収集を実行する

情報収集を始めると、ついつい時間を忘れて没頭してしまいがちです。そこでタイマーを利用して、時間を区切るようにしましょう。とはいえ、情報収集を中途半端な状態で終わらせるわけにはいきません。情報収集の途中で時間切れになった場合は、計画を修正し継続します。

何度も修正を繰り返しては計画の意味がないので、修正は一度までと決めておいた方がよいでしょう。**もう少し探せばよい情報が見つかりそう、と思うくらいのところでやめておくことが、実は情報収集では大切なのです。**

情報収集を行う際には実際にかかった時間を計画の横に書いておき、最後に振り返るようにしましょう。かかった時間をメモすることでどの作業にどれくらいの時間がかかるのかという見積もり力が鍛えられ、計画の精度を上げることが可能になります。

	計画	かかった時間
☐ インターネット検索	13:00-13:30	40分
☐ 記事検索	13:30-14:00	20分
☐ 専門家ヒアリング（電話）	14:00-15:00	80分

原則 048 インターネット検索では「ファイル形式を指定」する

filetype:を使ってファイルを検索する

社外の情報を収集する際にもっとも一般的なのが、インターネット検索です。SPEEDAなどの有料サービスは大変便利ですが、通常のインターネット検索でも、工夫次第で質の高い情報を得ることができます。インターネット検索で一般的なのはGoogle検索ですが、通常の方法でGoogle検索を行うと、ブログの記事やニュースなど、それほど信頼性の高くない情報が上位に表示されることがよくあります。

信頼性の高い情報をGoogle検索で効率よく見つけるためには、PDFやExcelなどのファイルを当たることが有効です。 その際にお勧めなのが、ファイル形式を指定しての検索方法です。filetype:というコマンドを使うと、指定した拡張子に対応した形式のファイルのみを検索することができます。

コマンド　filetype:

使い方　filetype:ファイルの拡張子　検索キーワード

検索例　filetype:pdf　電子書籍市場規模

例えば、PDFファイルであれば「filetype:pdf」、PowerPointファイルであれば「filetype:pptx」、Excelファイルであれば「filetype:xlsx」となります。これらに検索キーワードを加えることで、キーワードに関連した情報を指定したファイル形式で見つけることができるのです。

186

目的によってファイル形式を使い分ける

各種のファイル形式の中でも、比較的質の高い情報を得られるのがPDFファイルです。PDFは専門家によるレポートや報告書が多く、信頼性が高い情報が多い傾向があります。PowerPointファイルは、PDFと比較すると情報の精度はかなり落ちますが、スライド構成が参考になる場合があります。

Excelファイルは、数値データを直接取れるという特徴があります。例えば「少子高齢化」をExcelファイル限定で検索すると、人口予測データを数値データとして入手できます。これをグラフ化すれば、そのまま資料として使えることになります。数値データの入手という点で、Excelファイルは非常に有効です。

最後に、インターネットで収集した情報は下記のようにExcelで整理します。整理することであとから引用元を確認できますし、将来同様のリサーチを行う時に参考にすることが可能になります。

スライドタイトル	スライドメッセージ	スライドタイプ	スライド情報の仮説	入手情報	出所
電子書籍市場動向	電子書籍の市場規模はさらに拡大するだろう	グラフ	電子書籍市場は拡大してきた	2020年度の4,821億円から2021年度には5,510億円に増加	https://research.impress.co.jp/sites/default/files/2022-08/501508_sample.pdf
			今後も市場規模は拡大するだろう	2026年度には8,000億円市場になる見込み	同上

スポーツジムの事例　情報収集

「私」は、P.178、179で設定した3C分析によるスライド情報の仮説に基づいて、「背景」スライドのための情報収集を行うことにしました。表にまとめると、下記のようになります。

	スライド タイトル	スライド メッセージ	スライド タイプ	スライド情報の仮説
背景	入会者数の推移	入会者数が前年同月比で5%低下している	図解	自社：設備の老朽化 競合：ジムの増加 市場：地域の人口の減少

情報収集を行うに当たり、まずは同じ部署で以前にプロモーション企画を担当した先輩にヒアリングを行いました。その結果、先輩からは社内の情報をまとめた資料をもらうことができました。次に、不足している情報を入手するために、以下のように情報収集の計画を作りました。

- ①自社の設備情報を得るため社内の管理部にヒアリング (1時間)
- ②競合情報を得るためインターネットで調査 (1時間)
- ③地域の人口動態を知るためインターネットで調査 (1時間)

特に②と③のインターネット調査は、ダラダラと続けてしまうことを防ぐために、それぞれ1時間とリサーチ時間に制約を設けました。

計画に則って行った調査の結果、①自社の設備については、「内装は前の店舗のものを引き継ぎ15年経過」「空調も前の店舗を引き継ぎ20年経過」、そして「エアロバイクは7年経過」ということがわかりました。

②競合情報については、「24時間ジムが商圏に2店舗開店」「加圧ジムは3店舗開店」したことがわかりました。最後に③地域の人口については、「転入者が年率0.5％で減少」し「少子化が他地域より進んでいる」ということがわかりました。

最後に、それぞれの情報のレベルが揃っていることを確認し、出所とともに整理を行いました。Excelの表にまとめると下記のようになります。

	スライドタイトル	スライドメッセージ	スライドタイプ	スライド情報の仮説	入手情報	出所
背景	入会者数の推移	入会者数が前年同月比で5％低下している	図解	自社：設備の老朽化	- 内装は前の店舗のものを引き継ぎ15年経過 - 空調も同様で20年経過 - エアロバイクは7年経過	社内情報
				競合：ジムの増加	- 24時間ジムが商圏に2店舗開店 - 加圧ジムは3店舗開店	自社調査（20XX年10月）
				市場：地域の人口の減少	- 転入者が年率0.5％で減少 - 少子化が他地域より進んでいる	世田谷区ウェブサイト（www.xxxxxxxxxxxx）

情報収集まとめ

スライド情報の仮説を作る

- なじみのないスライド情報の仮説作りの際には、入門書を活用しましょう。
- スライドメッセージをより詳しく説明する「詳細情報型」と、スライドメッセージを根拠づける「根拠型」のスライド情報を使い分けましょう。
- スライド情報の仮説はMECEに作りましょう。
- スライド情報の仮説を作るためには①ビジネスフレームワーク、②時系列フレームワーク、③「足し算」と「掛け算」が有効です。

　①ビジネスフレームワーク：3C分析やマーケティングの4Pなどのビジネスの現場でよく使うフレームワークです。

　②時系列フレームワーク：時間の流れで情報を整理するフレームワークで、スライド情報が時間の流れで説明されるため、読者が理解しやすいという特徴があります。

　③足し算・掛け算：「足し算」や「掛け算」で分解する場合は、まず「量×質」で分解するのが定番です。

情報を収集する

- 情報収集は効率的に行うために、必ず最初にその分野に詳しい人にヒアリングを行い、次に社内外の情報を集めましょう。
- 情報収集はダラダラと時間を浪費することが多いので、必ず情報収集の計画を作り、時間の管理をしましょう。
- インターネット検索では、filetypeのコマンドを使って「PDFファイル」を活用しましょう。
- 最後に、収集した情報はExcelファイルで整理するようにしましょう。

Chapter 6

PowerPoint資料作成

スケルトン作成の大原則

6章 スケルトン作成の大原則

第4章ではストーリーを作成し、第5章ではストーリーに基づいて情報収集を行いました。本章では、第4章で作成したストーリーに基づいて、資料のスケルトンを作成していきます。スケルトンとは、「スライドタイトルとスライドメッセージだけが記載された複数枚のスライド」のことです。最初にPowerPointでスケルトンのスライドを作成し、その中に、第4章で作成したスライドタイトルとスライドメッセージを落とし込みます。最後に、資料の前後を構成する「タイトル」「サマリー」「目次」「結論」のスライドを作成すれば、スケルトンの完成です。**本章から、ようやくPowerPointの出番**になります。

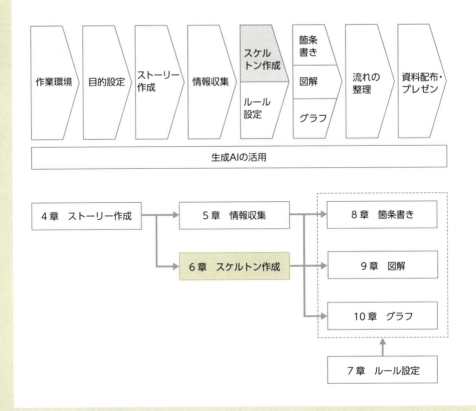

コンサルタントは、PowerPointでグラフや図解をいきなり作り始めるのではなく、最初にスケルトンを作ります。スケルトンは「ブランクスライド」とも呼ばれ、コンサルティングの業務の中で重要な役割を担っています。

私が新人の時には、上司からスライドタイトルとスライドメッセージのみが埋まったスケルトンを渡され、スライドの内容を埋めるようによく指示されました。スケルトンを作成すると、スライド全体の構成とストーリーが明確になるため、意味のないスライドを作ってしまうなどの無駄な作業が省け、結果として作業が早くなることにつながります。また、ストーリーが明確になる効果も期待できます。では、スケルトンの作り方を見ていきましょう。

	スライドタイトル	スライドメッセージ
タイトル	入会者増加のためのプロモーション企画書	
サマリー	サマリー	
目次	目次	
背景	入会者数の推移	入会者数が前年同月比で5%低下している
課題	入会者減少の原因	体験入会者数が前年同月比で5%減少している
解決策	入会者増加のためのプロモーション	トレーナー無料お試しキャンペーンはコストと効果の点から最適と思われる
効果	プロモーションの効果	段階的なプロモーション導入の効果として平均15人／月の入会者の増加が期待できる
結論	結論	

スケルトンへの落とし込み

6 スケルトン作成

大原則 レイアウト作成は「スライドマスター」を活用する

スケルトンの作成にあたって、まずはスライドレイアウトを作っていきましょう。スライドレイアウトとは、すべてのスライドに表示する要素（ロゴやページ番号）、またスライドタイトルやスライドメッセージの位置や形式（フォントタイプ、フォントサイズ）などをあらかじめ設定したスライドのことです。PowerPointの「スライドマスター」の機能を利用して作成します。

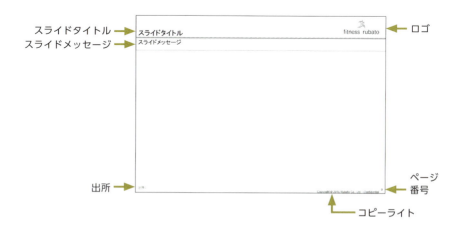

スライドレイアウトの作成には、3つのメリットがあります。1つ目は、**相手の理解が早くなることです**。レイアウトを決めておくことで、相手はスライドのどこにタイトルがあるか、どこにメッセージがあるかを把握でき、理解しやすい資料になります。2つ目は、**資料作りが早くなることです**。資料作成の際に同じレイアウトを利用することで、スライドのどこに何を配置すればよいか迷うことがなくなるため、資料を迅速に作ることが可能になります。3つ目に、**資料の統合・共有が楽になることです**。他の人と共同で資料を作成する際に、あらかじめ同じレイアウトを使うことで資料の統合や共有が楽になり、仕事を効率化できます。このように多くのメリットを享受するためにも、スライドマスターの使用方法を習得して、スライドレイアウトを作成しましょう。なお、本章で作成するスケルトンのサンプルファイルは、P.600を参照してダウンロードできます。

原則 049 「スライドレイアウト」は2枚だけを残す

「スライドレイアウト」を準備する

最初に、スライドマスターを使う上で最低限必要な設定を行いましょう。「表示」タブを選択し、「スライドマスター」を選択すると、「スライドマスター」画面が開きます。なお、表示した「スライドマスター」画面を終了するには、「スライドマスター」タブの「マスター表示を閉じる」をクリックする必要がありますので、注意しましょう。

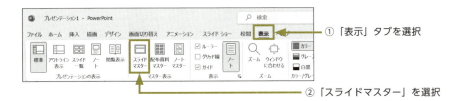

① 「表示」タブを選択
② 「スライドマスター」を選択

スライドマスター画面を開くと、一番上に、大きいサイズのスライドがあると思います。これは「スライドマスター」と呼ばれ、すべてのスライドに共通の変更を加えるためのスライドです。

それより下のスライドは、「スライドレイアウト」と呼ばれます。あらかじめ用意されているスライドレイアウトはほとんど使わないので、**1枚目と2枚目のみを残して、それ以外のスライドレイアウトはすべて削除してください**。レイアウトをクリックして Delete キーを押せば、削除できます。

マスター / タイトル・目次 / サマリー・結論

「スライドマスター」プレゼンテーション全体の外観に影響を与える

「スライドレイアウト」コンテンツの書式設定、位置などが設定されている

スライドマスターとスライドレイアウトの1枚目と2枚目は残す

上記以外のスライドレイアウトはすべて削除する

タイトルスライド

コンテンツスライド

これで、1枚のスライドマスターと、2枚のスライドレイアウトが残ったことになります。スライドレイアウトの1枚目を「タイトルスライド」、2枚目を「コンテンツスライド」と呼びます。タイトルスライドは、スライド冒頭に位置するタイトルスライドの作成に利用します。コンテンツスライドは、それ以外の、通常のスライド作成に利用します。ここで作成したスライドレイアウトは、PowerPointの作業画面でスライドを選択し、右クリック→「レイアウト」から選択することで、スライドに適用することができます。

スライドサイズはA4または16:9にする

次に、スライドのサイズを選びます。スライドサイズは、印刷する用紙サイズのA4に合わせるのがお勧めです。A4にすることで、画面と印刷物との間に不要なスペースなどの差異が生まれなくなります。一方、モニターやスクリーンのみでの共有を前提とする資料の場合は、ワイド画面（16:9）を選んでかまいません。実際に16:9を標準的なスライドサイズとする企業も近年増えています。

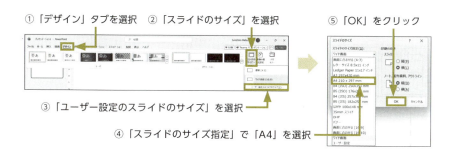

①「デザイン」タブを選択　②「スライドのサイズ」を選択　⑤「OK」をクリック

③「ユーザー設定のスライドのサイズ」を選択

④「スライドのサイズ指定」で「A4」を選択

原則 050 「スライドタイトル」「スライドメッセージ」を追加する

「スライドタイトル」「スライドメッセージ」欄は3ステップで作る

ここでは、第3章で作成した「スライドタイトル」と「スライドメッセージ」をスライドに追加するためのレイアウトを作ります。スライドタイトルはそのスライドの内容を簡潔に示すもので、コンサルティング業界では「T1」と呼ばれます。スライドメッセージはそのスライドの主張を表すもので、「T2」と呼ばれます。例えば、次のような例が考えられます。

・スライドタイトル（T1）：フィットネスルバート社の事業内容→内容
・スライドメッセージ（T2）：フィットネスルバート社は東京都内で6店舗のジムを経営している→主張

スライドタイトルもスライドメッセージも、すでに第3章で準備が終わっています（P.126参照）。「スライドタイトル」「スライドメッセージ」欄は、スライドマスター画面の「コンテンツスライド」に対して、以下の3つのステップで作成していきます。

① スライドタイトル欄を作る
　↓
② 区分線を引く
　↓
③ スライドメッセージ欄を作る

①スライドタイトル欄を作る

スライドマスター画面で、2枚目の「コンテンツスライド」を選択します。「マスタータイトルの書式設定」と書いてある既存のテキストボックスを選択し、フォントをMSPゴシック、フォントサイズを24ptに設定します。文字位置は、下揃え、左揃えに変更します。そして、スライドの左端、右端、上端まで、テキストボックスを広げます。下部は、ガイド（P.204参照）の7.0の位置に合わせます。

①コンテンツスライドを選択します。

②フォント：MSP ゴシック
フォントサイズ：24pt
位置：下揃え、左揃え
文字：「スライドタイトル」と入力します。

③スライドタイトルのテキストボックスを左・右・上端まで広げます。
下部はガイドの 7.0 に合わせます。

④スライドタイトル欄の完成です。

②区分線を引く

続いて、スライドタイトルとスライドメッセージの間に区分線を引きます。「挿入」タブから「図形」→「線」を選びます。ガイド（P.204参照）を使って上から7.0の位置（スライドタイトルの下）にガイドを引き、そのガイドに沿ってスライドの左端から右端までマウスをドラッグして線を引きます。線の太さは2.25ptに設定し、色は資料のベースカラーを選びます。

この時、 Shift キーを押しながらドラッグすると、スライドの底辺に並行に線を引くことができます。

①「挿入」タブから「図形」を選び、「線」を選択します。

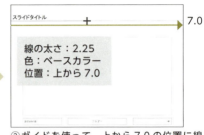

②ガイドを使って、上から7.0の位置に線を引きます。色は資料のベースカラーを選び、太さは2.25ptに設定します。

③区分線の完成です。

③スライドメッセージ欄を作る

最後にスライドメッセージ欄を作ります。スライドメッセージ欄は、テキストボックスで作成します。

①コンテンツスライドで、デフォルトのテキストボックスを削除します。

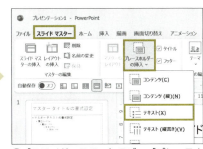

②「スライドマスター」タブ→「プレースホルダーの挿入」→「テキスト」を選択します。

③区分線の下に、テキストボックスを配置します。フォントは MSP ゴシック、フォントサイズは 20pt、位置は左揃え上揃えです。スライドの左端と右端まで幅を広げ、上端はガイドで 7.0、下端は 5.8 に合わせます。

④「・マスターテキストの書式設定　・第2レベル…」という文章を消し、「スライドメッセージ」と入力すれば、スライドメッセージ欄の完成です。

コンサルの現場

スライドタイトルか、スライドメッセージのどちらかのみを使用するコンサルティング会社や企業を見かけることがあります。しかし、スライドの内容を明確にするため、本書ではスライドタイトルとスライドメッセージの両方を使用することをお勧めします。また、スライドメッセージをスライドの上部ではなく下部に置く資料を見かけることもあります。しかし、スライドメッセージはスライドタイトルとセットで上部に置くべきです。上部にあることで、読み手は最初にスライドタイトルとスライドメッセージの両方を見て、スライドのテーマと主張をいち早く理解することができるのです。

原則 051 「ロゴ」「出所」「スライド番号」を追加する

ロゴ・出所・スライド番号でスライドをわかりやすくする

コンテンツスライドには、メインの情報の他に、スライドを作成した企業、情報の根拠といった副次的な情報が必要です。そこで、企業ロゴと出所をコンテンツスライドに追加しましょう。また相手の読みやすさを考えて、スライド番号を加えておきましょう。

ロゴの挿入

①「スライドマスター」画面で、コンテンツスライドを選択します。

②「挿入」タブから「画像」を選択します。

③ロゴファイルを選び、挿入します。

④右上のエリアに、ロゴを貼り付けます。

| マスター | タイトル・目次 | サマリー・結論 |

出所の挿入

①「挿入」タブから「ヘッダーとフッター」をクリックします。

②「フッター」にチェックを入れ、「すべてに適用」をクリックします。

③フッターのテキストボックスを左に広げ、フォントは MS P ゴシック、フォントサイズを 10pt、位置を左揃えに設定します。

④テキストボックスに「出所：」と入力すれば完成です。

スライド番号の挿入

①「挿入」タブから「スライド番号」をクリックします。「スライド番号」にチェックを入れ、「すべてに適用」をクリックします。

②スライド番号が挿入されます。

6 スケルトン作成

203

052 スライドの使用範囲を「ガイド」で明示する

ガイドを引いてスライドの使用範囲を決める

様々な企業でコンサルティングを行っていると、図や文章の左端や右端の位置がスライドごとにバラバラという資料をよく見かけます。コンサルティングファームでは、**各スライドで図や文章の端が1mmでもズレていれば、即作り直しになります。**一般の企業でここまでこだわる必要はありませんが、端が揃っていることで、資料はより洗練されたものになります。そして、正確性、信頼性を示すことができます。スライド内の要素の端を揃えるために、スライドで使用する範囲をあらかじめ決めておくことをお勧めします。

スライドの使用範囲を決めるツールとして、「ガイド」という機能を使いましょう。ガイドで範囲を指定しておけば、スライドごとに図形の位置などで迷うことがありません。基本的に、図形の左端は一番左のガイドに合わせ、図形の右端は一番右のガイドに合わせます。

ガイドは、最初に1本のガイドを表示させ、それを複製して適切な場所に移動することによって作成していきます。画面上で右クリックして「グリッドとガイド」を選択し、「ガイド」にチェックを入れると、画面上にガイドが出現します。作成したガイドは、ドラッグして移動ができます。また、Ctrlキーを押しながらガイドをドラッグすると、ガイドを複製することができます。

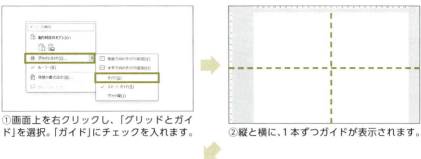

①画面上を右クリックし、「グリッドとガイド」を選択。「ガイド」にチェックを入れます。

②縦と横に、1本ずつガイドが表示されます。

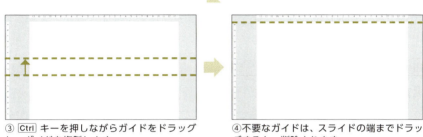

③ Ctrl キーを押しながらガイドをドラッグし、ガイドを複製します。

④不要なガイドは、スライドの端までドラッグすると、削除されます。

ガイドを動かすと数字が表示されるので、この数字を見ながら、ガイドの位置を調節します。スライドサイズをA4にした場合の左端と右端のガイドは12.4、上端は5.0、下端は8.0にしましょう。このスライドの範囲の中で、図形や文章、グラフなどを使うようにします。

次に、この範囲の中心をガイドで示します。この中心線は、スライドの左右に均等にグラフや図形を配置する際の目安に使います。垂直方向のガイドの中心線は0.0、水平方向のガイドの中心線は1.5にそれぞれ合わせましょう。

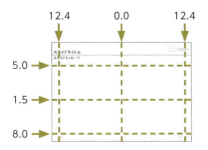

原則 053 「アウトライン」に ストーリーを落とし込む

Wordを使ってアウトラインに落とし込む

これで、コンテンツスライドのレイアウトが完成しました。次に、第4章で作成したストーリー（スライドタイトルとスライドメッセージ）の内容を、PowerPointに落とし込んでいきましょう。**PowerPointには、ストーリーを資料に落とし込むことを支援する「アウトライン機能」があります。**このアウトライン機能を用いて、第4章で作成したスライドタイトルとスライドメッセージをPowerPointに落とし込みます。その際、Wordを活用すると、ストーリーをスムーズにコピーすることができます。

ExcelやノートからWordにまず落とし込む

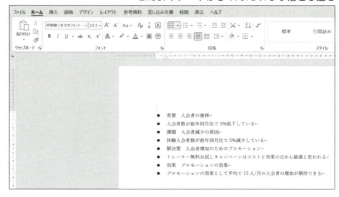

①Wordにストーリーを記入する

Excelやノートにまとめたスライドタイトルとスライドメッセージを、Wordにコピーします。スライドタイトルとスライドメッセージはそれぞれ改行して、行を分けます。そして「テキストの追加」コマンドを利用して、スライドタイトルは「レベル1」に、スライドメッセージは「レベル2」に設定します。最後に文章のフォントをPowerPointで設定しているフォントに変更して、名前を付けてファイルを保存します。

① Excelの表のスライドタイトルとスライドメッセージの部分をコピーします。

② Wordで「ホーム」タブ→「貼り付け」→「テキストのみ保持」の順にクリックし、テキストのみを貼り付けます。

③貼り付けたテキストを、スライドタイトルとスライドメッセージごとに改行します。

④スライドタイトルのテキストを選択し、「参考資料」タブから「テキストの追加」→「レベル1」を設定します。同様の方法で、スライドメッセージを「レベル2」に設定します。

⑤ PowerPointで使用するフォントに変更し、保存します。

②PowerPointでWordファイルを開く

Wordファイルを保存したら、PowerPointの「ホーム」タブ→「新しいスライド」(下の部分をクリック)→「アウトラインからスライド」を選択し、①で保存したファイルを選びます。すると、スライドにスライドタイトルとスライドメッセージが挿入されます。スライドを選んで右クリックし、スライドレイアウトをコンテンツスライドに変更します。タイトルのスライドについても、同様の方法でタイトルスライドを適用します。

①「ホーム」タブから「新しいスライド」を選択し、「アウトラインからスライド」を選択します。

②スライドタイトルとスライドメッセージを入力したWordファイルを選択します。

③スライドにスライドタイトルとスライドメッセージが入力されます。

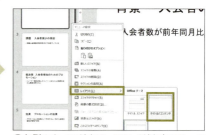

④左側のウィンドウで、スライドを右クリックします。「レイアウト」から、作成した「タイトルとコンテンツ」レイアウト(本書で言う「コンテンツスライド」)を選択します。

⑤スライドのレイアウトが変更されます。

ここで「表示」タブから「アウトライン表示」を選択すると、以下のような画面が表示され、スライドタイトルとスライドメッセージがアウトラインに記入されていることを確認できます。

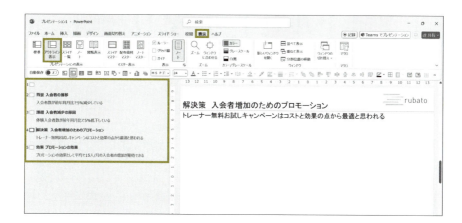

コンサルの現場

ここで紹介した「アウトライン表示」機能を利用すると、資料作成後にストーリーを再度確認する際にも役立ちます。私が一緒に仕事をしていたコンサルティング会社の役員が、打ち合わせのための移動のタクシーの中で資料をはじめて確認し、その後クライアントへのプレゼンをスラスラ行っているのに驚いたことがありました。アウトライン表示でスライドタイトルとスライドメッセージを表示させ、全体のストーリーを頭に入れていたのです。このように、アウトライン表示はストーリーの理解においても非常に便利な機能なのです。

大原則 | 資料の要となる「タイトル」「サマリー」「目次」「結論」を作成する

スライドタイトル、スライドメッセージをPowerPointに落とし込むと、スケルトンの全体像が見えてきます。次は、資料の構成の要となる、タイトル、サマリー、目次、結論の4つのスライドを作成していきましょう。

これら4つのスライドは、他の人との情報共有の際にも重要な要素となります。上司の確認が必要な資料の場合は、スライドタイトル、スライドメッセージの落とし込みが終わり、この4つのスライドが完成した時点で上司に確認を取りましょう。この時点で構成や結論へのコメントをもらうことで、早い段階での修正が可能になり、あとからの大幅な作り直しを避けることができます。

原則 054 「タイトル」「目次」スライドを作成する

目次スライドで構成を明確にする

最初に、タイトルスライドと目次スライドを作成しましょう。

①**タイトルスライド**

タイトルスライドには、ロゴ、資料のタイトル、日付／作成者、プロジェクト情報／部署情報、書類管理情報、バージョンを追加します。レイアウトは「タイトルスライド」を選び、書式は以下の図を参考にしてください。

日付には、資料を使用する年月日を入れましょう。これにより、資料の作成時から使用する日までの準備期間が明確になります。また資料を使用したあとに見返す際にも、使用した日が明確になり便利です。フォントは、本文と共通のフォントを使用します。

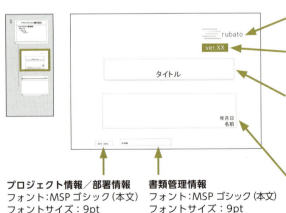

ロゴ
画像を追加

バージョン
図形の「正方形／長方形」で追加

タイトル
フォント:MSP ゴシック(本文)
フォントサイズ：32pt
位置：中央揃え、下揃え
文字：「タイトル」と入力
装飾：下線を引く

プロジェクト情報／部署情報
フォント:MSP ゴシック(本文)
フォントサイズ：9pt
位置：左揃え、下揃え

書類管理情報
フォント:MSP ゴシック(本文)
フォントサイズ：9pt
位置：左揃え、下揃え

日付／作成者
フォント:MSP ゴシック(本文)
フォントサイズ：20pt
位置：右揃え、下揃え
文字：「年月日　名前」と入力

会社にプロジェクト情報や部署情報を示すルールがあれば、左下に追加しましょう。また、部外秘や社外秘などの書類管理情報があれば、その横に記載します。

資料のバージョンは標準表示モードで図形の「正方形／長方形」を使ってタイトルの右上に配置し、目立つようにします。

②目次スライド

目次スライドは、「タイトルとコンテンツ」レイアウト（本書でいう「コンテンツスライド」）を使って作成します。**目次スライドを作ることで、資料の構成が明確になります**。作成方法は、以下の図を参考にしてください。

資料が長くなる場合は、スライドの冒頭だけではなく章の切れ目に区切りとして目次ページを入れて、読者が全体の中でどの部分を読んでいるかをわかるようにするという方法もあります。その場合は、今どの章にいるのかを示すために、当該章を背景色で強調するようにします。背景色は図形の「正方形／長方形」を使って作ります。薄い色で塗りつぶし、図形の枠線を「枠線なし」に設定し、最背面に配置します。

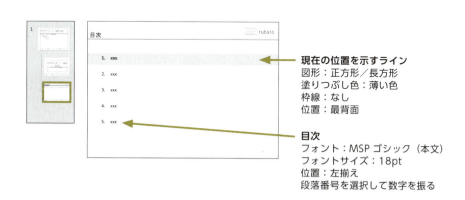

「サマリー」「結論」スライドを作成する

サマリーは過去と現在 結論は現在と未来

サマリースライドと結論スライドは、箇条書きで作ります。見た目はシンプルですが、この2つのページは過去と現在（サマリー）、現在と未来（結論）をつなぐ、重要な役割があります。つまり、サマリーは資料を作るに至った経緯の整理（過去）と資料の概要（現在）を示し、結論は資料のまとめ（現在）と今後のアクション（未来）を示す役割があるのです。

①サマリースライド

サマリースライドは、「タイトルとコンテンツ」レイアウト（「コンテンツスライド」）を使って作成します。**サマリーは、過去と現在をつなぐ役割を持ちます。**サマリースライドには、資料を作るに至った経緯（過去）と、資料の要約（現在）を記載します。これらの内容を記載することで、資料の位置づけや概要が明らかになり、読み手がサマリーに目を通すことで、この資料を読むべきかどうかがわかるようになります。提案書や企画書を検討する立場の人は忙しい方が多いので、サマリーで資料の概要を把握することができれば大変助かります。最初に資料の結論を見せることに抵抗がある人もいますが、サマリーは、時間のない方に資料を短時間で理解してもらうためのものです。結論ありきの欧米式の説明スタイルは、効率が重要されるビジネスでは必要不可欠なものです。またサマリーを作るという作業は資料全体を要約するということなので、作り手の頭の中が整理される効果があります。最初は思うように書けないかもしれませんが、何度もサマリーを書いていくことで、論理的なものの考え方や要約力が身についていきます。

サマリー
・前回の全社経営会議では前期の中期事業計画の未達が反省されると共に、事業部の中期事業計画の作成が指示されました
・前期の中期事業計画では、自社分析を中心とした戦略策定となり、事業環境、競合戦略の把握が不足し、結果として実績は計画を大きく下回りました
・それを受けて本事業計画では、事業環境と競合の分析に十分な・資金と時間を割くことを提案します
・これにより精緻な自社の中期事業計画の策定が可能になります

資料を作るに至った経緯（過去）（先頭項目に対応）

資料の内容の要約（現在）

②結論スライド

結論スライドは、「タイトルとコンテンツ」レイアウト（「コンテンツスライド」）を使って作成します。**結論スライドには、現在と未来をまとめる役割があります。** 資料の内容の要約（現在）と、今後のアクション（未来）を示します。資料の要約の部分は、サマリースライドとほぼ同じ内容と考えてよいでしょう。そして資料の目的は「人を動かす」ことですので、結論スライドで提示するアクションはもっとも重要なものになります。必ず、相手に期待するアクション、そして自分のアクションを具体的に明記するようにしましょう。

結論
・前期の中期事業計画での課題は自社分析を中心とした戦略策定であり、結果、事業環境、競合戦略の把握が不足し、実績は計画を大きく下回りました
・本事業計画では、事業環境と競合の分析に十分な資金と時間を割くことで、精緻な計画策定が可能になると考えます
・市場調査のために外部リソースの活用を検討することに承認をいただきたい
・次回の打合せでは調査計画および見積もりを共有させていただきます

資料の内容の要約（現在）

今後のアクション（未来）

スポーツジムの事例　スケルトンの作成

「私」は準備していたスライドタイトルとスライドメッセージを、Wordを利用してPowerPointに落とし込みました。次に、「タイトル」「サマリー」「目次」「結論」スライドを作成しました。これで提案書のスケルトンが完成しました。

	スライドタイトル	スライドメッセージ
タイトル	入会者増加のためのプロモーション企画書	
サマリー	サマリー	
目次	目次	
背景	入会者数の推移	入会者数が前年同月比で5%低下している
課題	入会者減少の原因	体験入会者数が前年同月比で5%減少している
解決策	入会者増加のためのプロモーション	トレーナー無料お試しキャンペーンはコストと効果の点から最適と思われる
効果	プロモーションの効果	段階的な導入でプロモーションの効果として平均15人／月の入会者の増加が期待できる
結論	結論	

スケルトンへの落とし込み

6 スケルトン作成

スケルトン作成まとめ

スライドレイアウトを作成する

- PowerPointの「スライドマスター」機能を使って、スライドタイトル欄やスライドメッセージ欄、ロゴやページ番号が設定された「スライドレイアウト」を設定しましょう。

ストーリーをPowerPointに落とし込む

- 次にPowerPointの「アウトライン」機能を用いて、ストーリー（スライドタイトルとスライドメッセージ）をPowerPointに落とし込みましょう。
- ストーリーをPowerPointに落とし込む際にはWordを使うと便利です。

タイトル、サマリー、目次、結論スライドを作る

- タイトルスライドには日付やバージョン情報を入れて、詳細情報がわかるようにし、管理しやすいようにしましょう。
- サマリースライドと結論スライドは特に重要です。なぜなら、サマリースライドには資料作成の経緯（過去）と資料概要（現在）を示す役割があり、結論スライドは資料のまとめ（現在）と今後のアクション（未来）を示す役割があるからです。
- タイトル、サマリー、目次スライドは資料の冒頭に、結論スライドは資料の最後に配置しましょう。

Chapter 7

― PowerPoint資料作成 ―

ルール設定の大原則

7章 ルール設定の大原則

第6章では、資料の骨格であるスケルトンを作りました。この流れで、第5章で集めたスライド情報をスケルトンに埋め込んでいってもよいでしょう。しかし、スライドの内容を作っていく上であらかじめルールを作っておくことで、実際のスライド作成を効率的に行うことができます。本章ではスライドの内容を作り始める前の準備として、スライド作成のルールを設定する方法について解説を行います。このあとに続く第8章の箇条書き、第9章の図解、第10章のグラフは、すべてこの章で定めたルールに従って作っていきます。

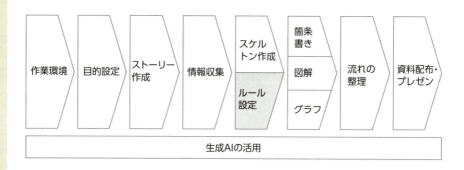

私が所属していた外資系コンサルティングファームでは、文字、矢印、図形、配色についての明確なルールが定められていました。クライアントに対して資料を提出する前には、皆で正しいルールに則っているかのチェックを行います。そのため、ルールに反する資料がクライアントに提供されることは絶対にありません。**コンサルティング業界では、資料を見た瞬間にどのファームの資料かがわかるほど、このルールは徹底されています。**本章では、「レイアウト」「文字」「矢印」「図形」「配色」の4つの要素について、ルールを定めます。

私がスライド作成のルール作りをお勧めしているのは、自分自身はもちろんのこと、**部署や会社といった単位でルールを統一することで、資料の作成や共有、統合時の無駄な作業を防ぐことが可能になるからです。**若手社員が長時間かけて、フォントや色が異なる複数の資料の統合作業を行うのはよく見かける風景です。しかしあらかじめ共通のルールを定めておくことで、この時間を大幅に節約することができます。また、統一されたルールに基づいて作成された資料は、会社のブランドイメージの向上にもつながります。

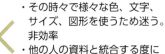
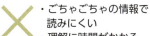
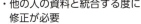

大原則

レイアウトの「法則」を理解する

スライド作成のルールを設定する上で、最初にスライドレイアウトの基本的な考え方を理解しましょう。1枚のスライドに複数のグラフや図解、画像を配置する場合に、レイアウトをどう決めて、グラフなどをどのような順番で並べればよいかについて悩む方は多いと思います。これまで、感覚でレイアウトを決めてきたという方も多いと思います。しかし、スライドの**レイアウトには「法則」があるのです。**

レイアウトの法則では、人の目の動きをレイアウトを決める際の手がかりにします。読者がスライドを読む時には、通常、左上から右上、右上から左下、そして左下から右下のように、Z型に目線が動くと言われています。この目の動きを踏まえると、スライドの情報は左から右、上から下へという方向で構成することが重要になります。それでは、具体的なスライドレイアウトの法則を見ていきましょう。

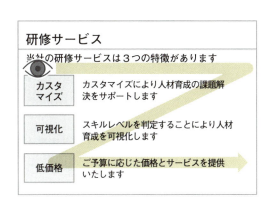

スライドは「左から右」「上から下」に読まれる

左から右 上から下 Z型に配置する

読者がスライドを読む際の目の動きを踏まえると、左から右、上から下に読まれると想定して図形やグラフを配置することが重要になります。例えば以下のスライドのようにグラフを2つ並べて配置する場合、最初に左のグラフが、次に右のグラフが読まれることになります。そのため、伝えたいメッセージにあわせて最初に読んでもらいたいグラフを左に、次に読んでもらいたいグラフを右に、といった形でグラフの配置を決めます。

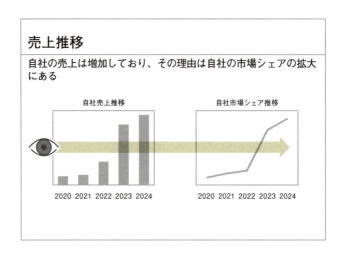

また次ページのスライドは、上から下にスライドが読まれると想定して図の配置を考えた例です。ここではスライドメッセージの内容の順番に合わせて、上から下に情報を配置しています。

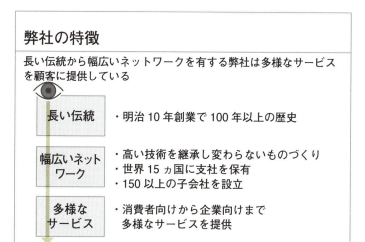

では、スライド全体に図やグラフを配置する場合はどのように配置すればよいでしょうか。その場合、目の動きはスライドをZ型に動くので、スライドを4分割して考えると、左上、右上、左下、右下という順番に内容を配置するようにしましょう。

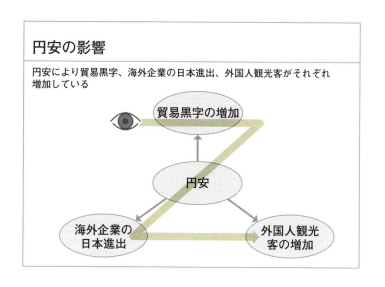

スライドは「2分割」「4分割」して使う

2分割では情報を左から右に並べる

1枚のスライドで複数の情報を示す場合は、スライドを分割してレイアウトするようにしましょう。**もっとも典型的なのは、スライドを左と右の2つに分割して使うレイアウトです。**先ほど説明したように、読者は左から右へと情報を読んでいきます。読んでほしい順番に、1→2と情報を配置します。

例えば2つのグラフを使ってスライドメッセージを根拠づけたい場合は、左右に1つずつグラフを並べて、スライドメッセージをサポートします。以下の例の場合、まず売上が伸びていることを示し、次にその理由として自社の市場シェアの拡大を説明したいので、左に売上推移、右に市場シェア推移のグラフを配置しています。

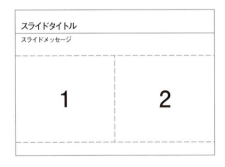

また、グラフに箇条書きや図解を組み合わせてスライドメッセージを根拠づける場合もあります。この場合もスライドを2分割して、グラフ、箇条書き、図解を左右に配置するようにします。左にグラフを配置しているのは、最初にグラフを読んでもらい、その上で右側で背景を伝えたいからです。

4分割では情報をZ型に並べる

以下のように、4つに分割する場合もあります。この場合は1→2→3→4というZ型の順番に読者が読むと想定して情報を配置します。ただし情報量が多くなるので、できるだけ4分割スライドの使用は避けるようにしましょう。

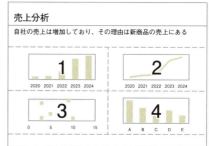

| 大原則 | 文字は「見やすく」 |
| | 装飾は「不要」 |

企業向けの資料作成研修を行っていると、「いろいろなフォントや文字色を使って、資料作りを楽しみたい！」という声を聞くことがあります。仕事を楽しみたいという気持ちはわかるのですが、資料はあくまでもコミュニケーションのためのものです。相手にとってわかりやすい文字の書式を設定する必要があります。

文字の書式には、フォントの種類や文字のサイズ、色など、様々な要素があります。**文字の書式に一貫性のない資料は、資料の内容への信頼性も低くなりがちです。**そこで文字のルールをしっかりと決め、それに従って資料の作成を行うようにしましょう。

文字のルールは、誰に対しての資料かを念頭に置いて決めていきます。基本的には見やすさを重視して、過度な装飾はしないようにします。

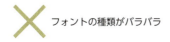

フォントの種類がバラバラ

フォントの種類が統一

原則 058　フォントは「MS Pゴシック」または「Meiryo UI」を選ぶ

フォントによって異なる印象を与えられる

フォントにはそれぞれの特徴があり、その特徴に応じて、相手に特定の印象を与えます。そのため、それぞれのフォントがどのような印象を相手に与えるのかを理解した上で、フォントを選ぶ必要があります。例えば「MS Pゴシック」や「MS P明朝」は「フォーマル」な印象を、「メイリオ」や「ヒラギノ角ゴ（macOSのみ）」は「やわらかい」「ややカジュアル」な印象を与えます。

・フォーマルなフォント

MS Pゴシック

研修サービス	
当社の研修サービスは3つの特徴があります	
カスタマイズ	カスタマイズにより人材育成の課題解決をサポートします
可視化	スキルレベルを判定することにより人材育成を可視化します
低価格	ご予算に応じた価格とサービスを提供いたします

MS P明朝

当社の融資制度	
当社の融資には3つの特徴があります	
小規模企業専門	小規模企業のみを対象にしております
スピード審査	審査のプロが決算書分析により迅速に審査を行います
担保不要	ビジネスモデルによりリスクを判断するため、担保は不要です

・ややカジュアルなフォント

メイリオ

ウェブ制作	
当社のウェブ制作は3つの特徴があります	
豊富な実績	大企業から中小企業まで1,000件以上の豊富な実績を有しています
幅広い領域	公共団体から病院、ITサービスまで幅広い領域をカバーします
高い品質	デザイナーとプログラマーを自社で抱え、高い品質を確保しています

ヒラギノ角ゴ

カフェの特徴	
当カフェは3つの特徴があります	
美味しいコーヒー	オーナーが300種類のコーヒー豆から厳選した豆から丁寧に抽出します
ゆったりソファ	家具メーカーとコラボした厳選ソファでおもてなしをします
豊富な書籍	著名人がチョイスした書籍を豊富に取り揃えています

それぞれのフォントの特徴と資料での用途をまとめると、以下のようになります。

フォント	特徴	資料での用途
MS Pゴシック	フォーマルな印象	ビジネスプレゼン資料
メイリオ／Meiryo UI	ややカジュアルな印象	ビジネスプレゼン資料
ヒラギノ角ゴ	ややカジュアルな印象	ビジネスプレゼン資料
MS P明朝	フォーマルな印象	Word資料／パンフレット

MS PゴシックとMeiryo UIは万能のフォント

資料作成において私がお勧めするフォントは、「MS Pゴシック」と「Meiryo UI」です。この2つのフォントは、**どんな業界に対する資料でも使える万能のフォント**です。MS Pゴシックに近いフォントにMSゴシックがありますが、MSゴシックはすべての文字の幅が均等なフォントです。文字の間の幅が広く、スライド上では読みにくくなってしまうので、文字ごとに適切な幅に調整してあるMS Pゴシックを使いましょう。

「Meiryo UI」は「メイリオ」をベースに作られたフォントです。「メイリオ」よりも文字間が狭く設定されているため、限られたスペースに文字を詰め込めます。そのため、ある程度の文字量が必要なビジネスプレゼンテーション資料に向いています。近年、「Meiryo UI」は非常に多くの資料で使用されるようになっています。

英語フォントはArialを選ぶ

なお、英語のフォントとしては「Arial」をお勧めしています。MS Pゴシックと同様、ビジネス向けとして万能なフォントです。日本語と英語が混じった文章の場合は、どちらかのフォントに合わせるのではなく、日本語と英語のフォントはそれぞれ異なるものを選びましょう。

日本語と英語でフォントを変える方法は、次の通りです。

①「表示」タブをクリックし、「スライドマスター」をクリックします。

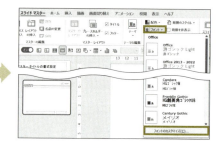

②「フォント」をクリックし、「フォントのカスタマイズ」をクリックします。

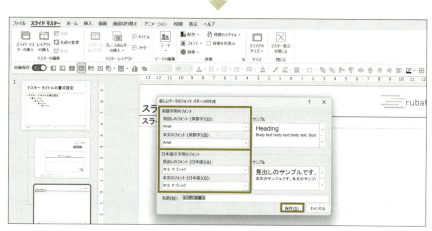

③「英数字用のフォント」と「日本語文字用のフォント」を選び、「保存」をクリックします。

| レイアウト | **文字** | 矢印 | 図形 | 配色 | 適用 |

原則 059 文字の色は「濃いグレー」を選ぶ

濃いグレーで文字を読みやすく

ビジネス文書では、通常、文字色は黒を選ぶのが無難です。しかし対外的にソフトな印象を与えたい場合は、濃いグレーを使うことをお勧めします。**濃いグレーにすると、相手にソフトな印象を与えられる上に、読者の目への負担を軽減できます。**

グレーの文字は、消費者向けのサービス紹介などに特に向いています。ただし、金融業界や公共団体などフォーマルな印象が好まれる業界においては、グレーの文字ではなく、黒い文字を使うことをお勧めします。

黒い文字の場合	グレーの文字の場合
研修サービス 当社の研修サービスは3つの特徴があります **カスタマイズ** カスタマイズにより人材育成の課題解決をサポートします **可視化** スキルレベルを判定することにより人材育成を可視化します **低価格** ご予算に応じた価格とサービスを提供いたします	研修サービス 当社の研修サービスは3つの特徴があります カスタマイズ カスタマイズにより人材育成の課題解決をサポートします 可視化 スキルレベルを判定することにより人材育成を可視化します 低価格 ご予算に応じた価格とサービスを提供いたします

黒い文字でやや強い印象になる

グレーの文字でやわらかい印象になる

7 ルール設定

原則 060 | 文字のサイズは「14pt」を選ぶ

配布資料のフォントサイズは14pt以上

スライドで使用する文字のサイズですが、スライド内の要素によって、フォントサイズを変えることが必要です。私が要素ごとにお勧めしているフォントサイズは、以下の通りです。

・スライドタイトル：24pt
・スライドメッセージ：20pt
・小見出し：18pt
・本文：14pt

上記は、会議で配布することを目的とした資料の場合のフォントサイズです。**参加者が手元に置いて読むスタイルのため、プレゼンテーション資料と比較すると小さめの文字サイズを推奨**しています。

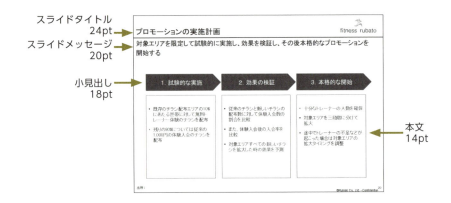

プレゼン資料のフォントサイズは20pt以上

それに対して、プロジェクターで投影して大勢の人を対象に行うプレゼン資料の場合は、文字サイズを大きくする必要があります。会場やスクリーンのサイズにもよりますが、広い会議室で手元に資料がない場合は、もっとも小さなフォントサイズを20pt以上とし、次のように使い分けることをお勧めします。

・スライドタイトル：36pt
・スライドメッセージ：32pt
・小見出し：28pt
・本文：20pt

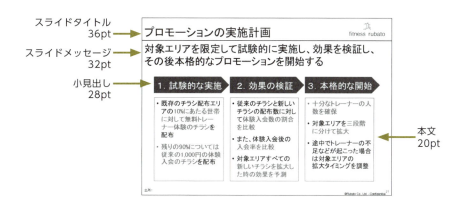

> **ハヤワザ**
> 会議用に作成した資料をプレゼン資料に変更する場合は、スライド全体のフォントサイズを変更する必要があります。その際に便利なのが、ショートカットキーです。まず、スライドの要素をすべて選んで（Ctrl + A）、フォントの拡大（Ctrl +]）を行います。この方法を使うと、異なるサイズの文字の相対的な大きさを維持したまま、拡大が可能です。

小見出しは「下線」と「長方形」を使い分ける

グラフの小見出しは「太字・下線」を設定する

グラフや図解のタイトルのことを、「小見出し」と呼びます。以下の図では、「プロモーションへの投資推移」がグラフの小見出しになります。小見出しは本文とは異なることを示すため、修飾することが必要です。小見出しの種類に合わせて、修飾のルールを決めておきましょう。

グラフの小見出しは、太字で下線付きにします。テキストボックスを使って文字を入力し、テキストボックスの枠線を「なし」に、文字を太字に設定します。文字の位置は、「中央揃え」（Ctrl + E）、「上下中央揃え」にします。下線は、「挿入」タブ→「図形」→「直線」を選んで直線を描き、テキストボックスの下に配置します。Shiftキーを押しながらドラッグすると、水平に引くことができます。

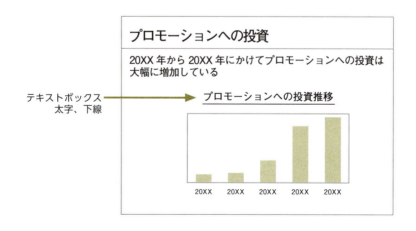

箇条書きの小見出しは長方形で作る

一方、箇条書きの小見出しの場合は、箇条書きの文章よりも目立たせるため、長方形で枠をつけるようにします。「挿入」タブ→「図形」→「正方形／長方形」を選び、ドラッグして長方形の枠を作ります。長方形に直接文字を入力し、太字で修飾します。

文字の位置は、グラフの場合と同様、「中央揃え」（Ctrl+E）、「上下中央揃え」にします。上下中央揃えのボタンはクイックアクセスツールバーに登録して、簡単にクリックできるようにしておきましょう（P.600参照）。

長方形には、小見出しが目立つように色をつけます。その際に枠線の色を塗りつぶしの色に揃えるか、「枠線なし」を選ぶようにしましょう。塗りつぶしの色と枠線の色が異なると小見出しが映えなくなりますし、デザイン的にも美しくありません。

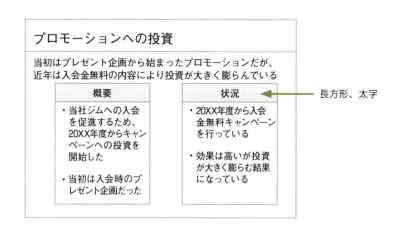

大原則 | 矢印で「読者の目の動き」をコントロールする

読者がスライドを読む際には、それぞれが興味のあるスライドの部分に注目して読みがちです。しかし本来は、作り手が読んでほしい順番に読者に読んでもらうのが、スライドの内容を理解する上ではもっとも効率的です。そこで、スライドを読む際の**読者の目の動きをコントロールするために使用するのが**「**矢印**」です。

矢印には、強調や流れなどを示す機能があります。矢印をうまく使えば、言葉での説明がなくても、わかりやすい資料にすることが可能です。一方で、矢印には矢じり型や三角形型などたくさんの種類があります。矢印の使い方のルールを決めないと、様々な種類の矢印を使いすぎて、逆にわかりにくい資料になってしまう可能性があります。私が勤めた外資系コンサル会社でも矢印の使い方に関する細かいルールが定められており、間違ったルールで矢印を使うと上司に厳しく修正を求められました。

ここではどのようなケースで、どのような種類の矢印を使えばよいのか、またどのような色や太さや角度にすればよいかといった、矢印の具体的なルールについて説明していきます。

原則 062 　矢印は「カギ線矢印」を使う

矢印の先端は▶ 色はグレー 角度は90°にする

最初に、資料で使用する矢印の書式を決定します。あらかじめ矢印の先端、色、角度についてのルールを決定し、そのルールに基づいて資料を作成します。

①矢印の先端

矢印の先端は>ではなく、▶を使いましょう。シンプルな形ですし、のちほど紹介する三角矢印と形が似ているため、資料での統一感を示すことができます。

②矢印の色

矢印の色はグレーに統一します。青や赤の色の矢印を見かけますが、矢印の機能は流れや強調を示すことです。矢印自体が目立つ必要はありません。

③矢印の角度

矢印の線は、必ず直角に曲がるカギ線矢印を使うようにします。通常の線矢印を使うと斜めに矢印を配置しなければならない時があり、スペースを無駄に使ってしまいますし、矢印がたくさんあった場合に見にくくなります。

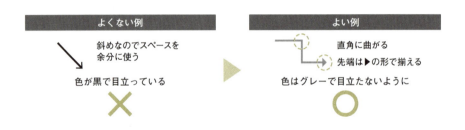

よくない例	よい例
斜めなのでスペースを余分に使う 色が黒で目立っている	直角に曲がる 先端は▶の形で揃える 色はグレーで目立たないように

スライドで示すと、次のような図になります。

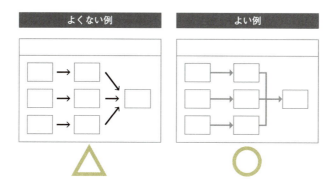

矢印を作成するための具体的な操作は、次の通りです。

①「挿入」タブ→「図形」→「カギ線矢印」を選択します。スライド上でドラッグし、矢印を作成します。

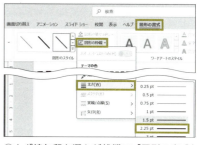

②カギ線矢印を選んだ状態で「図形の書式」タブ→「図形の枠線」→「太さ」→「2.25pt」を選択します。

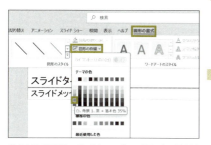

③再び「図形の書式」タブ→「図形の枠線」からグレーを選択します。

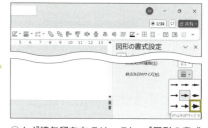

④カギ線矢印を右クリックし、「図形の書式設定」を選択します。「終点矢印のサイズ」で、「9」を選択します。

原則 063 「三角矢印」で全体の流れを示す

三角矢印は大きな流れと合流を示す

通常の矢印に加えて三角矢印を使いこなすことで、表現の幅は大きく広がります。三角矢印とは、図形の三角形を描き、それを矢印として利用するものです。三角矢印の使い方には、2つの種類があります。1つ目は、スライドの中で左から右、上から下へといった、目線の大きな流れを示したい場合です。

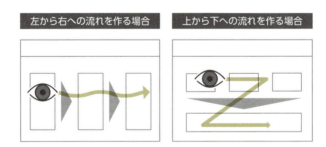

もう1つの使い方は、複数の要素の合流を示したい場合です。三角矢印が合流に向いているのは、三角形が底辺から頂点に向かって集約する図形だからです。

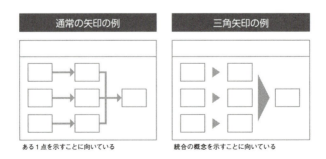

三角矢印は二等辺三角形で作る

三角矢印の作成方法は、最初に「図形」から「二等辺三角形」を挿入します。次にその三角形を回転し、適当な場所に配置します。三角形はグレーに塗りつぶし、枠線は「なし」を選択します。三角形は底辺が長い、細長い形状にしましょう。

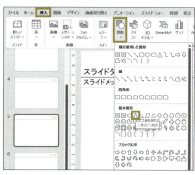

①「挿入」タブ→「図形」→「二等辺三角形」を選択します。

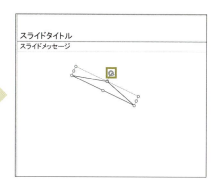

②三角形を作成し、頂点の回転マークをドラッグして回転させます。

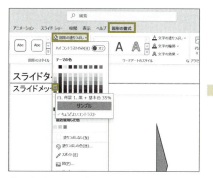

③三角形を選んだ状態で「図形の書式」タブ→「図形の塗りつぶし」からグレーを選択します。

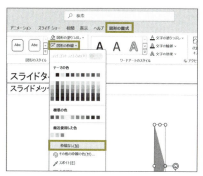

④三角形を選んだ状態で「図形の書式」タブ→「図形の枠線」から「枠線なし」を選択します。

| 大原則 | 図形は情報とイメージを「シンプルに表現」する |

PowerPointのスライド作成で多用されるのが、図形です。しかし多くの人は正しい使い方を理解せず、フィーリングで図形を使っています。あるスライドの小見出しには楕円形を使い、別のスライドの小見出しには四角形を使うといったように、資料全体で図形の使い方に一貫性がない資料をよく見かけます。

このように気分次第で図形を使用してしまうと、いろいろな図形がルールなく使われ、表現したいことと実際の図形の表現との間にギャップが生じてしまいます。このギャップは「ノイズ」と呼ばれ、読者の理解を妨げるものです。「ノイズ」が生じると、読者は「なんとなくわかりにくい資料だな」「パッと見てわからないなあ」と感じるようになります。

その時の気分で図形を決めるのではなく、こういう場合は楕円形を使う、こういう場合は四角形を使う、といったように図形を使う場合のルールをあらかじめ決めておくことで、わかりやすい資料を作ることが可能になります。そのためには、**それぞれの図形が持っている特徴を理解しておくことが必要**です。ここでは図形の持つ意味を理解し、その上で図形の使い方のルールを決めていきましょう。

具体は「四角」・抽象は「楕円」で表現する

図形の特性を理解して使う

PowerPointによる資料作成でもっとも多く使われる図形は、四角形です。**四角形は、「具体的なもの、実体のあるもの」**を表すのに向いています。例えば会社名、会議名、部署名などに向いています。一方、同様によく使われる**円・楕円形は「抽象的なもの、概念的なもの」**を表すのに向いています。例えばビジョン、問題、アイデアなどが、円・楕円形で表される代表的なものになります。

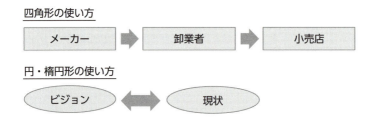

その他によく使われる図形として、ホームベースや吹き出しがあります。ホームベースは、その形状から「流れ」を示すのに向いています。例えばスケジュールや物事のステップなどです。吹き出しは、「コメント」を示すのに使われます。

その他、各種の図の使い方を表にまとめると以下のようになります。図形の使い方を正しく理解すれば、直感的でわかりやすい資料を作成できます。

デザイン	形	使い方
四角形 角丸四角形	□○	物体・集合体や組織を表します。また、文章を囲む枠としても使われます。四角形と角丸四角形は、併用しないようにしましょう
楕円	○	概念的なものを表すために使われます
ホームベース 山形	▷▷	矢印と同様に流れを表しますが、流れに加えて何らかの物事を含んだもの（ステップや作業工程など）に使われます
吹き出し	💬💬💬💬	セリフやコメント、注釈など、図形に補足事項を加える時に使います
メモ フローチャート	📝📝	書類やメモを示す図として使うほか、訂正箇所や補足説明を加える時に使います
星	☆	注意ポイントや強調ポイントを示すために使います

なお、強調の意味で使われることのある爆発の図形ですが、見た目にスマートではないので使用しない方がよいでしょう。代わりに強調ポイントを絞り、星を使って強調を行います。

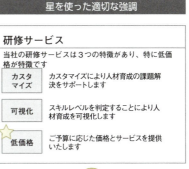

原則 065 「直角の四角形」と「角丸の四角形」を使い分ける

1つの資料に直角の四角形と角丸の四角形を混ぜない

図形には、その図形が本来持っているイメージがあります。例えば「直角の四角形」には「真面目、堅い」といったイメージがあり、「角丸の四角形」には「ソフトな」イメージがあります。これらのイメージを理解して、意識的に図形を使い分ける必要があります。

「真面目、堅い」印象を持つ「直角の四角形」は、「フォーマルな資料」に向いています。「ソフトな」印象を持つ「角丸の四角形」は、「ややカジュアルな資料」に向いています。例えば官公庁や金融など、やや堅い業界向けの資料では「直角の四角形」を用いるべきですし、アパレルやサービスといったややカジュアルな業界向けには「角丸の四角形」が適しています。注意点としては、直角と角丸では印象が大きく異なるため、**基本的には直角の四角形と角丸の四角形を同じ資料の中で同居させないようにしましょう。**

直角の四角形	角丸の四角形
フォーマルな資料	ややカジュアルな資料

直角の四角形には「MS Pゴシック」「Meiryo UI」を使う

これらの図形の印象を踏まえてフォントを選ぶと、資料に統一感がでます。直角の四角形にはMS PゴシックやMeiryo UIが向いており、角丸の四角形にはメイリオが向いています。

直角の四角形とMS PゴシックとMeiryo UIの組み合わせはビジネス資料、角丸の四角形とメイリオの組み合わせはパンフレット資料の用途に向いています。

用途	図形	フォント
ビジネスプレゼンテーション資料	直角の四角形	MS Pゴシック Meiryo UI
パンフレット資料	角丸の四角形	メイリオ

角の丸みは必ず揃える

角丸の四角形を作成する際に、PowerPointで角丸の四角形のサイズを変えると、角の丸みが変わってしまうので注意が必要です。大きい角丸の四角形では角が丸くなり、小さい角丸の四角形では角が鋭くなります。角丸の四角形のサイズによって角の丸みが変わると、資料の統一感が失われてしまいます。PowerPointで角丸の四角形を作成する際には、四角形の大きさにかかわらず角の丸みが同じになるように、必ず丸みを調整するようにしましょう。

四角形の大きさを変えると角の丸みも変わってしまうので、あとから微調整を加える必要がある

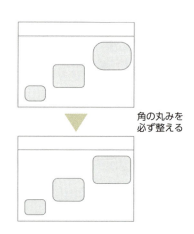

角の丸みを必ず整える

黄色の○で角の丸みを調整する

PowerPointで角丸の丸みを調整する方法ですが、まず、図形の挿入から角丸四角形を作成します。作成した図形を選択すると黄色の○が現れるので、それをマウスで左右にドラッグさせると、角丸の丸みを調整することができます。○を右方向にドラッグするほど、角丸がより丸くなります。

角を丸くする場合

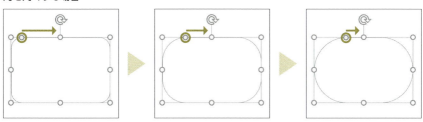

角を鋭くする場合

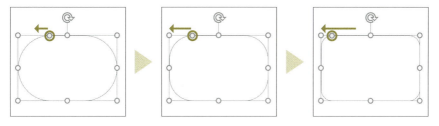

黄色の○の微妙な調整によって複数の図形の角の丸みを揃えるのは、かなり難易度が高い操作になります。同じ大きさの図形を複数配置する場合は、1つの図形をコピー&ペーストして複製する方が簡単ですし、時間の短縮にもなります。

原則 066 図形には「影をつけない」

図形はフラットデザインを選ぶ

資料の中で、図形に影をつけたり、図形を立体化したりすることはよく行われています。図形を目立たせることで資料をわかりやすくするのが目的だと思いますが、**影や立体化は、反対に資料をわかりにくいものにしてしまいます**。資料をわかりやすくするためには、過度な装飾を省くことが重要です。図形の影づけや立体化は絶対に避けるようにしましょう。

加えて現在は、フラットデザインと呼ばれる平面的でシンプルなデザインが好まれる傾向があります。フラットデザインでは、枠なしの単色で塗りつぶした図形を使います。フラットデザインは、のちほど説明するピクトグラム（P.390参照）との相性もよく、資料全体の統一感を演出する上で有効な方法です。

図形につけてしまった影を消去するには、対象の図形を選択した状態で、①「図形の書式」タブ→②「図形の効果」→③「影」から④「影なし」を選びます。図形の他の効果についても同様に、「図形の効果」ボタンから消去することが可能です。

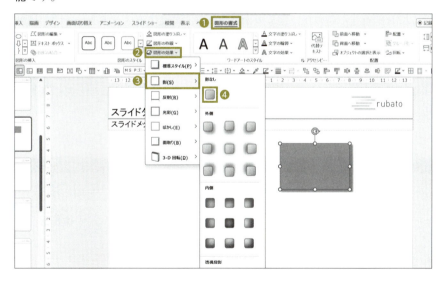

原則 067 図形の余白は「最小化」する

図形の余白を小さくして文字数を稼ぐ

図形に文字を入れる時に、文字がすべて入らず、フォントサイズを小さくしたり、図形にテキストボックスを重ねて文字を入れたりしたことがある方は多いと思います。一部の図形のフォントサイズを小さくすると、文字が読みづらくなりますし、他の文字との統一感が失われます。**図形にテキストボックスを重ねるのも、図形の構造が複雑になるためお勧めしません。**

そこでお勧めしたいのが、図形の余白を調整して文字を入れる方法です。図形の余白は、PowerPointのデフォルト設定では大きめに設定されており、文字があまり入りません。そこで図形の余白を小さくすると、多くの文字を入れることができるのです。もちろん多くの文字を入れられるからといって、図形に文字を詰め込みすぎると可読性が損なわれますので注意しましょう。

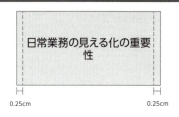

0.25cmの余白があらかじめ取られているため、「重要性」が2行にわたってしまった

0.01cmに余白を設定することで、全文が1行に収まった

図形の書式設定で余白を変更する

PowerPointで図形の余白を変更する方法ですが、具体的には左余白と右余白がデフォルトで0.25cmとなっているものを、0.01cmに変更します。図形を右クリックして、「図形の書式設定」から下記のように変更を加えていきます。

①図形を右クリックして、「図形の書式設定」を選択します。

②「図形のオプション」から「サイズとプロパティ」を選択します。

③「テキストボックス」を選び、「左余白」と「右余白」を0.01cmに設定します。

ここでは図形を扱ってきましたが、表のセルについても同様に余白を小さくすることで文字を多く入れることができます。表のセルの場合の設定方法ですが、表を選んだ状態で右クリックし、「図形の書式設定」をクリックします。それ以降は、上記の図形の余白の設定方法とまったく同じです。デフォルトで左余白と右余白が0.25cmに設定されているので、これを0.01cmに設定します。これで文字が多く入る表になります。

図形の配置は「縦・横」を揃える

補助線を利用して縦・横を揃える

1枚のスライドに複数の図形を配置する際は、必ず縦と横を揃えるようにします。図形の縦と横を揃えることで、非常に見栄えがよい資料になります。

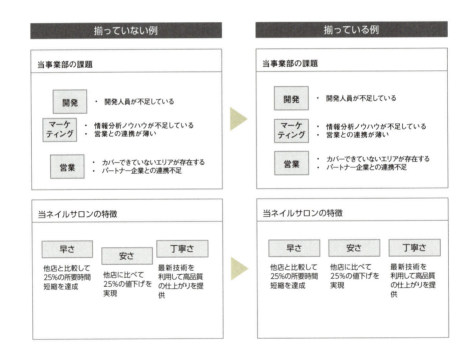

PowerPoint 2016からは、図形を動かすと他の図形と位置を揃えるための補助線が自動的に表示されるようになっています。この補助線を利用すると、図形の配置をきれいに揃えることができます。

| レイアウト | 文字 | 矢印 | **図形** | 配色 | 適用 |

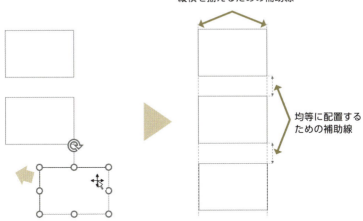

クイックアクセスツールバーですばやく揃える

また、PowerPointには図形を揃えるためのコマンドが用意されています。図形を縦に整列させたい場合は、①複数の図形を選択した状態で、②「ホーム」タブ→③「配置」→④「配置」→⑤「左揃え」「上下に整列」を選びます。横に整列させたい場合は、「左揃え」「上下に整列」の代わりに「上揃え」「左右に整列」を選びます。メニューの階層が深く面倒なため、P.64の方法でクイックアクセスツールバーに「左揃え」「上揃え」「上下に整列」「左右に整列」のコマンドを追加しておくと、手軽に使えるようになります。

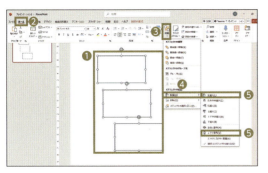

大原則	センス無用! 配色には 「ルール」がある

配色は、資料の中でのバラつきがもっとも起こりやすい要素です。企業の研修で、様々な色がルールなしで使われた資料の添削を行ったことがありました。この時に「なぜたくさんの色を使うのですか」と作成者に質問したところ、「色をたくさん使った方が資料作りが楽しいじゃないですか」という答えが返ってきたことがあります。このように配色は作り手のセンスや気分に委ねられていることが多く、資料の中でバラつきがちです。

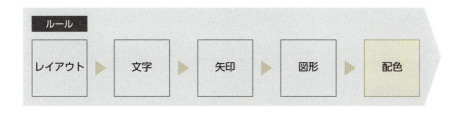

コンサルティングファームでは、このようなバラつきを防ぐために、資料の中で使用する色を必ずルールとして定めています。そしてコンサルタントは、そのルールに従うことが求められます。異なる色を使った場合は徹底的に修正を求められます。皆さんも、最初に配色ルールを決定した上で資料作りを始めるようにしましょう。**特にチームで資料作りに取り組む場合、あらかじめ配色を決めておくことは必須です。**

とはいえ、自分で配色を決めるのが苦手だという方も多いと思います。配色にはセンスが必要と思われがちですが、実は配色には基準となるルールがあるのです。それに従うことで、センスがなくても適切な配色が可能になります。ここでは「色相環」や「色の特性」を利用して、資料の適切な配色ルールを決めていきます。

原則 069 配色は「色相環」で決める

ベースカラーとアクセントカラーは色相環に基づいて決める

配色は、資料作りでもっとも悩ましいポイントの一つです。色の使い方が悪いために資料の見栄えが悪くなり、クライアントや上司への印象が悪くなっているケースをよく見かけます。多くの場合、その原因は「色の使いすぎ」と「選び間違い」に集約されます。

色の使いすぎと選び間違いを避けるため、資料で使用する色として、最初に2つの色を決めておくようにしましょう。それが、**資料の中で一貫して使用する色「ベースカラー」**と、**強調したい部分に使う「アクセントカラー」**です。「ベースカラー」と「アクセントカラー」の色選びには、色を環状にした「色相環」と呼ばれる図を使います。

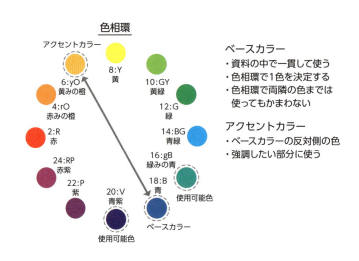

この中から、最初に「ベースカラー」を決定します。決定した「ベースカラー」の両隣の2色は類似色になるため、同一の資料の中で違和感なく使用できる色となります。

次に、「ベースカラー」のちょうど反対側にある色を「アクセントカラー」として選択します。アクセントカラーに選んだ色が目立たない色（例えば黄色や黄緑）の場合は、その横の色（オレンジや緑）を使用するようにします。このようにして選んだベースカラー1色、両隣の使用可能色の2色、そしてアクセントカラー1色の合計4色を、基本的には資料の中で使用するようにしましょう。

1枚のスライドで色を使いすぎない

1枚のスライドの中で、多くの色を使いすぎないようにします。下記の例の配色がよくないスライドでは、多くの色を使いすぎてスライドの統一感がなくなっています。配色のルールに従ったスライドではベースカラーとアクセントカラーが適切に使われており、わかりやすいスライドになっています。

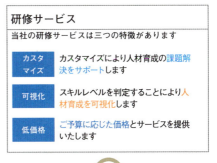

原則 070 配色は「イメージ」を考慮する

コーポレートカラーをベースカラーにする

資料に使う色を選択する上で、どの色をベースカラーに選ぶかは悩ましい問題です。その際には企業イメージを表現するコーポレートカラーが参考になります。下記は、「フィットネスクラブ　ルバート」のコーポレートカラーであるオレンジを使用した例です。

コーポレートカラーがない場合は、色が与えるイメージを考慮して色を選びます。例えば赤色は活発さや食欲増進作用があるので、サービス業や食品メーカー、外食産業に使われます。コカ・コーラやマクドナルドが代表例です。黄色の特性は刺激や注意なので、小売チェーンに利用されます。YellowHatやマツモトキヨシなどです。緑色は自然やリラックスの象徴で、自然のイメージを出したい食品企業に使われます。スターバックスや伊藤園は、自然派志向を表しています。青色は知的さ、冷静さを示すのでIT企業に使われます。IBMやDELLは好例です。

| レイアウト | 文字 | 矢印 | 図形 | **配色** | 適用 |

赤色	・活発なイメージ ・食欲増進	・サービス業 ・食品メーカー
黄色	・刺激 ・注意	・小売チェーン
緑色	・自然 ・リラックス	・食品メーカー
青色	・知的 ・冷静	・ITメーカー

ロゴの色はスポイトで盗む

企業のコーポレートカラーとして会社のシンボルである企業ロゴの色を使う場合は、PowerPointのスポイト機能を活用するのがお勧めです。スポイト機能を使うことで、ロゴに使われている色を抽出し、その色を資料に利用する色として適用することができます。

①図形を選び、「図形の書式」タブ→「図形の塗りつぶし」→「スポイト」を選択します。

②スポイトが出現します。スライド上から色を選ぶ場合は、希望の色を左クリックします。

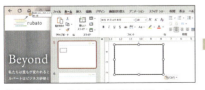

③他のウィンドウから選ぶ場合は、PowerPointのウィンドウを使いたい色のあるウィンドウの上に重ねます。スポイトを左クリックをしたままドラッグし、希望の色の上で左クリックを離します。

④選択した色で、図形が塗りつぶされます。

原則 071 背景は必ず「白」を選ぶ

スライド背景は白 文字は黒またはグレー

スライドの背景に色が入っている資料を、たまに見かけることがあります。一見、華やかな印象を与えるかもしれませんが、肝心の内容が見づらくなります。見やすさの点から、**スライドの背景は必ず白にしましょう**。背景を白に設定しておくことで、印刷がスピーディになるという効果も期待できます。

また文章に色をつけているケースもよく見かけます。フォントに関する解説（P.233参照）でも触れましたが、文字の色は黒かグレーを選ぶようにしましょう。特にビジネス文書の場合、色付き文字は内容の説得力を弱くする恐れがあります。

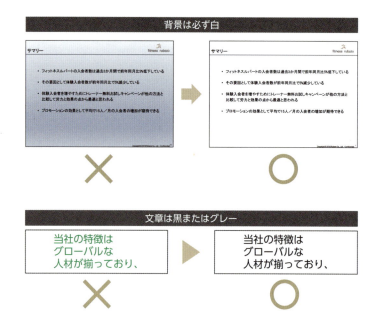

原則 072 資料に「原色」は使わない

スライドに原色は使わない

小見出しや強調個所などの図形に、青や赤や黄色などの原色を用いているケースがあります。しかし原色は非常に強い色ですので、資料では使わないようにします。同じ青でも、明るさや彩度を抑えた青であれば、資料として読みやすいものになります。

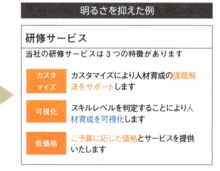

大原則

スライドに「ルール」を適用する

ここまでのところで、レイアウト、文字、矢印、図形、配色のルールを決めてきました。最後に、これらのルールをスライドに適用していきましょう。

以下の図で、左側にはルールを適用していない例、右側にはルールを適用した例を示しています。左側のスライドはフォントの種類・サイズ、図形の種類・サイズ、色が揃っておらず、また図形の配置が整列されていないため、雑然とした印象です。右側のスライドはフォント、図形、色が揃っており、整列されているので、読者にとってわかりやすい印象です。このように統一したルールを適用することで、わかりやすい資料が実現されます。

決定したルールのスライドへの適用に便利なツールとして、「ルール表」と「既定の図形の設定機能」があります。ここでは、その作り方や活用法を見ていきましょう。

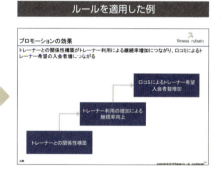

スライド作成の「ルール表」で生産性を最大化する

ルール表ですべてのルールを共有する

「ルールを作っても守れない」「守ってもらえない」というのが、多くの人に共通する悩みだと思います。その原因として、ルールを守るのが面倒だったり、ルール自体を忘れてしまったりということがあります。そこで、ここまでに決めたスライド作成のルールを、「ルール表」として1枚のスライドにまとめておきましょう。ルール表の効果としては、以下の3つがあります。

①すぐに参照できる
②図形などをコピーして使える
③他の人と共有できる

特に③他の人と共有できるということは、業務上で大変重要です。ルールを口頭で1つ1つ伝えるのは大変な労力ですし、時間もかかってしまいます。そこですべてのルールを1枚のルール表にまとめてファイルで共有すれば、効率的に伝えることができます。

作成したルール表を会社や部署単位で共有すれば、様々な人が作った資料の統合や過去の資料を活用する際のコストを最小限にすることが可能になるでしょう。

コピー可能なルール表を作る

ルール表では、以下のように箇条書き（第8章）、フォント、図形、矢印、色、タイトルについてのルールを1枚のスライドにまとめておきます。特に箇条書き、フォント、図形、矢印については、そのままコピーして使用することが可能です。スライドを作成する際には、常に別ウィンドウとして開いておき、いつでもコピーできるようにしておきましょう。また図形の色など、資料に応じて変更が必要なものは、あらかじめその資料用に色を変更したものを用意しておきましょう。

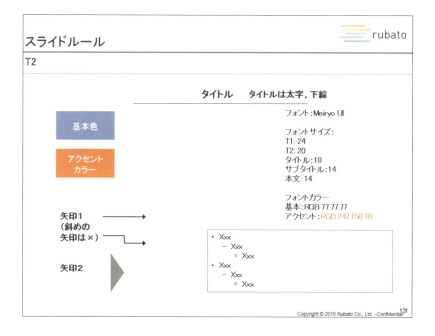

このルール表は、P.600を参照してダウンロードすることができます。必要に応じてご利用ください。

「既定の図形」で書式を自動反映する

テキスト・図形・線に「既定の図形」を設定する

ルール表を作っても、守らなければ意味がありません。そこでルール表に従った書式をPowerPointに「既定の図形」として設定し、新規の図形を作成する際には、その設定が自動的に適用されるようにしておきましょう。「既定の図形」として設定できるのは、以下の3種類です。

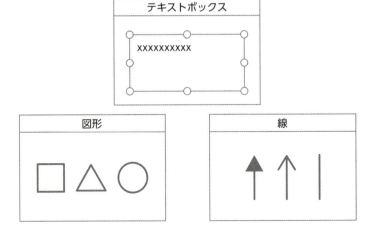

ここでは図形を例にとって説明しますが、残りのテキストボックスと線も、同様の方法で「既定の図形」に設定することが可能です。

右クリックで「既定の図形」に設定する

既定の図形を設定する方法ですが、最初に、ルールに基づいた図形を作成しておきます。この図形には、図形の塗りつぶしの色、枠線、図形の影の有無、余白、文字の色、文字の大きさ、文字の装飾の有無、文字の位置、フォントの種類、フォントのサイズなど、ルールに基づいた書式を設定しておきます。

次に、**書式を設定した図形を右クリックし、表示されるメニューから「既定の図形に設定」を選択します。**これで、ルールが反映された図形を既定の図形に設定することができました。最後に、「図形の挿入」から新規の図形を選択して作成し、既定に設定した図形の書式が正しく反映されているかどうかを確認します。

なお、ここで「既定」に設定した書式は、どのような種類の図形に対しても適用されます。そのため三角形用の書式、四角形用の書式といったように、図形の種類別に「既定の書式」を設定することはできません。また既定の書式はファイルごとに設定されるので、ファイルが変わると既定の書式は引き継がれません。ファイルごとに設定するようにしましょう。

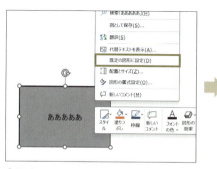

①図形を選んで右クリックし、「既定の図形に設定」をクリックします。

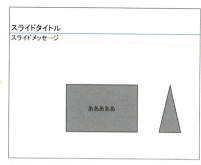

②新しく図形を挿入して、書式が反映されているかどうかをチェックします。

ルール設定まとめ

- スライド作成では、一貫したイメージを維持し、読み手にわかりやすいよう、スライドのレイアウト、文字、矢印、図形、配色のルールを設定することが大切です。

- 目線は、左上→右上→左下→右下のようにZ型に動くため、スライドのレイアウトは左から右、上から下の方向に構成しましょう。

- 文字は見やすさを重視して、日本語のフォントは「MS Pゴシック」「Meiryo UI」、英語のフォントは「Arial」を使いましょう。

- 矢印は強調、流れを示す機能を持ち、効果的に使えばよりわかりやすい資料になります。線状の矢印の場合、矢印の先端は▶を使い、矢印の色はグレーに統一します。三角矢印は大きな流れや合流を示します。

- スライドで多用される図形にも、ルールを設定しておくことが大切です。例えば、会社名、会議名、部署名など具体的なものは「四角」で、ビジョン、問題、アイデアなど抽象的なものは「楕円」で表現しましょう。また「直角の四角形」は真面目で堅いイメージ、「角丸の四角形」はソフトなイメージを示すことができます。

- 資料の配色は、色相環に基づいてベースカラーとアクセントカラーの2色を選択しましょう。

- 自分で決めたスライド作成のルールを、「ルール表」として1枚のスライドにまとめておくと便利です。

Chapter 8

── PowerPoint資料作成 ──

箇条書きの大原則

8章 箇条書きの大原則

この章からは、第7章で決めたルールに従って、実際にスライドを作成していきましょう。スライドの表現方法には、箇条書き、図解、グラフの3つの種類があります。**中でももっとも基本となるのが、箇条書きです。**また「サマリー」や「結論」のスライドは、箇条書きのみで作成するのが一般的です。

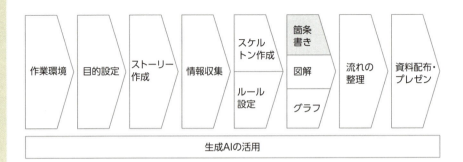

箇条書きは、読み手にとってはポイントがまとまっているためわかりやすく、また書き手にとっては自分の頭の中を整理できるというメリットがあります。通常の文章のみの資料では、文章を読み、内容を把握し、要点を理解するまでの行程を、読み手自身が行う必要があります。この場合、資料の理解度は読み手の読解力や、書き手の文章力に左右されます。しかし箇条書きを利用すれば、あらかじめ情報が整理され、情報の構造も明解なため、読み手の読解力や書き手の文章力に関わらず、誰でも理解しやすい資料を作成することができます。

このように便利な箇条書きですが、苦手な方が多いように感じます。箇条書きの作り方にはルールがあり、それを知らないと、かえってわかりにくい資料にもなりかねません。箇条書きは、次の3つのステップで作成します。

①文章を分解する
②階層化する
③作る

本章は、第5章で作成したスケルトンスライドに、第4章で収集したスライド情報を箇条書きの形式で記載することをゴールとしています。

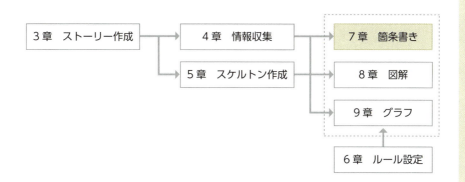

大原則 | 箇条書きは「分解」から始める

長年様々な資料を読んできて感じるのは、箇条書きが苦手な人が多いということです。そもそも箇条書きにせずに文章を長々と書いてあるケースから、レベル感のまったく異なる文章が羅列してある箇条書き、文章としての体裁がバラバラな箇条書きまで、実に様々な事例があります。多くの場合は、箇条書きのルールを知らないために起きているのだと思います。

このように多くの人が苦手な箇条書きですが、きちんとステップを踏めば、簡単に作成することができます。箇条書きが苦手な人にお勧めなのは、いきなり箇条書きを書くのではなく、通常の文章をまず書くことです。この通常の文章が、箇条書きの材料になるのです。

通常の文章を書いたら、次にその文章を短文に分解していきます。短文へと分解することで、文章を最小単位にします。分解した短文は、文末を「〜する」か「体言止め」のどちらかに揃えるようにし、数字や修飾語を用いて文章をなるべく具体的にするようにします。

次に、その箇条書きを統合するなどして、3項目以内にまとめるようにします。4項目以上あると読み手の理解度が下がってしまうので注意が必要です。最後に、箇条書きを重要度順に並べていきます。これにより、箇条書きが完成します。

原則 075 箇条書きは「分解して作る」

まずは文章を書いて短文に分ける

箇条書きは、いきなり文章を列挙するところから始めようとすると、なかなか難しいものです。箇条書きはあくまで形式ですので、まずは材料として内容を書き出すことがもっとも重要です。

そこで、**最初は伝えたい内容を通常の文章で書いてみましょう**。この時、最初から論理的なしっかりとした文章を書く必要はありません。伝えたいことやその根拠を、思いつくままにとりあえず書いてみましょう。

そして文章ができたら、次にその文章を**句読点で分解し**、**いくつかの短文に分けていきます**。ここもあまり深く考えずに、単純に分けていけば問題ありません。

①元の文章

マシンの使い方がわからないことが入会を妨げる要因になっていたが、無料のトレーナーサービスにより当社には金銭的負担がなく、お客様へのサービス向上になる。トレーナーにとっては顧客開拓になるので、無料で依頼可能である

②句読点で分ける

マシンの使い方がわからないことが入会を妨げる要因になっていたが、

無料のトレーナーサービスにより当社には金銭的負担がなく、

お客様へのサービス向上になる。

トレーナーにとっては顧客開拓になるので、無料で依頼可能である

| 分解 | 階層 | 作成 |

類似の短文をまとめる

文章を短文に分けたら、次に、**類似の短文をまとめていきましょう**。何も考えずに文章を書くと、つい同じ内容を繰り返してしまいがちです。そこで、この際に必要のない短文は削除していきます。そして、それぞれの短文の冒頭に箇条書きの点（ビュレットポイントと呼びます）をつけます。

次に文章ごとに、**主語が明確になるようにします**。日本語は主語のない文章でも成り立ってしまうので、私たちはつい主語を抜いた文章を作りがちです。すべての短文に、主語が入るようにします。下記の例では「マシンの使い方がわからず、入会を妨げる要因になっていた」という文章の主語が不明確だったので、「お客様が」という主語を追加しています。主語が明確になったら、主語と述語がきちんと対応しているかどうか確認します。

最初はうまくいかないかもしれませんが、まずは長文で書き、そして分解していくという作業を繰り返すことで徐々に慣れていきましょう。練習を積むことで、最初から箇条書きで書くことが可能になっていきます。

③類似の短文をまとめる

- マシンの使い方がわからないことが入会を妨げる要因になっていたが、
- 無料のトレーナーサービスにより当社には金銭的負担がなく、お客様へのサービス向上になる。
- トレーナーにとっては顧客開拓になるので、無料で依頼可能である

④箇条書きの点を追加する

・マシンの使い方がわからないことが入会を妨げる要因になっていた
・無料のトレーナーサービスにより、当社には金銭的負担がなく、お客様へのサービス向上になる
・トレーナーにとっては顧客開拓になるので、無料で依頼可能

⑤主語を明確にする

・お客様がマシンの使い方がわからず、入会を妨げる要因になっていた
・無料のトレーナーサービスにより、当社には金銭的負担がなく、お客様へのサービス向上になる
・トレーナーにとっては顧客開拓になるので、無料で依頼可能

8　箇条書き

原則 076 箇条書きは「1文」「40字以内」でまとめる

箇条書きは必ず1文でまとめる

箇条書きを書く際に、1つのビュレットポイントに2文以上を書くことはNGです。1つの項目に2つ以上の文章があったのでは、2つの主張があるということになり、読み手にとって理解しにくいものになるためです。1つのビュレットポイントに対して、箇条書きは必ず1文でまとめなければなりません。その結果、**箇条書きは必ず1文構成になるため、句点「。」は使いません。**

下記の例では「新入社員営業トレーニングを実施した」と「ベテラン営業による個別指導を実施した」という2つの文章が、1つのビュレットポイントに含まれています。これでは、読者は1つの項目内で2つの内容を理解する必要があります。この場合は2つのビュレットポイントに分けることで、理解しやすい内容になります。

1文でまとめる

営業部の取り組み
・新入社員営業トレーニングを実施した。また、ベテラン営業による個別指導を実施した。
・他社より経験者採用を実施した

営業部の取り組み
・入社員営業トレーニングを実施した
・ベテラン営業による個別指導を実施した
・他社より経験者採用を実施した

1文の長さは40字以内にまとめる

1文の長さについては、40字以内にまとめることを目指しましょう。箇条書きは、通常の文章に比べて簡潔であることに価値があります。40字以上の長さになると、通常の文章と同様に、読むことが負担に感じられてしまいます。負担に感じれば、人はその資料を読むことをやめてしまうかもしれません。「1人歩きをする資料」を実現するためにも、1文は40字以内にしましょう。

文章を短くするためには、詳細情報を除くという方法が有効です。例えば下記の例で言うと、「生産ライン」や「小売店や卸業者からの全品回収」は売上減少要因の説明としては細かすぎる内容です。そのため内容を省略して、30字弱でシンプルに説明しています。文字数が少ないと感じるかもしれませんが、要点は十分に伝わります。

ただし、サマリーや結論スライドでの箇条書きについては、資料全体の内容をまとめる役割がありますので、40字を超えてもかまいません。

1文は40字以内

今期の売上減少要因		今期の売上減少要因	
・工場の生産ラインでの異物混入による商品トラブルで小売店や卸業者からの全品回収を実施し、200億円の売上減少	53文字	・工場での異物混入による商品トラブルで、200億円の売上減少	29文字
・商品切替による既存品の在庫処分や、工場での旧商品用の機械設備の廃棄処分で50億円の売上減少	45文字	・商品切替による既存品の処分や、機械設備の廃棄で50億円の売上減少	32文字

箇条書きの文末は「用言」か「体言止め」を選ぶ

3つのポイントでわかりやすい箇条書きにする

わかりやすい箇条書きを作る方法には、次の3つのポイントがあります。

①主語を揃える
②文末を揃える
③繰り返しを避ける

この3つのポイントを実践することで、非常に読みやすい箇条書きを作ることができます。

①主語を揃える

箇条書きの文章では、できるだけ主語を揃えるようにしましょう。箇条書きの主語が常に同じであることによって、読み手が内容を理解しやすくなります。やむを得ず異なる主語を使う場合には、主語を省略せず、明確に示すようにしましょう。

来季の売上変化	来季の売上変化
・新商品発売で**売上が** 30 億円増加する ・**販売代理店**がインセンティブアップにより 20 億円売上を増加 　（↑**主語が異なる**） ・業務提携効果で**売上が**＋10 億円	・新商品発売で**売上が** 30 億円増加する ・販売代理店へのインセンティブアップにより**売上が** 20 億円増加 ・業務提携効果で**売上が**＋10 億円

②文末を揃える

箇条書きの文末は、動詞・形容詞などの「用言」または「体言止め」で揃えましょう。文末に規則性を持たせることで、読み手が理解しやすくなります。下記の例では「増加する」と「増加」と「＋」の表現が混在していましたが、表現を「増加」に揃えることでわかりやすくなりました。

来季の売上変化	来季の売上変化
・新商品発売で売上が30億円増加する	・新商品発売で売上が30億円増加
・販売代理店へのインセンティブアップにより売上が20億円増加	・販売代理店へのインセンティブアップにより売上が20億円増加
・業務提携効果で売上が＋10億円	・業務提携効果で売上が10億円増加

③繰り返しを避ける

箇条書きの文章の間で同じ言葉が繰り返し出てくる場合は、一度出た言葉は理解可能な範囲で省略することで、シンプルな文章になります。下記の例では、「売上」という表現が繰り返し出てきていますので、1文目の「売上」以外を省略しました。省略しても意味が十分に通じることがわかると思います。

来季の売上変化	来季の売上変化
・新商品発売で売上が30億円増加	・新商品発売で売上が30億円増加
・販売代理店へのインセンティブアップにより売上が20億円増加	・販売代理店へのインセンティブアップにより20億円増加
・業務提携効果で売上が10億円増加	・業務提携効果で10億円増加

箇条書きの説得力は「数字」で高める

「数字」で具体性を出す

箇条書きに説得力を持たせるためには、箇条書きの内容を具体的にすることが有効です。箇条書きを具体的にするための方法の1つが、数字を用いることです。箇条書きに数字を用いると、文章が主観的ではなく客観的なデータに基づいていることを示し、説得力が高まるのです。また十分なリサーチを行った内容であることを示す効果もあります。ぜひ、数字は積極的に盛り込むようにしましょう。

具体的な数字を用いて示す

アンケート結果

- 来場者の中から**数百人**もの方にご回答いただきました
  - 業界関係者が**半分以上**
  - 取引先も**一部含まれる**
- 当社の新製品は**多くの方**に支持されました
  - 特に機能性が**高く**評価されました
  - 次に価格が評価を受けました

アンケート結果

- 来場者の中から **525名**にご回答いただきました
  - 業界関係者が **62%**
  - 取引先が **12%**
- 当社の新製品は **72%の方**に支持されました
  - 5段階で機能性が **4.5**の評価を受けました
  - 次に価格が **4.2**の評価を受けました

修飾語の使い方を工夫する

文章をわかりやすくするための修飾語の使い方には、2つのポイントがあります。

①修飾する言葉と修飾される言葉を近づける

修飾する言葉と修飾される言葉が離れていると、両者のつながりがわかりにくくなります。修飾する言葉とされる言葉は近づけるようにしましょう。例えば、「積極的に若手社員による海外事業を展開する」は「若手社員による海外事業を積極的に展開する」とした方が修飾の対象が明確になり、わかりやすいです。

- ・積極的に若手社員による海外事業を展開する　→　・若手社員による海外事業を積極的に展開する
- ・迅速にCMを活用した商品プロモーションを実施する　→　・CMを活用した商品プロモーションを迅速に実施する

②短い修飾語は近くに、長い修飾語は遠くに置く

短い修飾語と長い修飾語の2つがある場合、短い修飾語は修飾される言葉の近くに、長い修飾語は遠くに置くようにしましょう。短い修飾語と修飾される言葉の間に長い修飾語が入ると、短い修飾語が何を指しているのか、わかりにくくなるからです。例えば、「今期の当社商品の売上は低迷している」よりも、「当社商品の今期の売上は低迷している」とした方がわかりやすいです。

- ・今期の 当社新商品の 売上は低迷している　→　・当社新商品の 今期の 売上は低迷している
- ・新商品の 当社の総力を挙げた 開発に注力する　→　・当社の総力を挙げた 新商品の 開発に注力する

原則 079 箇条書きは「3項目」に整理する

箇条書きに5項目は多すぎる

いくら箇条書きがわかりやすいとはいえ、数が多くなりすぎると、かえって読む気をなくし、内容を把握するのも億劫になります。箇条書きの項目は、3項目までにまとめるようにしましょう。3という数字は、読み手の頭に残りやすく、説明も簡単な項目数です。どうしても3項目では収まらないという場合は、4項目までを最大とします。

項目数は片手の指の数（5項目）までという話も聞きますが、**5項目では、実際には読み手の頭の中に入らない場合が多いと感じます**。例えばマーケティングの4P（Price、Place、Promotion、Product）に比べ、5フォース分析（業界内の既存の競合、新規参入の脅威、代替品の脅威、売り手の交渉力、買い手の交渉力）の要素を思い出すのが大変なのは、項目の数にも原因があると私は考えています。

営業部の取り組み	営業部の取り組み
・新入社員に座学での営業トレーニングを実施 ・新入社員に営業実践トレーニングを実施 ・ベテラン営業による個別指導を実施 ・人材紹介会社を利用した経験者採用を実施 ・他社からの営業マンの引き抜き	・新入社員営業トレーニングを実施 ・ベテラン営業による個別指導を実施 ・他社より経験者採用を実施

5つのポイントがあり、わかりにくい 　　3つのポイントでわかりやすい

| 分解 | 階層 | 作成 |

類似の文章をまとめて項目数を絞る

どうしても箇条書きが4〜5項目になる場合は、できるだけ似た内容の文章をまとめて、3項目にまとめるようにしましょう。下記の例では、営業部の取り組みとして「新入社員に座学での営業トレーニングを実施」と「新入社員に営業実践トレーニングの実施」が挙げられていますが、どちらも新入社員に対する営業トレーニングという点で共通しています。そこで「新入社員営業トレーニングを実施」という文章にまとめられます。

また、「人材紹介会社を利用した経験者採用を実施」と「他社からの営業マンの引き抜き」も、どちらも経験者採用という点で共通しています。よって「他社より経験者採用を実施」にまとめることができます。このようにして箇条書きの項目数をできるだけ絞り込むことで、読者にとってよりわかりやすいものになります。

箇条書きは3項目まで

営業部の取り組み
- 新入社員に座学での営業トレーニングを実施
- 新入社員に営業実践トレーニングを実施 　 ｝ まとめる
- ベテラン営業による個別指導を実施
- 人材紹介会社を利用した経験者採用を実施
- 他社からの営業マンの引き抜き 　 ｝ まとめる

5つのポイントがあり、わかりにくい

→

営業部の取り組み
- 新入社員営業トレーニングを実施
- ベテラン営業による個別指導を実施
- 他社より経験者採用を実施

3つのポイントでわかりやすい

箇条書きは「重要度順」「時系列順」「種類別」に並べる

箇条書きの順番には3つのルールがある

箇条書きの順番にも、ルールが必要です。箇条書きの順番に意味を持たせることで、読者に書き手の意図を伝えたり、内容をわかりやすくしたりすることができます。箇条書きの順番を決定する方法としては、主に次の3つの方法があります。

①**重要度順**
②**時系列順**
③**種類別**

①**重要度順**

重要度順は、金額の多寡、インパクトの大きさ、聞き手の興味など、重要度の高いものから順に並べる方法です。下記の例では、売上減少の要因について説明しています。売上減少へのインパクトがもっとも大きい「商品トラブルで-200億円」を先頭に配置し、次にインパクトの大きい順に「円高で-100億円」「商品切替で-50億円」を並べています。

```
今期の売上減少要因

・商品トラブルで -200 億円
・円高で -100 億円
・商品切替で -50 億円
```
重要度 ↓

| 分解 | 階層 | 作成 |

②時系列順

時系列順は、時間の流れに沿って並べる方法です。順番をより強調するため、ビュレットポイントの代わりに数字を使う場合があります。下記の例では、今期のコスト削減施策について説明しています。時系列順に「1月に営業のリストラを実施」を最初に配置し、5月、8月の施策を次に並べています。

```
今期のコスト削減施策
・1月に営業のリストラを実施
・5月に全国10支店を4支店に統合
・8月に海外支社を10社から6社に削減
```

時系列 ↓

③種類別

種類別は、種類で内容を分ける方法です。③の種類別に分けたあとに、その中身をさらに①の重要度順や②の時系列順で分けることもよくあります。下記の例では、営業部での人材に関する取り組みを述べています。「新入社員への営業トレーニング」と「ベテラン営業による個別指導」はどちらも人材育成の内容ですので、前半にまとめています。そして、「新入社員への営業トレーニング」の方がより早い段階でのトレーニングですので、最初に配置しています。「経験者採用」については、人材採用の内容ですので、人材育成系の2つの文章のうしろに配置しています。

```
営業部の取り組み
・新入社員への営業トレーニングを実施  ┐人材育成
・ベテラン営業による個別指導を実施    ┘
・他社より経験者採用を実施 ─── 人材採用
```
種類別 ↕

大原則 | 箇条書きは「階層構造」が鍵になる

箇条書きには、シンプルに階層が1つだけのものと、階層が複数あるものがあります。**コンサルタントは、階層のある箇条書きを多用します**。これは箇条書きを階層構造にすることで、1階層の箇条書きよりも詳細な情報を整理し、わかりやすく伝えることができるからです。

箇条書きに階層構造を作る場合は、ビュレットポイントの形を工夫することや、階層のパターンを理解して使用することが重要です。また箇条書きの階層をわかりやすいものにするために、「ロジックツリー」という考え方を念頭に置くと便利です。ここでは、階層のある箇条書きを作成する際のポイントを紹介していきます。

箇条書きの階層は「3階層以内」とする

最大3階層で箇条書きを作る

箇条書きの階層は、多ければよいというわけではありません。最大でも、3階層以内に収めましょう。**階層がこれ以上深くなると、情報の量が多くなりすぎ、理解しにくくなります。**下記の例では、来期の目標を箇条書きで示しています。「欧州で10億円」という目標を、さらに細かく「独で5億円」「仏、英で3億円」の目標と表現していますが、情報が多すぎて逆に理解しにくくなっています。そこで文章をまとめて階層を減らし、「欧州で独仏中心に10億円」とすることで読みやすくなっています。

スライドでより細かい情報を示したい場合は、箇条書きではなく、あとで解説する小見出しを用いるようにします（P.310参照）。また、箇条書きの階層構造には便利な作成方法があります。詳しくはP.303で解説しています。

階層は最大3階層まで

階層	来期の目標
1	・売上30億円増加が目標
2	・海外で20億円
3	・北米で10億円
3	・欧州で10億円
4	・独で5億円
4	・仏、英で3億円
2	・国内で10億円
1	・営業利益率1%アップが目標

✕

階層	来期の目標
1	・売上30億円増加が目標
2	・海外で20億円
3	・北米で10億円
3	・欧州で独仏中心に10億円
2	・国内で10億円
1	・営業利益率1%アップが目標

○

ビュレットポイントの形で階層を明確にする

箇条書きの階層構造は、階層ごとにビュレットポイントの形を定めることで、明確に示すことができます。お勧めは、以下の順番です。「・」は第1階層、「−」は第2階層、「。」は第3階層です。あくまで私のお勧めですので、他の形（例えば「▷」や「≫」など）を使ってもかまいません。ただし、1つの資料の中でビュレットポイントの形をコロコロ変えてはいけません。ビュレットポイントの設定方法は、P.304で解説を行います。

「・」→「−」→「。」

下記の左の例では、インデントを使うことで階層が異なることを示しています。しかし、すべてのビュレットポイントが「・」になっているので、階層構造が明確ではありません。そこでビュレットポイントに「・」「−」「。」を使うことで、階層を明確にしています。下記の右の例では、階層ごとのビュレットポイントが明確になることで、パッと見たときの理解度が高まり、より読者にやさしい表現になっています。

ビュレットポイントの活用

階層	来期の目標
1	・売上30億円増加が目標
2	・海外で20億円
3	・北米で10億円
3	・欧州で独仏中心に10億円
2	・国内で10億円
1	・営業利益率1％アップが目標

✕

階層	来期の目標
1	・売上30億円増加が目標
2	−海外で20億円
3	。北米で10億円
3	。欧州で独仏中心に10億円
2	−国内で10億円
1	・営業利益率1％アップが目標

○

8 箇条書き

「因果・詳細・事例」で階層を作る

箇条書きには3つの「階層パターン」がある

箇条書きの階層作りは難しい印象がありますが、実は代表的な3つのパターンに分けて考えることができます。それが、理由や原因を示す「①因果関係」、詳細な情報を示す「②詳細」、具体的な事例を示す「③事例」です。示したい情報がどのパターンに当てはまるかを見極め、これらのパターンに即して階層を作ることで、読み手にとって明解な箇条書きを作成することができます。

①因果関係

第1階層で事実や主張を示し、第2階層でその原因や理由を示すパターンです。**1つの事実や主張の背景に複数の原因や理由がある場合**に適した書き方です。以下の例では、第1階層で「今年度は売上が10%増加した」という事実を示し、第2階層では、売上増加の理由を「堅調な景気を受けての市場の拡大」と「新製品の売上による自社シェアの向上」という2つの項目で説明しています。

```
・今年度は売上が前年度と比較して 10% 増加した ——— 事実
    - 堅調な景気を受けて市場が拡大した ——— 理由
    - 好調な新製品の売上でシェアが向上した ——— 理由
```

| 分解 | 階層 | 作成 |

②詳細

第1階層に事実や主張の概要を示し、第2階層にその内容の**詳細情報を示すパターン**です。第1階層に詳細情報まで書いてしまうと文章が長くなるため、第1階層には概要のみを書き、次の第2階層で詳細情報を書く、という流れです。注意すべきポイントとしては、第1階層の事実や主張を第2階層が網羅的に説明する必要があるということです。以下の例では、第1階層で「下半期売上の大幅な増加」という概要を示し、第2階層で「上半期の状況」「下半期の状況」と網羅的に詳細な説明を行っています。

```
・今年度は売上が下半期に大幅に増加した ──────── 概要
  - 上半期売上は前年並み ───────────── 詳細情報
  - 下半期売上は前年比 20% 増加した ─────── 詳細情報
```

③事例

第1階層で示した内容の**具体的な事例を、第2階層で示すパターン**です。具体的な事例を示すことで、説得力を高めるために使います。②の「詳細」と似ていますが、「詳細」が第1階層の情報を網羅的に説明するのに対し、「事例」はあくまでも代表的な事例の紹介にとどまります。以下の例では、第1階層で欧州事業の売上について示し、第2階層でドイツとフランスという代表的な地域での売上状況を示しています。ドイツとフランスでは欧州事業すべての説明になっていませんが、事例があることで状況がわかりやすくなっています。

```
・今年度は欧州事業で売上が 20% 向上した ──────── 概要
  - ドイツで 30% の増加 ──────────────── 事例
  - フランスで 20% の増加 ─────────────── 事例
```

8 箇条書き

原則 083 下の階層は「複数項目」にする

下の階層に項目が1つしかない箇条書きは意味がない

箇条書きの下の階層は、複数の項目を提示することで、上の階層をより詳細に説明するためのものです。そのため箇条書きに階層を作る場合には、下の階層に項目が1つしかないという状態は次の2つの方法で避けましょう。

①下の階層の項目を複数にする

次のように下の階層をより具体的にして複数の項目にすれば、上の階層を根拠づける箇条書きになります。ここでは「固定費」という抽象的な表現を「人件費」と「地代家賃」という具体的な項目に分割して、項目を増やしています。

来期の目標
・営業利益率で1%ポイント改善を目指す 　- 固定費を中心に削減する

来期の目標
・営業利益率で1%ポイント改善を目指す 　- 人件費 5% 削減する 　- 地代家賃 10% 圧縮する

②下の階層を上の階層に統合する

また以下の例は、下の階層を上の階層に統合したパターンです。下の階層にあったタレントに関する項目を上の階層の文章に統合しています。

プロモーション案
・TVCMを中心にプロモーションを行う 　- 30代女性に人気のあるタレントを活用 ・雑誌広告は補助的に活用する

プロモーション案
・30代女性に人気のタレントのTVCMを中心にプロモーションを行う ・雑誌広告は補助的に活用する

スポーツジムの事例　箇条書き

「私」はスポーツジムのプロモーション企画書の中で、入会者の状況を示すために「背景」スライドで箇条書きを使うことにしました。「私」は箇条書きに慣れていないため、いきなり箇条書きで表現することはせず、最初に入会者数の現状を長い文章で書きました。

次にその文章を、40字以内のいくつかの短文に分けていきました。そして短文の文末は「体言止め」ではなく、「用言」での表現に統一することにしました。可能な限り情報は数字で示すようにし、項目数はポイントのみに絞って4つにしました。時系列順に内容を整理して、「三軒茶屋店の開店」から「今期の入会者数の減少」へと経緯を説明しています。今回の内容は階層構造を用いる必要がなかったため1階層で表現し、以下のように「背景」スライドが完成しました。

入会者の推移　　　　　　　　　　　　　　　　　　　fitness rubato

入会者数が前年同月比で5%低下している

- 三軒茶屋店は2年前に開店し、順調に客数を伸ばしてきており、チラシの配布→体験入会→入会という流れが順調にまわっていた

- しかし、今期は入会者数が前年同月比で5%低下している

- 競合の動きに特に変化がないことから、ある程度需要のあった顧客層が入会してしまい、入会者が鈍化している可能性がある

- 競合のフィットネスクラブが新たな店を開店するという情報もあり、何らかの打ち手が必要

出所：

原則 084 箇条書きで「論理構成」を示す

箇条書きは「ロジックツリー」に対応する

ここまで箇条書きの階層構造を見てきましたが、箇条書きの各階層は、実はロジックツリーの各階層に対応しています。ロジックツリーとは、上位の情報をモレなくダブリなく（MECE）分解していくツリーのことです。資料でよく用いるロジックツリーは、上位の主張を十分な根拠を持って説明し、その根拠を十分な事実を持って説明する構造になっています。

このように、ロジックツリーは自身の主張の論理構成を説明することに大変向いています。しかしPowerPointでロジックツリーを使うと、スライドのスペースを大幅に取ってしまいます。そこで、資料では**ロジックツリーよりもスペースを取らない、文章のみの箇条書きの方が向いているのです。**

頭の中ではロジックツリーを思い浮かべ、情報をモレなくダブリなく整理しつつ、資料に落とす表現としては箇条書きに整理することで、自身の伝えたいことを簡潔に表現することができます。また、読み手は少ない労力で文章の論理構造を理解することが可能になります。

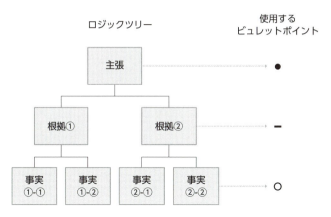

階層に対応する形で使用するビュレットポイントを決定する

大原則 | 箇条書き作成には「作法」がある

この章の最後に、箇条書きを作成する上での便利なTipsをご紹介していきます。**箇条書きを作成する際に避けたいのは、「中黒」や「点」と文字で入力し、変換して「・」（ビュレットポイント）を作成しているケース**です。この方法で箇条書きを作ると、改行した時に2行目の文頭がビュレットポイントの位置とかぶってしまいます。また、文章の文頭の位置が揃っていないケースもよく見かけます。PowerPointには、箇条書き作成を支援するための便利なコマンドが用意されているので、それらを利用してすばやく快適に箇条書きを作っていきましょう。

また、箇条書きに「小見出し」をつけることで内容をわかりやすくすることができます。「小見出し」は、それぞれの箇条書きの「タイトル」の役割を果たします。「小見出し」をつけることで、読者は箇条書きの大まかな内容をすばやく理解できるようになり、読む負担を大幅に減らすことが可能になります。

手入力でビュレットポイントを 入力した場合	PowerPointの 機能を利用した場合
←文頭の位置が揃っていない	
・ジムのマシンの使い方がわからないことが顧客の入会を妨げる要因 ・　無料のトレーナーサービスにより、当社には金銭的負担がなく、お客様へのサービス向上可能 ・トレーナーにとっては顧客開拓になるので、無料で依頼可能	・ジムのマシンの使い方がわからないことが顧客の入会を妨げる要因 ・無料のトレーナーサービスにより、当社には金銭的負担がなく、お客様へのサービス向上可能 ・トレーナーにとっては顧客開拓になるので、無料で依頼可能
↑2行目の文頭がビュレットポイントの位置とかぶっている	

原則 085 箇条書きは「自動」で作成する

テキストボックス+箇条書きコマンドを使う

箇条書きの作成は、最初にスライドにテキストボックスを挿入するところから始まります。そして、**箇条書きコマンドをクリック**することで、テキストボックスが箇条書きモードになります。この箇条書きモードでは、テキストボックスに文字を入力すると自動的にビュレットポイントが追加されますので、手入力の必要がなく非常に便利です。

①「挿入」タブをクリックし、「テキストボックス」をクリックします。マウスをドラッグして、スライド内にテキストボックスを挿入します。

②テキストボックスを選択した状態で、「ホーム」タブの箇条書きボタンをクリックします。これで、テキストボックスにビュレットポイントが自動的に挿入されるモードになります。

③文章を入力すると、ビュレットポイントが現れます。Enterキーを押すと、次の文のビュレットポイントが表示されます。

箇条書きの階層は Tab キーで作る

続いて箇条書きの階層を作っていきます。マウスで「ホーム」タブから「インデントを増やす」コマンドを選ぶことでも作成できますが、ここでは Tab キーを使います。最初に、階層に関わらず、箇条書きの文章をすべて入力します。次に、下の階層にする文章の文頭にカーソルを置きます。文章が複数ある場合は、ドラッグして選択します。最後に Tab キーを押すことで、インデント（ビュレットポイントの前のスペース）を作ることができます。このインデントを作ることで、その文章の階層が1つ下であることが示されます。また Shift + Tab キーを押すことで、作ったインデントを消し、階層を1つ上げることができます。

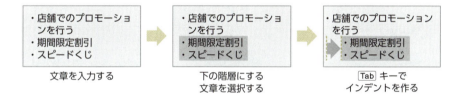

箇条書きの順番を入れ替えたい場合は、移動したい箇条書きを選択して、Alt + Shift + ↓ キーを押すと、その段落が下に移動します。また Alt + Shift + ↑ キーを押すと段落が上に移動します。これらのショートカットキーでの箇条書きの操作はWordでもまったく同じですので、覚えておくと大変便利です。

原則 086 「ビュレットポイント」を独自に設定する

箇条書きのユーザー設定で設定する

インデントで階層を作ったら、最後にユーザー設定から独自のビュレットポイントを設定しましょう。インデントに加え、階層ごとにビュレットポイントを設定することで、読み手はどの文章がどの階層に相当するのかを一目で把握できます。

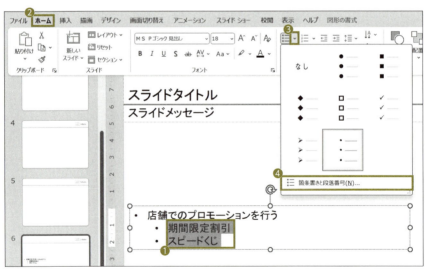

①ビュレットポイントを変更したい階層の文章を選択し、②「ホーム」タブから、③「箇条書き」コマンドの▼をクリックすると、箇条書きウィンドウが開きます。④「箇条書きと段落番号」をクリックします。

⑤「ユーザー設定」をクリックします。

ここでビュレットポイントに使いたい記号を選ぶのですが、私のお勧めするビュレットポイント（P.293参照）を使用する場合は、以下のように設定しましょう。

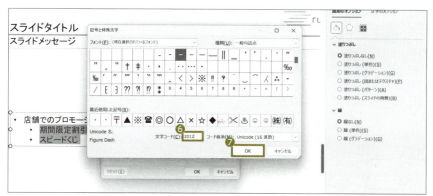

次の番号を⑥「文字コード」に入力します。第2階層の場合は「2012」と入力することで、「-」を適用できます。第3階層の場合は「25E6」と入力することで、「○」を適用できます（第1階層の「・」は最初から設定されているので、文字コードから選ぶ必要はありません）。最後に⑦「OK」をクリックして設定が終了します。設定が面倒であれば、P.602のルール表からコピーしてください。

原則 087 箇条書きの位置は「ルーラー」で整える

ルーラーとインデントマーカーで位置を決める

ルーラーを使うことにより、ビュレットポイントの位置、文頭の位置などを操作することができます。各階層構造にどのくらいのスペース（インデント）を作るかは、ルーラーの機能を使って調整していきましょう。

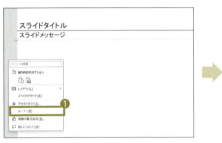

ビュレットポイントと文頭が近すぎる
第2階層のインデント幅が狭い

①画面上をマウスで右クリックすると、「ルーラー」という項目が現れるので、チェックを入れます。

②これにより、画面上にルーラーが表示されます。

③すでに作成した箇条書きのテキストボックスをクリックすると、ルーラー上にインデントマーカーが現れます。インデントマーカーをドラッグして、箇条書きのビュレットポイントの位置、文頭の位置を調整することができます。

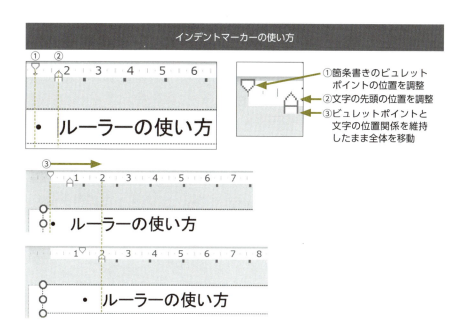

なお、ここで設定した箇条書きは、新しく作成したファイルには反映されません。あらためて設定し直すのは面倒ですので、新規ファイルを作成する時は、箇条書きを設定したルール表をコピーして作成するようにしましょう。

また Tab キーで段落を変えても、ビュレットポイントは自動では変換されません。各段落のビュレットポイントはコピー&ペーストして使用するようにしましょう。

原則 088 箇条書きの行間は「6〜12pt」空ける

段落前を空けてまとまりを示す

箇条書きが完成したら、最後に行間を調整しましょう。**行間を調整することで、箇条書きのまとまりを簡単に示す**ことができます。下記の例では、1つ目のまとまりと2つ目のまとまりが接近しており、わかりにくくなっています。しかし行間を調整することでまとまりが明確になり、読みやすく、理解しやすくなりました。

行間を取る場合に改行でスペースを取る人がいますが、それでは行間が空きすぎてしまい、逆に読みにくくなってしまいます。ここでは、細かい行間を調整するスキルを身につけましょう。

行間の調整前	行間の調整後
来期の目標 ・来期は売上30億円増加が目標 　- 海外事業で20億円 　- 国内事業で10億円 ・営業利益率で1%ポイント改善が目標 　- 人件費5%削減 　- 地代家賃10%圧縮	来期の目標 ・来期は売上30億円増加が目標 　- 海外事業で20億円 　- 国内事業で10億円 ・営業利益率で1%ポイント改善が目標 　- 人件費5%削減 　- 地代家賃10%圧縮
1つ目のまとまりと2つ目のまとまりが近すぎる	1つ目のまとまりと2つ目のまとまりが離れた

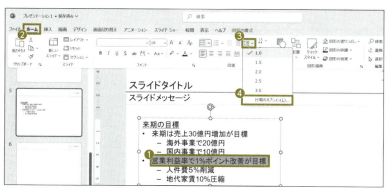

①上の文章との間に行間をとりたい文章を選択します。②「ホーム」タブを選び、③「行間」をクリックし、④「行間のオプション」をクリックします。

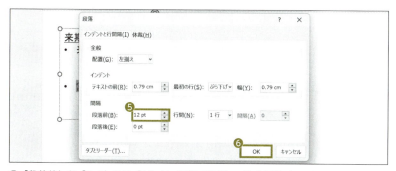

⑤「段落前」を「6pt」から「12pt」の間に設定し、⑥「OK」をクリックします。

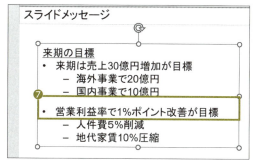

⑦前の文章との間に適度な行間が取られたことを確認できます。

原則 089 箇条書きの弱点を「小見出し」で克服する

小見出しでタイトルを作る

箇条書きを使うことで、スライドの内容が短文で構成され、わかりやすくなります。とはいえ、文章を読んで理解するという点においては、箇条書きも長文と変わりありません。この弱点を克服する方法として、箇条書きに「小見出し」をつけるという方法があります。

ここでいう「小見出し」は、それぞれの箇条書きの「タイトル」の役割を果たすものです。「小見出し」をつけることで、読者は**箇条書きの大まかな内容をすばやく理解できる**ようになります。「小見出し」を見てより深く知る必要があると思えば箇条書きを読み、必要ないと思えば読まなくてよいと判断できます。これにより、読者の負担を大幅に減らすことが可能になります。

以下の例で、左側のスライドでは、箇条書きを使って今期の売上減少要因を説明しています。この箇条書きを小見出しを使った表現に変えてみると、右側のスライドのようになります。

この例の箇条書きは要因とインパクトから構成されているため、要因を小見出しにします。例えば「商品トラブルで-200億円」の場合、「商品トラブル」は要因、「-200億円」がインパクトですので、「商品トラブル」を小見出しに、「-200億円」を本文にします。同様に「円高」「商品切替」を小見出しにします。

四角形で小見出しを作る

小見出しの作成には、図形の挿入を使いましょう。ここでは直角の四角形を選んでいますが、プレゼンテーションのタイプによっては角丸の四角形を選んでもかまいません。

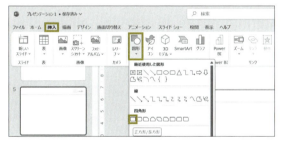

①「挿入」タブから「図形」を選び、「四角形」を選びます。

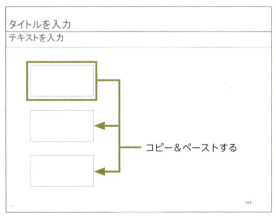

②小見出しに使う四角形を挿入します。挿入した四角形をコピー＆ペーストして複製し、縦に並べます。この際に「オブジェクトの配置」のコマンドを利用して端を揃えて、均等に整列させます（P.69 参照）。

③次に、文章を入力するためのテキストボックスを追加します。「挿入」タブから「テキストボックス」を選びます。

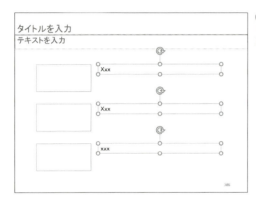

④適当な大きさでテキストボックスを挿入します。挿入したテキストボックスをコピー&ペーストして複製し、縦に並べます。

あとは四角形とテキストボックスそれぞれに情報を入力します。四角形の文字は、四角形の上に新しくテキストボックスを乗せるのではなく、四角形の中に直接文字を入力してください。四角形には色をつけて目立たせるようにします。色の選択方法については、P.260を参考にしましょう。

スポーツジムの事例　小見出しと箇条書き

「私」はプロモーション企画として、3つの案を考えました。そこでこの3つの案を「解決策」スライドで示すことにしました。私はテキストボックスを使い、箇条書きでこの3つの案「無料体験チラシ」「無料パーソナルトレーナー体験」「会員の友人の無料体験」をそれぞれ入力しました。

実際にスライドを作ってみると、それぞれの案が文章になっているためか、頭にすばやく入ってこない感覚を持ちました。忙しい部長に理解してもらうためには、見やすさが必要です。そこで、箇条書きに小見出しをつけることにしました。図形の四角形とテキストボックスを組み合わせて、各案の名称を四角形に記入し、詳しい説明をテキストボックスに入れました。これにより、一目見て理解できるスライドになりました。

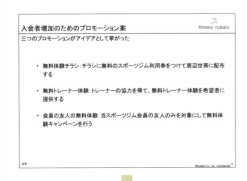

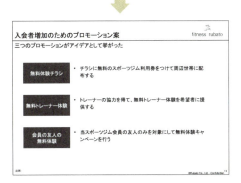

箇条書きまとめ

- 箇条書きは①文章の分解、②階層化、③作成の順番で作れば、誰でも簡単に作成することができます。

- 箇条書きを作る際には、まず長文を書き、句読点で分解し、いくつかの短文に分けます。

- 「1文」は「40字以内」でまとめましょう。

- 文末は動詞・形容詞などの「用言」か「体言止め」を選び、できるだけ「数字」「修飾語」を用いて具体的に伝えましょう。

- 箇条書きは①重要度順、②時系列順、③種類別に並べましょう。

- 下の階層の箇条書きが「1項目」になることは避けましょう。1項目になった場合は、その項目を複数に分けるか、上の階層に統合しましょう。

- 箇条書きは「3項目」までにまとめ、階層は「3階層」以内にしましょう。

- 階層間の関係は「因果関係」「詳細」「事例」の3つに分類されます。

- 箇条書きは箇条書きコマンドで作り、ルーラーで調整しましょう。

- 長方形の「小見出し」をつけることで、読者は箇条書きの大まかな内容をすばやく理解できるようになります。

PowerPoint資料作成

図解の大原則

9章 図解の大原則

第6章で作成した資料のスケルトンを埋めるための表現方法には、箇条書き、図解、グラフの3種類があります。このうち、多くの人が苦手意識を持つのが「図解」です。しかし図解には、

・読者が見た瞬間に内容を把握できる
・感覚的に論理を理解できる

といった絶大な効果があります。「人を動かす」「1人歩きする」資料を実現するために、図解は必要不可欠な表現方法なのです。

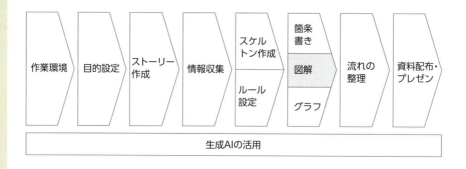

一方で、私がコンサルタントになりたての頃に一番苦労したのも、この図解でした。どの要素をどのように表現すればよいのか、どこに配置すればよいのかがまったくわからず、いつも先輩コンサルタントに赤ペンを入れられていたことを思い出します。

それが徐々に慣れ、今ではクライアントとコミュニケーションをする上で、自分の武器の1つになっています。話をしても理解してもらえないことが、図解スライドを見せた瞬間に一気に理解してもらえるということを、今まで幾度となく経験してきました。また、外国人とのコミュニケーションにおいても、図解の威力は絶大です。私は、図解のおかげで多くの海外プロジェクトを乗り切ってきたと言っても過言ではありません。

図解が苦手という多くの方の理由としては、「図解をどのように使えばよいかがわからない」ということが挙げられます。本章では「図解をどのように使えばよいか」について、**「図解を選ぶ」「図解を作る」「強調する」「表現を加える」**という順番で取り組んでいきます。

この章では下記のように、例えば今までは箇条書きで表現していた内容を、図解でわかりやすく表現できるようになることを目標にします。

大原則 | 伝わる基本図解は「6種類」から選ぶ

図解の作成にあたって、まずは図解の種類を選ぶところから始めましょう。ここでは6種類の基本的な図解に絞って、それぞれの特徴と、どのような場合にどの図解を使えばよいのかを説明します。

ここで紹介する図解の基本形は、「列挙型」「拡散型」「フロー型」「背景型」「合流型」「回転型」の6つです。他にも様々な図解がありますが、まずはこの6つの基本形を押さえることで、より応用的な図解にも対応できるようになります。

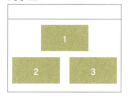

列挙型
独立した要素を列挙する型

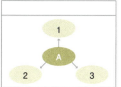

拡散型
1つの要素が
複数の要素に拡散する型

フロー型
要素が時間に沿って
流れていく型

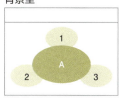

背景型
1つの要素の背景に
複数の要素がある型

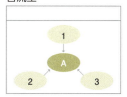

合流型
複数の要素が
1つの要素に集約する型

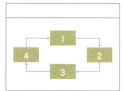

回転型
要素が時間に沿って
回転する型

原則 090 情報のロジックツリーを図解に「落とし込む」

スライド情報のロジックツリーを図解にする

第5章の「情報収集」では、スライド情報をロジックツリーに整理することを学びました（P.164）。すでに決定しているスライドメッセージを説明したり根拠づけたりするために、まずはフレームワークなどを用いてスライド情報の仮説を作り、続いてその仮説に基づいて効率的に情報を集めるという流れでした。情報の仮説づくりのためのフレームワークには、主に3つの種類がありました。1つ目が3Cや4Pなどのビジネスフレームワーク、2つ目が時系列のフレームワーク、3つ目が「足し算」「掛け算」のフレームワークでした。これらのフレームワークを用いて、収集するべきスライド情報を絞り込みました。

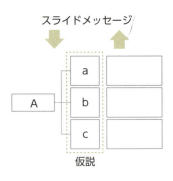

| 選択（基本） | 選択（応用） | 作成 | 強調 | 追加 |

次に、スライド情報の仮説に従って情報収集を行いました。情報収集については、ダラダラと情報を集めるのではなく、時間を決めて計画的に行うことが重要でした（P.184）。

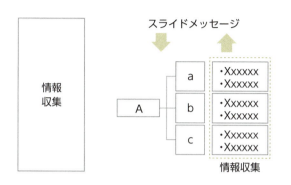

本章では、情報収集の結果できあがったスライドごとの情報のロジックツリーを、図解に落とし込んでいく手順を学びます。最初に情報のロジックツリーの要素の間にある関係性を見抜き、続いて、その関係性に対応する図解を選んでいくという流れになります。

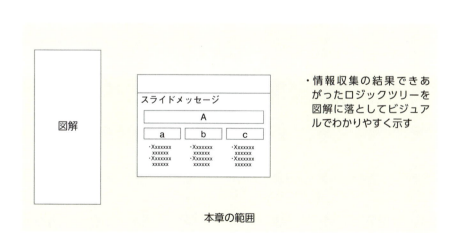

「情報の関係性」を見抜いて図解を選ぶ

「時間の流れ」と「因果関係」から図解を選ぶ

仮説に基づいて収集した情報を図解に落とし込むためには、ツリー状の情報の関係性を見抜くことが必要になります。情報の関係性を見抜く際には、「時間の流れ」と「因果関係」という2つの観点から見ていきます。その関係性によって、**6種類の図解の中から適切な図解を選ぶ**ことになります。

①同じ階層の各情報の間に因果関係がない→列挙型

同じ階層の各情報の間に原因と結果の因果関係がなく、独立している場合は、列挙型の図解が適しています。例えば自社の特徴を示す時などに向いています。

②1つの結果の背景に複数の原因がある関係→背景型

複数の要素が1つの結果の原因になっている場合は、背景型の図解が適しています。原因と結果が同時に進行している場合に利用することが多いです。

③1つの原因が複数の結果につながる関係→拡散型

1つの原因が、時間の流れとともに複数の結果につながる場合は、拡散型の図解が適しています。

④複数の原因が1つの結果につながる関係→合流型

複数の原因が、時間の流れとともに1つの結果につながる場合は、合流型の図解が適しています。

⑤要素の間に時間の流れがある場合→フロー型

要素間に時間の流れがある場合は、フロー型の図解が適しています。

⑥要素の間に循環の流れがある場合→回転型

要素間に循環の流れがある場合は、回転型の図解が適しています。

これらの関係性を図で表すと、以下のようになります。A、1、2、3には、それぞれ情報が入っている想定です。図の中でグレーになっている部分が、実際に図解で示される情報になります。

①列挙型

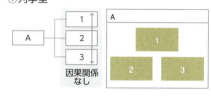

②背景型

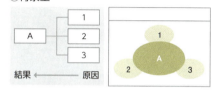

③拡散型

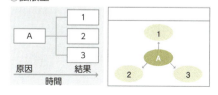

④合流型

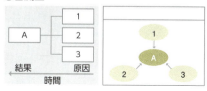

⑤フロー型

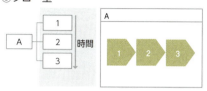

⑥回転型

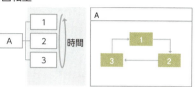

前ページの情報の関係性を具体例で表現すると、以下のようになります。例えば②背景型の例を見てみると、情報のロジックツリーは「新商品の発売の遅れ」「競合商品の値下げ」「競合の新商品発売」が原因となって、「売上の低下」という結果を示しています。原因と結果が同時に進行しているので、ここでは背景型を選んでいます。

①列挙型

②背景型

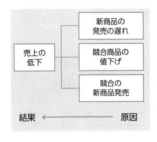
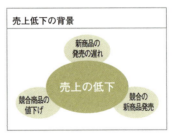

③拡散型

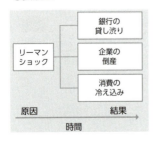
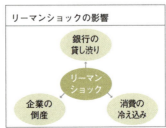

④合流型

⑤フロー型

⑥回転型

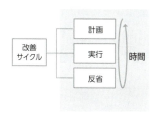
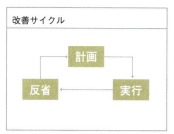

　それぞれの情報の関係によって図解が決まるということが、わかっていただけると思います。またこのように図解で示すことで、読者はロジックツリーを見なくても直感的に要素の関係性を理解することができます。

原則 092 | 基本図解① 万能の「列挙型」

ほとんどの場合に当てはまる「列挙型」

列挙型は、ほとんどの場合に当てはまる万能の図解です。スライドに記載する要素がお互いに独立している場合に使います。箇条書きの章で触れた「小見出し」を使用したスライド（P.310参照）は、実は列挙型のスライドのことです。

万能の「列挙型」は非常に扱いやすい図解ですので、**私は資料作りの時間がない場合は列挙型を多用します**。しかし、時間がある場合は他の5つの基本型をまず検討して、それらの型が当てはまらない場合にのみ、最終手段として列挙型を使用するようにしています。

列挙型は、要素どうしが関係していない場合に使います。下の図では「自社の特徴」として「豊富な実績」「アットホーム」「成果主義」を挙げていますが、それぞれは関係していません。この場合は列挙型で整理するのがよいと考えることができます。

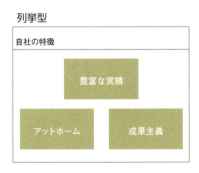

列挙型の3つのパターンを使いこなす

列挙型には、主に3つのパターンがあります。列挙型1は、詳細な説明がなく、コンセプトのみを示す場合に使います。列挙型2と3は、より詳細な説明が必要な場合に用います。列挙型2と3の違いですが、要素の数が4つ以上の場合は、列挙型2が適しています。列挙型3で4つ以上の要素を並べると、スライドが横書きという性質上、文章の幅が短くなり、読みにくくなるからです。

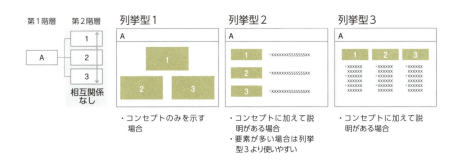

下の図では、「営業、マーケティング、商品開発に課題があると考えられる」というスライドメッセージを示すために、社内の課題をロジックツリーで整理しました。第2階層の各要素には時間の流れや因果関係がなく、互いに関連していません。説明も加えたいので、列挙型2で示しています。

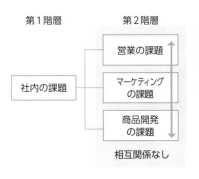

基本図解②
全体を示す「背景型」

原因と結果の全体像は「背景型」を選ぶ

背景型の図解は、1つの事象の背景として複数の事柄がある場合に用いられます。背景型は列挙型に似ていますが、**列挙型よりも全体像を見せることに適した図形**といえます。背景型を使用する例としては以下の通りです。

・原因と結果
売上低下（結果）←新商品発売遅れ、競合商品値下げ、競合商品発売（原因）

・統括機能
東京本社（統括する側）←上海支店、ソウル支店、香港支店（統括される側）

・ブランド／商品の管理
LVMH（管理）←フェンディ、ルイヴィトン、ディオール（ブランド）

背景型

売上低下の背景
- 新商品の発売の遅れ
- 売上の低下
- 競合商品の値下げ
- 競合の新商品発売

背景型の3つのパターンを使いこなす

背景型には、主に3つのパターンがあります。背景型1は、詳細な説明はなく、コンセプトのみを示す場合に用いられます。背景型2と3は、より詳細な説明が必要な場合に用います。要素数が多い場合は、背景型2を使いましょう。

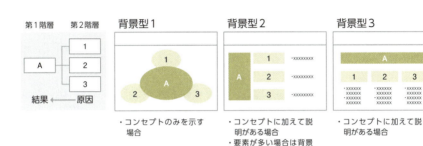

下の図では、「離職者の増加の背景」を背景型3のスライドで示しています。「残業増加、給与減少、ワンマン経営が離職者増加の背景にあります」というスライドメッセージを示すために、情報をロジックツリーで整理しました。ツリーの第2階層の各要素に時間の流れや因果関係がなく、互いに関連していないので、列挙型か背景型で示せることがわかります。第1階層の「離職者の増加」はここでは重要な要素ですので、ここでは第1階層も見せる背景型を選んでいます。

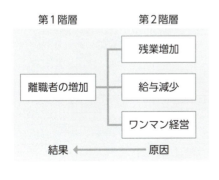

基本図解③ 広がる「拡散型」

「拡散型」で波及効果を表す

拡散型の図解は、**1つの要素が複数の要素に拡散する場合に**用いられます。例えばロジックツリーの第1階層から第2階層までの間に時間の流れがある場合や、第1階層の原因が第2階層の複数の結果につながるような場合に用いられます。拡散型を使用する例としては以下の通りです。

・出来事とその波及効果

円安（原因）→貿易黒字の増加、海外企業の日本進出、外国人観光客の増加（結果）

・技術の発展

蒸気機関（基礎技術）→蒸気船、蒸気機関車、蒸気ポンプ（応用製品）

・課題の波及

業務量の増加（原因）→残業時間増加、業務の質の低下、離職者増加（結果）

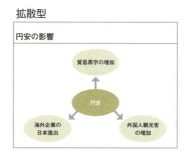

| 選択(基本) | 選択(応用) | 作成 | 強調 | 追加 |

拡散型の3つのパターンを使いこなす

拡散型には、主に3つのパターンがあります。拡散型1はコンセプトのみを示す場合に使います。拡散型2と3は、より詳細な説明が必要な場合に用います。要素数が多い場合は、拡散型2を使います。

下の図では、「リーマンショックの影響」を拡散型2のスライドで示しています。「リーマンショックの影響で、銀行の貸し渋りが発生し、企業が倒産し、消費の冷え込みが発生した」というスライドメッセージを示すために、情報をロジックツリーで整理しました。第1階層のリーマンショックが原因で、第2階層の各要素が発生したという因果関係があるため、拡散型が適しています。ここでは説明を加えたいので、拡散型2を使っています。

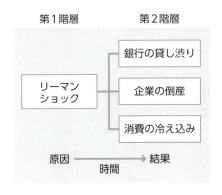

基本図解④
集まる「合流型」

「合流型」で因果関係・統合を表す

合流型の図解は、複数の要素が1つの要素に合流する場合に用いられます。つまり、**拡散型の逆の型**になります。合流型は複数の原因が1つの結果を招く場合や、複数の要素が1つに統合する場合に用いられます。合流型を使用する例としては以下の通りです。

・複数の原因とその結果

案件の失注（結果）←部署の連携不足、ニーズ把握不足、新規性不足（原因）

・統合

法人営業部（統合後）←営業1部、営業2部、営業3部（統合前）
iPhone（統合後）←電話、音楽プレーヤー、カメラ（統合前）

合流型の3つのパターンを使いこなす

合流型には、主に3つのパターンがあります。合流型1はコンセプトのみを示す場合に使います。合流型2と3は、より詳細な説明が必要な場合に用います。要素数が多い場合は、合流型2を使います。

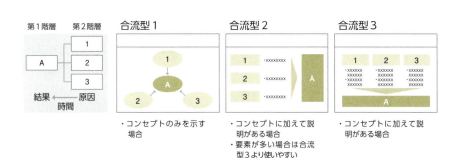

下の図では、「売上減少の原因」を合流型のスライドで示しています。「営業員の削減、新商品投入の遅れ、競合の新商品リリースが原因で、売上が減少している」というスライドメッセージを示すために、情報をロジックツリーで整理しました。第2階層の各要素が原因で第1階層の売上の減少という結果が生じているという因果関係があるため、合流型が適しています。詳細な説明を加えるので、ここでは合流型3を使います。

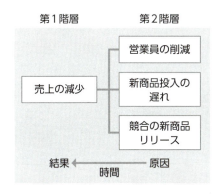

基本図解⑤
流れる「フロー型」

「フロー型」で時間の流れを表す

フロー型の図解は、ロジックツリーの**第2階層の要素の間に時間の流れがある**場合に用いられます。フロー型を使用する例として、「作業フロー」「業務フロー」「サービス開始の流れ」などがあります。

・作業フロー
計画→準備→実施→受け渡し

・業務フロー
受注→在庫確認→注文確認書作成→注文確認書発送

・サービス開始の流れ
資料請求→申込→利用開始

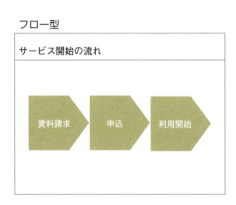

フロー型の3つのパターンを使いこなす

フロー型には、主に3つのパターンがあります。コンセプトフロー型は、コンセプトのみを示す場合に使います。縦フロー型と横フロー型は、詳細な説明が必要な場合に用います。要素が4つ以上の場合は、縦フロー型を使います。

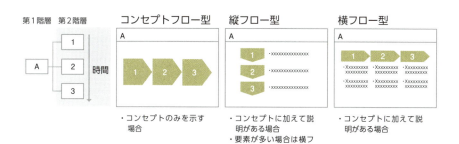

下の図では、「作業フロー」をフロー型のスライドで示しています。「作業は計画、準備、実施の順番に進めていきます」というスライドメッセージを示すために、情報をロジックツリーで整理しました。第2階層の各要素が時間の流れで順番に起こるため、フロー型が適しています。ここでは詳細な説明があるので横フロー型を用い、第2階層の各要素をホームベース型の図形に入れました。

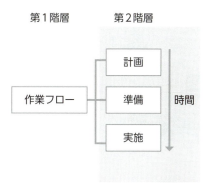

基本図解⑥
循環する「回転型」

「回転型」で循環を表す

回転型の図解は、複数の要素の間に時間の流れがあり、かつそれが**循環している場合**に用いられます。回転型を使用する例として、「改善の好循環」「デフレスパイラル」「容器リサイクルの流れ」などがあります。

・改善の好循環

計画→実施→反省→計画→…

・デフレスパイラル

価格の下落→利益の減少→人件費削減→消費の縮小→価格の下落→…

・容器リサイクルの流れ

製造→販売→容器回収→製造→…

回転型

容器リサイクルの流れ

製造 → 販売 → 容器回収 → 製造

回転型の3つのパターンを使いこなす

回転型には、主に3つのパターンがあります。コンセプト回転型は、詳細な説明抜きでコンセプトのみを示す場合に使います。縦回転型と横回転型は、詳細な説明が必要な場合に用います。要素数が4つ以上の場合は、縦回転型を使います。

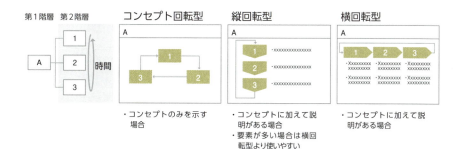

下の図では、「改善サイクル」を縦回転型のスライドで示しています。「改善サイクルでは計画、実施、反省を繰り返していきます」というスライドメッセージを示すために、情報をロジックツリーで整理しました。第2階層の各要素が、時間の流れでサイクルのように循環するため、回転型が適しています。

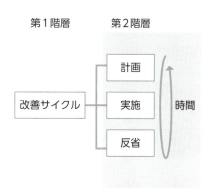
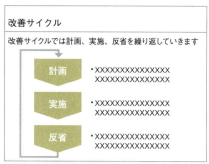

> スポーツジムの事例　図解選択①

「私」は「背景」スライドを作るために、スポーツジムの「営業利益の減少」と、その原因となっている複数の要素を図解で示すことにしました。図解に必要な情報は、以下の通りすでに収集・整理されています。

スライドタイトル	スライドメッセージ	スライドタイプ	スライド情報の仮説	入手情報	出所
背景	入会者数の推移	入会者数が前年同月比で5%低下している	図解	自社：設備の老朽化	- 内装は前の店舗のものを引き継ぎ15年経過 - 空調も同様で20年経過 - エアロバイクは7年経過	社内情報
				競合：ジムの増加	- 24時間ジムが商圏に2店舗開店 - 加圧ジムは3店舗開店	自社調査（20XX年10月）
				市場：地域の人口の減少	- 転入者が年率0.5%で減少 - 少子化が他地域より進んでいる	世田谷区ウェブサイト（www.xx xxxxxxxxx xx）

次に、「私」はこれらの情報をロジックツリーで示し、関係を検討しました。

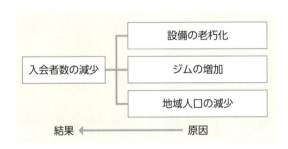

ロジックツリーでの関係を見ると、「設備の老朽化」「ジムの増加」「地域人口の減少」が原因となり、「入会者数の減少」という結果につながっています。そのため、この関係は「合流型」の図解で示すことができると考えました。

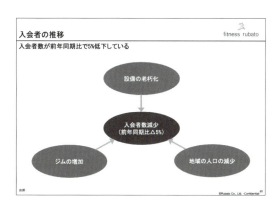

同様のプロセスで、「解決策」として3つのプロモーション案を比較するスライドを作成しました。無料体験チラシ、無料トレーナー体験、会員の友人の無料体験という3つのプロモーション案は、互いに直接的な関係はありません。そのため、ここでは「列挙型」の図解を使用しました。

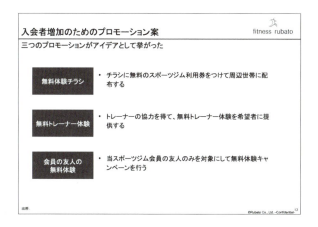

続いて、同じ「解決策」として無料トレーナー体験の詳細を示すスライドを作成しました。無料体験、無料でのトレーナー、追加でのコストなしという3つの要素が無料トレーナー体験の背景にあるので、ここでは「背景型」の図解を採用しました。

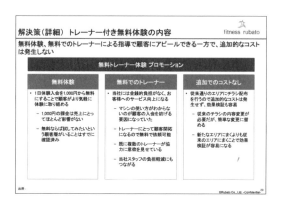

そして無料トレーナー体験の「効果」を示すスライドについては、「無料トレーナー体験」という原因が「入会者数増加」「入会後の退会率減少」「口コミ増加」という結果につながり影響が広がることから、「拡散型」の図解を採用しました。

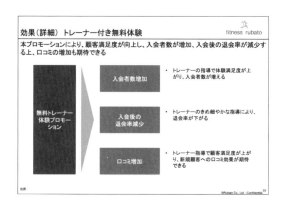

さらに、無料トレーナー体験の「効果」が連鎖して、さらによい効果を出していく様子を示すスライドを作成しました。体験キャンペーンにより会員とトレーナーとの関係が構築され、継続率が向上、口コミも広がって入会者数が増えていく…という循環を、「回転型」の図解で示すことができました。

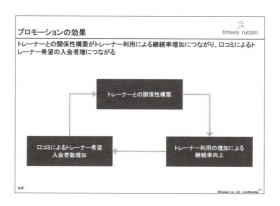

最後に、無料トレーナー体験プロモーションの今後の計画を示すためのスライドを作成しました。ここではプロモーションに関して、試験的な実施、効果の検証、本格的な開始の各プロセスが順番に行われますので、「フロー型」の図解を用いて表現しました。

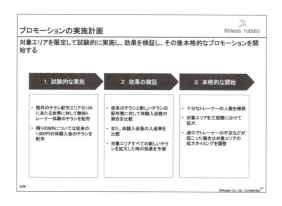

大原則 | 伝わる応用図解は「6種類」から選ぶ

基本図解を習得したら、応用図解に挑戦しましょう。応用の6つの型は、いずれも縦横の2軸で情報を図解するもので、コンサルタントが情報整理に多用する型です。応用図解を使うことで、より幅広い表現が可能になります。

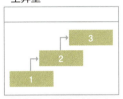

上昇型
要素間に時間の流れと向上がある型

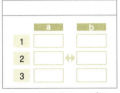

対比型
2つの製品やサービスの比較型

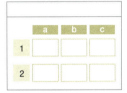

マトリックス型
要素の内容を分類や対比で示す型

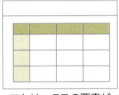

表型
マトリックスの要素が多い場合に用いる型

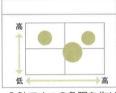

4象限型
2軸で4つの象限を作り比較する型

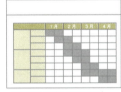

ガントチャート型
計画や工程を示す型

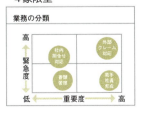

応用図解① 向上を示す「上昇型」

時間とともに向上する「上昇型」

上昇型の図解は、**複数の要素の間に向上の関係がある場合**に用います。横には時間軸を配し、縦には向上の軸を置きます。上昇型を使用する例として、「技能の向上」「組織の発展」などがあります。

例えば「組織の発展」の場合、「ベンチャー期」「拡大期」「安定期」の順番に並べて、組織の発展を示すことができます。上昇型は向上を説明することができるので、「効果」を示すスライドなどに適しています。

下記の例では、会社の昇格イメージとして「課長」「部長」「役員」を配置し、時間軸の流れとともに役職が昇格していくイメージを表現しています。

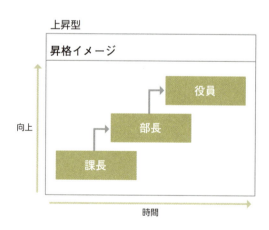

上昇型は、時間の流れとともに下から上に向上していく様子を階段状の図解で表現します。時間とともに低下していく場合は、四角形が上から下に降りる、「下降型」の図解になります。会社の状況の悪化を示す場合などに用います。

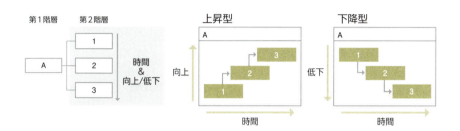

上昇型と下降型を使いこなす

下の図では、「組織の発展」を上昇型のスライドで示しています。「企業はベンチャーからはじまり、拡大期に入り、そして安定期へと発展していきます」というスライドメッセージを示す場合、情報をロジックツリーで下記のように整理します。ツリーを見ると第2階層の各要素が時間の流れで順番に起きており、またそれに伴って組織レベルが向上しているため、上昇型が適しているということがわかります。上昇型の図解に各要素を入れると、時間とともに組織が発展する様子がわかるスライドになります。

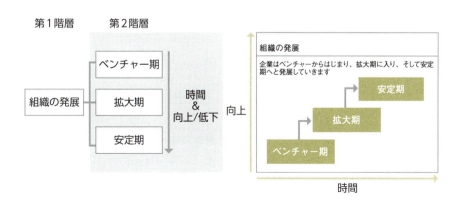

原則 099　応用図解② 比較の「対比型」

2つの商品を比較する「対比型」

対比型の図解は、**2つの商品やサービスなど、要素が比較の関係にある場合**に用います。横には比較する対象の企業や商品、サービスを配置し、縦には比較のための項目を配置します。対比型は、「ビジネスモデルの比較」や「製品比較」などによく用いられます。対比型は比較を示すので、「背景」スライドで他社や他製品との比較をしたり、「解決策」スライドや「効果」スライドで複数の案を比較しながら示したりするのに向いています。

下記の例では、「日本企業」と「外資系企業」を横に配置して比較し、比較のための項目として「報酬」「福利厚生」「雇用」を縦に配置しています。

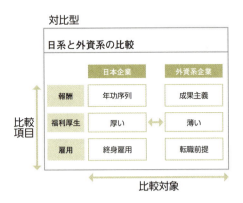

対比型には、基本的に1種類の表現方法しかありません。比較したいものを横に2つ並べ、縦に比較項目を並べるという方法です。比較対象は、通常、自社の商品やサービスを左側に、競合を右側に配置します。

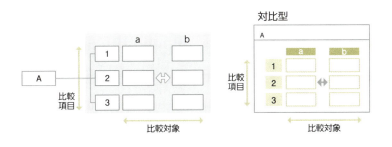

「対比型」を使いこなす

下の図では、「モスバーガーとマクドナルドのチェーンの比較」をスライドで示しています。「モスバーガーはマクドナルドと比較して、駅から遠い立地で、価格は高い一方、商品はヘルシーです」というスライドメッセージを示すために、情報をロジックツリーで下記のように整理します。ツリーを見ると価格、立地、商品という観点で2社を比較しているため、対比型が適しているということがわかります。対比型の図解に各要素を入れると、モスバーガーとマクドナルドを要素ごとに比較するわかりやすいスライドになります。

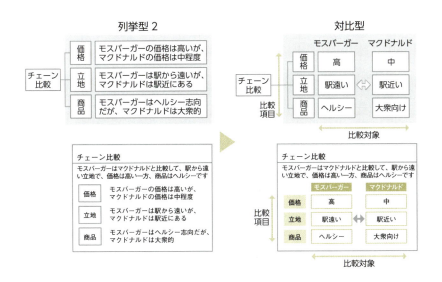

原則 100 | 応用図解③
情報整理の「マトリックス型」

複数の情報を一覧できる「マトリックス型」

マトリックス型の図解は、情報を表のように整理する場合に使う図解です。**コンサルタントが定性的な情報を示すために多用します**。対比型とよく似ていますが、競合となる2つの商品やサービスを並べる対比型に対し、マトリックス型は必ずしも競合との比較である必要はありません。自社の複数のサービスや商品を示したり、競合各社の特徴を一覧で理解するために使ったりする場合が多いです。

マトリックス型

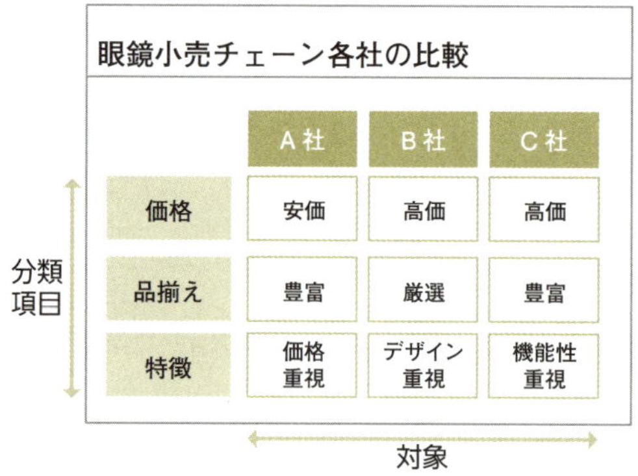

眼鏡小売チェーン各社の比較

	A社	B社	C社
価格	安価	高価	高価
品揃え	豊富	厳選	豊富
特徴	価格重視	デザイン重視	機能性重視

分類項目（縦軸）　対象（横軸）

マトリックス型には、列挙型を発展させた列挙形式のマトリックス型と、フロー型を発展させたフロー形式のマトリックス型があります。

列挙型を発展させた列挙マトリックス型は、情報の整理を行う場合に向いています。例えば「コンビニの比較」をマトリックス型で行う場合には、ローソン、ファミリーマート、セブンイレブンを横軸に並べ、売上高と店舗数を縦軸に整理します。また「関西の観光地の比較」を行う場合には、京都、大阪、神戸を横軸に並べ、観光名所とアクセスを縦軸に整理します。このように横軸と縦軸で情報を整理することで比較や分類が行いやすくなり、読者も内容を理解しやすくなります。

また横軸や縦軸に流れがある場合は、フロー形式のマトリックス型が便利です。フロー形式のマトリックス型は、「業務フロー」を表すような時によく用いられます。横軸に計画、準備、実施、振り返りを置いてフロー形式で流れを示し、縦軸は目標と担当部署で整理します。これにより、それぞれの段階での目標と担当部署が明確になります。フロー形式のマトリックス型は、縦フローマトリックス型と横フローマトリックス型に分けられます。

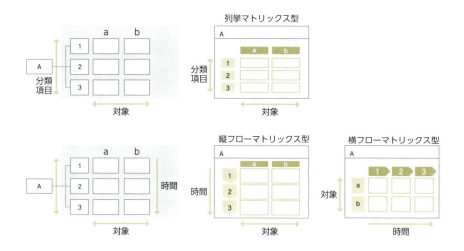

「列挙マトリックス型」で情報を分類する

複数のサービスや製品などを比較する場合、通常の列挙型で表現すると1つの項目に複数のサービスや製品の情報を記載しなければならず、読み手にわかりにくいものになってしまいます。一方、列挙マトリックス型の場合、項目ごとにサービスや製品の情報が分かれているので読み手が比較しやすく、わかりやすいものになります。

例えば下記のように、市場の比較を人口、成長性、競合度といった軸で整理する場合、人口の項目の中で「東南アジアは人口が多いがアフリカは少ない」と説明するよりも、横軸を「東南アジア」と「アフリカ」に分けて、「東南アジア」→「多い」、「アフリカ」→「少ない」と説明した方がわかりやすいです。

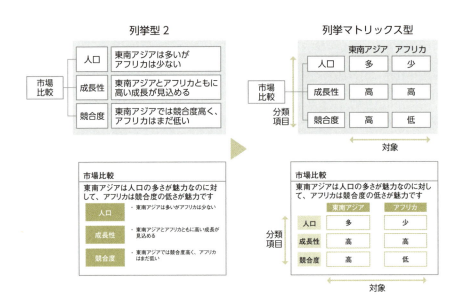

「フローマトリックス型」で流れを示す

複数のサービスや製品、業務などを時間軸で比較する場合、フロー型で表現すると、1つの項目に複数の要素の情報を記載しなければならず、読み手にわかりにくいものになってしまいます。一方、フローマトリックス型の場合、項目ごとにサービスや製品の情報が分かれているので読み手が比較しやすく、わかりやすいものになります。

以下の書籍購入の例では、もともとは単なるフロー型として、来店・選択・配送の各段階の中にアマゾンと本屋の情報が入っています。この場合、アマゾンと本屋を比較するのは難しいです。しかしロジックツリーで情報を整理した段階でアマゾンと本屋に分けておけば、フローマトリックス型の形でアマゾンと本屋の情報を分けて整理することができ、読み手にとってわかりやすいものになります。

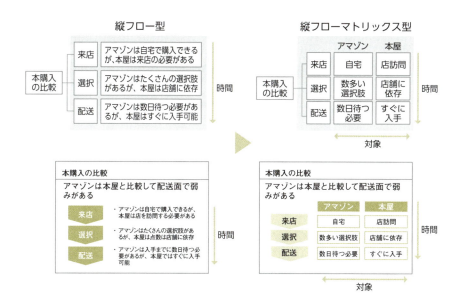

応用図解④
詳細な情報整理の「表型」

詳細な情報整理には「表型」を使う

前節で紹介したマトリックス型は、読者が情報を対比して読むことに適しています。しかし要素が細かく分かれすぎると、図解が複雑になって読者にとってわかりにくくなるという弱点があります。

そこで**要素が9つ以上に分かれる場合は、表型を使うようにします**。表型の特徴としては、枠線で区切られているため情報の整理がしやすいということがあります。

表型

自動車保有によるメリットの比較

	保有	レンタカー	カーシェアリング
コスト	購入費、維持費が高い	購入費、維持費無し	購入費、維持費無し
利便性	24時間365日利用可能気軽に乗れるので趣味としても使える	レンタカー会社に行って手続きが必要	ネットから簡単予約
カスタム	自分好みにカスタムできる	カスタム不可	カスタム不可

分類項目 ／ 対象

表型には、3つの代表的な表現があります。もっとも汎用的な「表型」、項目間に流れがある場合に用いる「縦フロー表型」と「横フロー表型」です。項目数が多い場合は、横フロー表型よりも縦フロー表型が使いやすいです。表型を作成する際には、見出しとなる1行目と1列目に色をつけましょう。こうすることにより、見出しとデータの区別がつきやすくなります。

| 選択（基本） | **選択（応用）** | 作成 | 強調 | 追加 |

表の作成は3ステップですばやく行う

表の作成ですが、これまでに紹介してきた型は、いずれも「図形の挿入」機能によって作成します（P.67参照）。しかし表型は、「表の挿入」によって3ステップで作成を行います。まず①表を挿入し、②先頭行・列の色付けや文字位置などの表の書式を設定し、③文字を入力していきます。

①表を挿入する

「挿入」タブ→「表の挿入」で、デフォルトの表を挿入します。

「挿入」タブ→「表の挿入」で、デフォルトの表を挿入する

②表の書式を設定する

先頭行、先頭列にはベースカラーを塗り、文字は左右、上下とも中央揃えに設定します。それ以外のセルは、背景の塗りつぶしを「なし」にし、複数の文章を入れる場合は左揃えで箇条書きを設定します。1つの文章、数字や単語の場合は中央揃えで、箇条書きは使いません。また表全体に罫線を入れます。セルのマージや分割が必要な場合は、このタイミングで設定しましょう。

		xxx		
xxx	・xxx	・xxx	・先頭行と先頭列以外は、箇条書き設定	

・先頭行と先頭列はベースカラーで塗りつぶす（行は濃く、列は薄く）
・先頭行と先頭列の文字は左右上下中央揃えにする

・罫線を入れる
・背景は塗りつぶしを「なし」にする

③文字を入力する

設定が完了したら、表に文字を入力します。

	xxx	xxx	xxx
xxx	・xxxxxx	・xxxxxx	・xxxxxx
xxx	・xxxxxx	・xxxxxx	・xxxxxx
xxx	・xxxxxx	・xxxxxx	・xxxxxx

| 選択（基本） | **選択（応用）** | 作成 | 強調 | 追加 |

ショートカットキー・クイックアクセスツールバーの活用

この3ステップの表型の作成では、ショートカットキーやクイックアクセスツールバーを駆使することで作業を効率化できます。以下が、それぞれのステップでの操作の説明です。

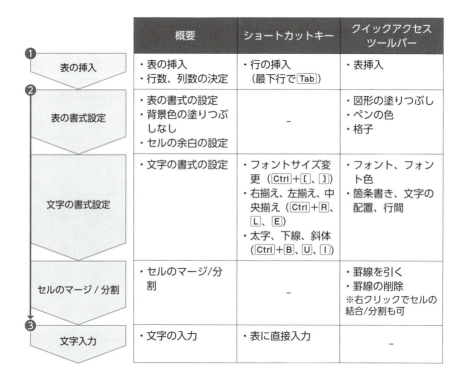

特に表の文字の書式設定では、ショートカットキーが役に立ちます。フォントサイズの拡大と縮小は [Ctrl] + [[] と []]、右揃え・左揃え・中央揃えはそれぞれ [Ctrl] + [R]、[L]、[E] です。右揃えはRightだからR、左揃えはLeftだからL、中央揃えはcEnterだからEと覚えると早いでしょう（CopyがCを使っているためCは使えない）。また、文字を強調するための太字（Bold）、下線（Underline）、斜体（Italic）も [Ctrl] + [B]、[U]、[I] と頭文字で覚えるとスムーズに使えます。

原則102　応用図解⑤ 位置づけを整理する「4象限型」

2軸での位置づけを示す「4象限型」

複数の要素を比較するのに適した型として、4象限型があります。4象限型は縦軸と横軸の2軸（「重要度」と「緊急度」、「インパクト」と「実現可能性」など）の中に商品やサービスなどをあてはめることで、要素間の位置づけを明確にして比較することができます。複数の案を「重要度」と「緊急度」など2つの基準で整理して、もっとも優先度の高い案に絞り込む場合などに便利です。対比型やマトリックス型、表型では「比較項目」や「分類項目」に2つ以上の項目を設定することができましたが、4象限型は横軸と縦軸、2つの「比較項目」しか示せません。従って**重要な2つの「比較項目」に絞り込める場合に限って4象限型を使うようにしましょう。**

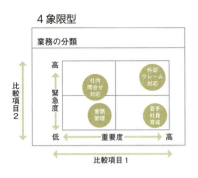

4象限型には、単に4つの象限を示しただけのもの（4象限型）と、その上に業務や商品を配置して、それぞれの位置づけを明確にしたもの（分類型）の2種類があります。場合に応じて使い分けましょう。

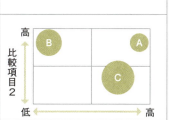

「分類型」を使いこなす

分類型を実際に利用する際には、以下のように解決策の「インパクト」と「実現可能性」による分類や、商品やサービスの「市場シェア」と「市場成長率」による整理が定番です。

特に商品やサービスを「市場シェア」と「市場成長率」で整理する方法は、プロダクト・ポートフォリオ・マネジメント（略称PPM）と呼ばれ、ボストン・コンサルティング・グループが事業を多角化した企業に対して、経営資源を最適に配分することを目的に提言したものとして有名です（この場合の市場シェアは、トップシェア企業に対する相対的市場占有率を用います）。

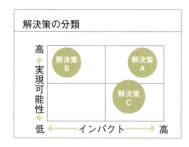

応用図解⑥
計画を示す「ガントチャート型」

原則 103

工程は「ガントチャート型」で示す

計画を示すための図解として、ガントチャート型があります。ガントチャート型は様々な作業を時系列で整理して見せることに向いており、特に工程を表す場合によく用いられます。一番左側の列に工程の大分類と中分類を整理すると、計画がよりわかりやすくなります。

ガントチャート型は、フロー型で工程の大まかな全体像を1枚のスライドで示したあとに、次のスライドで**工程の細かいレベルを示す場合に向いています**。資料のストーリーラインの中では、「効果」スライドと「結論」スライドの間に「今後の計画」という形で挿入するのが効果的です。

ガントチャート型

新製品発表会までの準備

		1月	2月	3月	4月
会場の手配	会場の予約				
	機材・備品の発注				
	会場レイアウト、装飾の決定				
発表内容の調整	プログラムの決定				
	発表資料の作成				
	登壇者との打ち合せ				
案内活動	案内状の郵送				
	リマインドメール送付				

対象 / 時間

ガントチャート型には、2つの型があります。タスクを表で表現する場合はガントチャート型1を使い、ホームベース型図形で表現する場合はガントチャート型2を使用します。計画の概要を示したい場合はガントチャート型1を用い、細かいタスクまで表現したい場合はガントチャート型2を用いることをお勧めします。

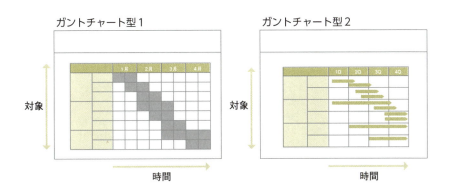

ガントチャート型を作成する

ガントチャートは、PowerPointの表作成機能で作成します。表を作成し、先頭行に濃い色を、先頭列とその次の列に薄い色を塗ります。それ以外のセルは「塗りつぶしなし」にします。ガントチャート型1の場合は、表のセルの塗りつぶしを利用して計画を示します。

ガントチャート型2は、「挿入」タブで「図形→ブロック矢印→矢印：五方向」を選択し、表にホームベース型図形を挿入して作成します。ホームベース型図形の高さは調整に時間がかかりがちですので、最初は図形の高さは気にせずに作図して、最後にすべてのホームベース型図形を選択して、「図形の書式」タブから「図形の高さ」を一度に設定するのがお勧めです。

スポーツジムの事例　図解選択②

「私」は、プロモーション施策ごとの入会者見込みを比較するスライドに図解を使うことにしました。必要な情報は、下記のように整理されています。

	スライドタイトル	スライドメッセージ	スライドタイプ	スライド情報の仮説	入手情報	出所
解決策	プロモーション施策入会者見込み計算	無料トレーナー体験は体験者数、入会者数ともに無料体験チラシのみよりも効果が高いと思われる	図解	リーチ人数	無料体験チラシ 50,000人 無料トレーナー体験 50,000人	過去データより予測
				体験者数	無料体験チラシ　30人 無料トレーナー体験　40人	過去データより予測
				入会者数	無料体験チラシ　10人 無料トレーナー体験　15人	過去データより予測

次に、この情報をロジックツリーに整理して関係性を見ていきました。第2階層の要素間(「リーチ人数」「体験者数」「入会者数」)に時間の流れが見られるため、「縦フロー型」を当初検討しましたが、「無料体験チラシ」と「無料トレーナー体験」で整理できることがわかったため、ここでは「縦フローマトリックス型」を採用することにしました。

その結果、次のようなスライドが完成しました。

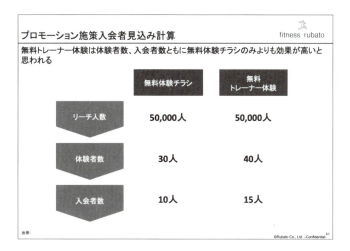

上記では2つのプロモーションを比較しましたが、作業の途中で、比較検討するプロモーション案を1つ増やすことになりました。要素数が増えたため、ここでは「横フロー表型」に変更しました。

次に、各プロモーション案を予想入会者数だけでなく、コストも含めて比較するためのスライドを作成しました。ここでは、2つの軸で対象を評価できる「4象限型」を使いました。これにより各案の相対的な位置づけを明確にできました。

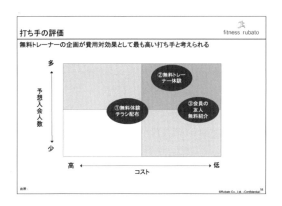

「4象限型」のスライドでは「無料トレーナー体験」と「会員の友人の無料体験」のどちらに優位性があるかまでは示せなかったため、「対比型」を使用して、両者を直接比較するスライドを作りました。無料トレーナー体験と会員の友人の無料体験を、費用・労力・効果の3点から比較し、「無料トレーナー体験」に優位性があることを示しました。

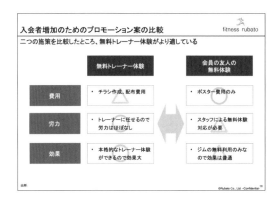

次に、「無料トレーナー体験」の「効果」を示すスライドには「上昇型」を選びました。トレーナーとの関係性構築が継続率向上につながり、継続率が上がることで口コミも増えて入会者が増えるという状況の改善を示しました。

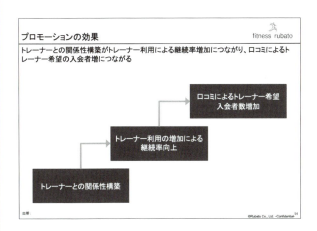

最後に「プロモーションの実施計画－詳細」の表現にガントチャートを利用しました。細かいタスクがあるため、ここではガントチャート型2で表現しました。

大原則

図解は
3ステップで
「効率的」に作る

図解の型を選んだら、次はいよいよ作成です。図解を作成する際には、多くの図形やテキストボックスを組み合わせて使うため、作業に時間がかかりがちです。しかし、**作成の正しいステップを理解して作業を進めれば、効率的に図解を作成することができます。**

また、いきなりPowerPointで図解の作成を始めるのではなく、まずノートに図解のスケッチをすることも重要です。その上で、以下のステップに従ってPowerPointでの図解作成を行っていきましょう。

STEP① 図形のまとまりを作る

図形を挿入し、フォントや図形の書式設定、図形のグループ化を行い、図解を構成する「まとまり」（パーツ）を作ります。

STEP② 図形の配置を整える

コピー＆ペースト、整列などのショートカットを使って、スライド上に図形を整然と配置します。

STEP③ 図形に文字を入力する

最後に図形に文字を入力します。

PowerPointでの図解作成のポイントは、すぐに文字の入力を始めるのではなく、まず図解全体のレイアウトを作ってから、最後に文字を入力するということです。これにより図解を効率的に作成することができます。それでは、順を追って見ていきましょう。

原則 104　STEP① 図形の「まとまり」を作る

図形の「まとまり」を作成してグループ化する

最初に、図形のまとまりを作ることから図解の作成を始めます。

図解を作る際に、図形の大きさが整っていなかったり、場所が不揃いだったりということがよくあります。その原因は、図形を1個1個作っていることにあります。効率的な図解作成のポイントは、**最初に図解のパーツとなる図形の「まとまり」を1つ作ってしまう**ということです。ここでは列挙型3の作成を例にとって進めていきます。

最初に「挿入」タブ→「図形」→「正方形／長方形」を選び、小見出し用の図形と文章入力用の図形の2つをスライド上に作成します。文章入力用の図形は、テキストボックスを選んでもかまいません。

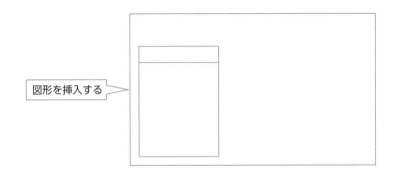

続いてそれぞれの図形に対して、図形とフォントの書式を決めていきます。図形の書式設定では、枠線や配色などを決めます。配色の場合は「塗りつぶし」や「枠線の色」コマンドを使って書式を決めていきます。図形のフォントについては、太字（[Ctrl]+[B]）、フォントサイズ調整（[Ctrl]+[]]、[[]）、中央揃え（[Ctrl]+[E]）などを、ショートカットキー（P.70参照）を駆使して設定します。また文章入力用の図形については、箇条書き、左揃えなどを設定します。

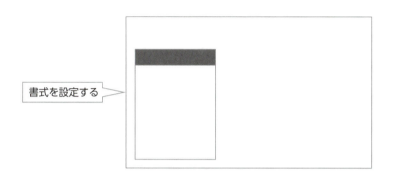

最後に、完成した2つの図形をグループ化します。2つの図形を選択した状態で、グループ化（[Ctrl]+[G]）のショートカットキーで行えます。これで、図形の1つのまとまりが完成します。

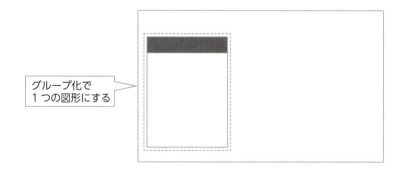

STEP② 図形の「配置」を整える

クイックアクセスツールバーの整列機能を使って配置する

次に、STEP①で作成した「図形のまとまり」をスライドに配置していきます。

最初にコピー&ペースト（Ctrl+C、Ctrl+V）を繰り返して、「図形のまとまり」を必要な数まで増やしていきます。この際には必ずショートカットキーを使い、効率よく操作を行いましょう。Ctrl+Dを使うと、コピーとペーストを同時に行うことができます。また、Ctrl+ドラッグでもコピー&ペーストが可能です。

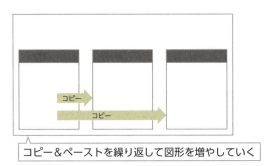

| 選択（基本） | 選択（応用） | **作成** | 強調 | 追加 |

必要な数まで図形のまとまりを増やしたら、図形の配置を整えます。**この際には必ず図形の整列機能を使うようにしましょう。**整列機能を使わずに1つ1つの位置を細かく設定するのは大変手間ですし、時間がかかってしまいます。

まず左右の端に位置する図形を、スライドの左右の両端のガイドの位置または左右の両端のガイドから等距離の位置に配置します。この段階では、上下を揃える必要はありません。左右の両端の配置が決まったら、図形をすべて選び、クイックアクセスツールバーに追加した「左右に整列」をクリックして左右均等に並べます。

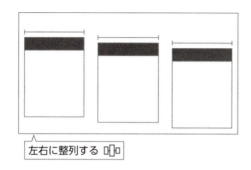

次に、図形を配置したいスライドの上の位置まで、基準となる図形を移動します。すべての図形を選択し、同じくクイックアクセスツールバーに追加した「上に揃える」をクリックして、上端の位置に図形を揃えます。これで図形の配置は完了です。

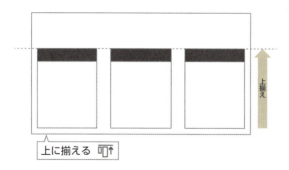

原則 106 STEP③ 図形に「文字」を入力する

文字は箇条書きで入力する

図形が完成したら、最後に文字を入力していきます。

図形に文字を入力する際には、必ず箇条書きで文章を入れるようにしましょう。箇条書きにすることで読み手の負荷を減らすことができますし、自身が言いたいことをより明確にすることができます。

図解作成を通してのポイントは、図形を1つ作成してそこに文字を入れ、また別の図形を作成してそこに文字を入れる、といったように1つずつ図形を完成させていくのではなく、**最初に図形のみでスライドの全体構成を作ってから、最後にまとめて文字を入力する**ということです。

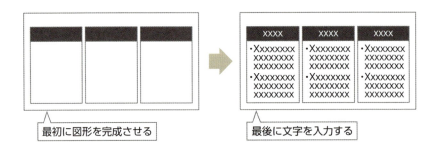

| 選択（基本） | 選択（応用） | **作成** | 強調 | 追加 |

図解の作成にはショートカットキーとツールバーを駆使する

図形の作成には、ショートカットキーやクイックアクセスツールバーを駆使した、効率的な作成方法があります。以下の図の順番で作成すると、非常に早く作れます。

	概要	ショートカットキー	クイックアクセスツールバー
❶ 図解パーツ作成	・図形を挿入してパーツを作成する	—	・図形挿入 ・テキストボックス挿入
パーツの書式設定	・パーツの書式設定	・フォントサイズの変更（Ctrl+[、]） ・右揃え、左揃え、中央揃え（Ctrl+R、L、E） ・太字、下線、斜体（Ctrl+B、U、I）	・図形の塗りつぶし、枠線 ・フォント、フォント色 ・箇条書き、文字の配置、行間
パーツのグループ化	・パーツをグループ化	・グループ化（Ctrl+G） ・グループ化解除（Ctrl+Shift+G）	—
❷ コピペ	・グループ化したパーツをコピペで配置	・コピー（Ctrl+C） ・ペースト（Ctrl+V）	—
配置	・スライド上にパーツを配置	—	・左揃え、上揃え、中央揃え ・上下に整列、左右に整列 ・最前面、最背面へ移動
❸ 文字入力	・文字入力	・図形を選んでF2、または直接入力	—

特に「書式設定」と「配置」の際に使うコマンドはPowerPoint上で見つけにくいので、あらかじめクイックアクセスツールバーに設定しておくのがポイントです。

大原則 「図解の強調」でメリハリをつける

図解を適切に選択できると、スライドの内容は格段にわかりやすくなります。しかし、読者が図解の内容をすべて読み込むのは大きな負担になります。そこで、特に読んでもらいたい部分や主張したい部分を強調して、読む量を減らす作業を行う必要があります。

図解の強調は、次のような3つのステップで行います。

①強調色を選ぶ
②スライドメッセージの内容から強調する部分を決める
③文字は「太字」「文字色」、見出しは「小見出し」、範囲は「背景色」で強調する

私が研修でスライドの添削を行う際には様々な修正を行いますが、「強調の追加」はその中でもベスト3に入るくらい頻度の高い修正ポイントです。そのくらい、一般的に作成される資料では作成者が伝えたいポイントが強調されていないことが多いのです。

適切に図解の強調を行うことで、PowerPointの資料は格段にわかりやすくなり、1人歩きする資料に一歩近づきます。それでは、図解の強調のプロセスを見ていきましょう。

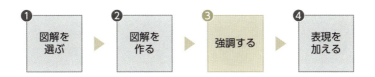

原則 107 図解の強調色は「色相環」から選ぶ

強調は赤がよいとは限らない

図解の強調には、どのような色を使えばよいでしょうか。よく見かけるのが赤で強調しているケースですが、赤は目立つものの、必ずしも強調色に適しているわけではありません。色が強すぎて、全体の色のバランスがくずれてしまうからです。

適切な強調色を選ぶためのポイントとなるのが、色相環です（P.260参照）。色相環で見た時に、**スライドの基本色であるベースカラーの反対にある色（補色）はアクセントカラー**と呼ばれ、強調色として使うことができます。例えばベースカラーが青の場合、強調色はアクセントカラーのオレンジになります。強調色としてアクセントカラーを使うことで、見た目に自然な強調になります。

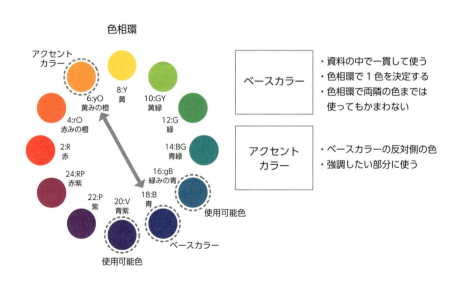

一点注意すべきこととしては、色の主張が強くない黄色や黄緑などは、強調色には適していないということです。その場合は、オレンジや緑など同系の色を選択するようにします。

チームで資料作成をする場合は必ずこの強調色を共有して、**皆が同じ強調色を使うようにしましょう**。1人でも異なる強調色を使う人がいると、統合した際に資料に統一感がなくなりますし、修正するにしても手間がかかり効率的ではありません。

原則 108 図解の強調箇所は「スライドメッセージ」で決める

スライドメッセージに沿って「強調箇所」を決める

図解を強調する際は、スライドメッセージに沿って強調箇所を決定することが重要です。これにより、読者はスライドメッセージを読まなくても、強調された部分を一瞥するだけで作成者が主張したいメッセージを理解できます。

なお、スライドメッセージがスライド全体の内容をまとめている場合、強調は必要ありません。例えば「弊社は引っ越し専業の企業です」というスライドメッセージで「社名」や「事業内容」などを説明している場合は、スライドメッセージがスライドの内容全体をまとめているため、強調の必要はありません。一方で「特に実績については他社の追随を許さない」のように、会社の特徴の一部を強調するメッセージの場合は、該当部分を強調する必要があります。

不必要な場合	必要な場合
会社概要 弊社は引越専業の企業です 社名： XXX運輸株式会社 設立年： 1980年3月31日 本社： 東京都中央区銀座 事業所： 全国主要都市に70拠点 事業内容： 引越運送、引越付帯サービス業務 従業員数： 約4,000人	**会社の特徴** 弊社は引越業界において実績、価格、品質に定評があるが、特に実績については他社の追随を許さない 実績 ・日本国内における年間の引越作業件数第1位 価格 ・お客様のニーズにあった様々な引越プランを提供 品質 ・ISO認証取得、業界内におけるお客様満足度第1位

376

| 選択（基本） | 選択（応用） | 作成 | **強調** | 追加 |

3種類の方法で図解を強調する

図解の中でスライドメッセージによって主張している部分を強調するには、3種類の方法があります。それが「**文字の強調**」「**見出しの強調**」「**範囲の強調**」です。「文字の強調」は、強調したい文字の色を強調色に変えたり、太字にしたりして強調します。「見出しの強調」は、強調したい内容の小見出しに色をつけて強調します。「範囲の強調」は、強調したい範囲を背景色で強調します。これら3つの強調は単独で使うこともあれば、下の図のように組み合わせて使う場合もあります。以降で、それぞれについて詳しく解説していきます。

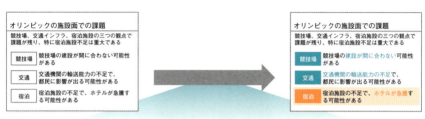

図解の小見出しをアクセントカラーで塗りつぶし

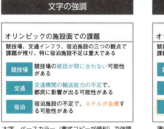

太字、ベースカラー（書式コピーが便利）で強調
もっとも重要なところはアクセントカラー

薄いアクセントカラーの背景色で強調

原則 109 図解の文字は
「2ステップ」で強調する

2つのステップで文字を強調する

文字を強調する方法には、2つのステップがあります。文字が多い場合は読みやすくなるように、**文章中の大事な部分の文字色をベースカラーに変更**し、太字にして、文中の重要なポイントを明確にします。また、フォントサイズを大きくすることも有効です。

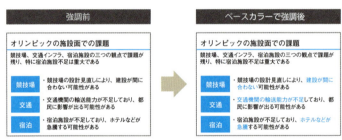

続いて、スライドメッセージと関連するような**特に重要な部分については、文字色をベースカラーではなく強調色（アクセントカラー）に変更**します。

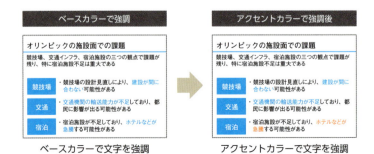

原則 110 | 図解の小見出しは「アクセントカラー」で強調する

見出しは「小見出し」を強調する

スライドメッセージに対応する図解の強調は、小見出しの図形をアクセントカラーで強調することで行います。小見出しの図形の文字を色や太字で強調している資料をよく見かけますが、それよりも小見出しの図形の塗り色をアクセントカラーにする方が、より伝わりやすいものになります。文字に関してはそのままか、太字にするくらいでよいでしょう。

なお、小見出しの図形の色をアクセントカラーにすることで、黒い文字が見えにくくなる場合があります。その場合は、文字色を白に変えることで対応します。また小見出しの図形の色の強調箇所は、1～2か所にとどめましょう。たくさんの場所を強調すると本当に強調したい部分がわからなくなり、逆に読み手が混乱してしまいます。

小見出しの強調前

オリンピックの施設面での課題
競技場、交通インフラ、宿泊施設の三つの観点で課題が残り、特に宿泊施設不足は重大である

- 競技場：競技場の設計見直しにより、建設が間に合わない可能性がある
- 交通：交通機関の輸送能力が不足しており、都民に影響が出る可能性がある
- 宿泊：宿泊施設が不足しており、ホテルなどが急騰する可能性がある

小見出しをアクセントカラーで強調

オリンピックの施設面での課題
競技場、交通インフラ、宿泊施設の三つの観点で課題が残り、特に宿泊施設不足は重大である

- 競技場：競技場の設計見直しにより、建設が間に合わない可能性がある
- 交通：交通機関の輸送能力が不足しており、都民に影響が出る可能性がある
- 宿泊：宿泊施設が不足しており、ホテルなどが急騰する可能性がある

アクセントカラーで小見出しを強調

原則 111 図解の範囲は「背景色」で強調する

四角や楕円で強調部分を囲わない

スライドの重要な「範囲の強調」は、四角や楕円で囲む方法がよく見られます。しかし、四角や楕円で囲むのではなく背景色を下に敷くことで、よりシンプルで見やすい強調になります。左の例は強調個所を四角で囲っていますが、強調の四角の中にまた見出しの四角があり、やや見にくくなっています。右の例のように背景色を使うことで、シンプルに範囲を強調することができます。

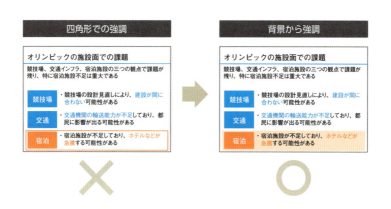

背景色を使った強調は、最初に「挿入」タブ→「図形」→「正方形／長方形」を選び、強調したい領域に被せる形で四角形を作ります。図形を選択した状態で右クリック→「枠線」を「線なし」にし、「塗りつぶし」でアクセントカラーを薄くした色を選びます。最後に、図形を選んだ状態で右クリック→「最背面へ移動」（またはクイックアクセスツールバーに設定した「最背面へ移動」コマンド）を選び、四角形を背面に移動します。

選択（基本） ＼ 選択（応用） ＼ 作成 ＼ **強調** ＼ 追加

強調したい範囲を図形で覆い、枠線を「なし」に設定、アクセントカラーを薄くした色で塗りつぶす

強調の四角形を、コマンドで最背面に移動

※上から半透明にして被せるなどの強調は、きれいに印刷されない可能性があるので NG

9 図解

> スポーツジムの事例　**図解の強調**

「私」はプロモーション施策評価のスライドで、スライドメッセージで主張している「無料トレーナー体験」を強調することにします。小見出しをアクセントカラーにし、数字をアクセントカラーと太字で強調します。最後に範囲の強調の四角形を最背面に配置して該当部分を強調します。これで、重要な部分が一目でわかるようになりました。

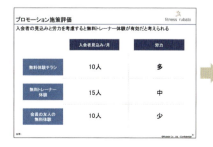
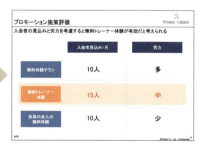

381

大原則

「追加の表現」で図解をもっとわかりやすくする

図解による表現を行うことで、資料はかなりわかりやすくなります。しかし図解自体は、あくまでも文字内容の視覚的な整理にすぎません。そのため読者は、最終的には文字を読むことによって内容を理解する必要があります。しかし文字を読むことは、読者にとってかなりの負担になります。そこで画像などのビジュアルを用いて図解を補助し、読者の理解を促進しましょう。

外資系コンサルティングファームでは、ビジュアルな要素を用いることは多くありません。なぜなら資料の内容は打ち合わせで入念に説明しますし、なによりフォーマルな印象の資料を作成する必要があるからです。一方、一般の企業においては、説明の時間が限られる傾向があることや、内容に関する知識がそもそも不足している人への説明が多いため、ビジュアルによる理解の促進が必要だと考えられます。**ビジュアルな要素を利用することで、様々な人に短時間で理解してもらえる「1人歩きする資料」に一歩近づくのです。**

私がNGOに所属していた時は、海外でのプロジェクトに従事することが多くありました。現地のメンバーにプロジェクトの説明を行う場合、ビジュアル付きの資料を使った方が、相手の理解が圧倒的に早いということを経験しました。英語が苦手な日本人が世界で戦うためにも、英語で資料を作る場合はビジュアル要素を積極的に利用することをお勧めします。

ビジュアルな要素として、ここでは主に画像やピクトグラムを使います。適切な表現を選び、加工し、配置することが、ビジュアル化のポイントです。

原則 112 図解に「評価」を追加する

○△×、5段階の評価を加える

対比型、マトリックス型、表型など、複数の商品やサービスなどを対比する図解は、スライドの構成が複雑で、文字を一瞥しただけでは理解が難しいスライドになりがちです。そこで、○△×や5段階などの評価を追加することで、文字を読まなくても読者が概要を理解できるようにする方法が有効です。

なお、○△×、5段階の評価については、**必ず一定の基準に基づいて決める**ようにしましょう。その基準は、スライドの欄外、あるいは資料の最後にアペンディクス（付録）として記載するようにしましょう。評価の方法については、○△×や5段階以外に様々なものがあります。P.482の「資料の概要を「1枚のスライド」で示す」を参考にしてください。

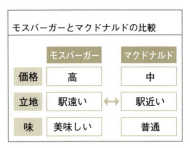

文字のみの表現では、内容の理解に時間がかかる

背景に評価を入れることで、文字を読まなくても直感的に理解できる

評価の要素は文字で作る

○(まる)や△(さんかく)や×(ばつ)といった記号は、図形ではなく文字として入力します。操作は、①「挿入」タブから②「テキストボックス」→③「横書きテキストボックスの描画」を選び、挿入します。④「まる」と入力し、⑤「○」に変換します。⑥文字を Ctrl + E (中央揃え)、Ctrl +] (フォントの拡大)し、薄めの文字色を設定します。最後に⑦「図形の書式」タブから⑧「背面へ移動」→⑨「最背面へ移動」を選びます。同様の方法で△や×も作成できますが、色や大きさは作成した文字の書式を書式コピー(Ctrl + Shift + C)&書式ペースト(Ctrl + Shift + V)で他の文字に適用し、労力を削減するようにしましょう。

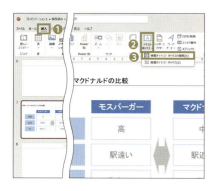
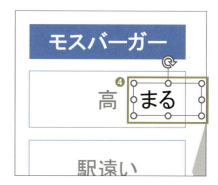
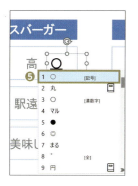

原則 113 図解の内容を「画像」で視覚化する

画像でビジュアル化する

図解に画像を追加することで、よりわかりやすい資料を作成することができます。図解の内容が視覚的に表現されることによって、その図が何を示しているのか、一目で読み取ることができるからです。画像で図解をわかりやすくするためには、最初に適切な画像を選択する必要があります。

画像による図解の補足

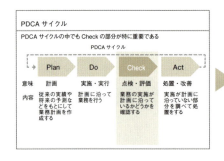

画像を追加することで
図解がよりわかりやすくなる

画像を探す方法は2つあります。1つはPowerPointのストック画像検索を使う方法。もう1つがGoogleの画像検索で探す方法です。

探し方①PowerPointで探す

PowerPointで画像を探す場合は、ストック画像を検索します。ただし、検索して見つかるのは海外の画像が中心のため、日本人向けの資料の場合は画像の選択肢が限られるのがこの方法の欠点です。人が写っていない画像を選ぶなどして、資料に合った画像を選ぶようにしましょう。

①「挿入」タブ→「ストック画像」を選択します。

②キーワードを入力します。

③画像を選びます。

探し方②Googleで探す

Googleでも、画像を検索することが可能です。選択肢が多く、「サイズ」「色」なども指定できるので大変便利です。

①キーワードで検索します。

②「画像」をクリックします。

③「ツール」→「種類」を選択します。　　④「クリップアート」を選択します。利用したいクリップアートを右クリックし、「画像をコピー」を選択します。

●色での絞り込み

①「ツール」→「色」をクリックします。　　②希望の色をクリックします。

●サイズでの絞り込み

①「ツール」→「サイズ」をクリックします。　　②希望のサイズをクリックします。

Googleで著作権フリー画像を見つける

Googleを使った検索の場合、著作権が気になると思います。Googleでは、著作権フリーの画像を探すことも可能です。ただし、画像の種類によってはフリー画像が少ない場合もあります。

①「ツール」→「ライセンス」→「クリエイティブ・コモンズライセンス」をクリックします。　　②再使用が許可された画像が表示されます。

また1つの単語で調べるのではなく類義語や英語で検索することで、より多くの画像を見つけることが可能です。

Googleで画像を保存する

Googleには画像の保存機能があります。一度見つけた画像は保存しておき、あとから使いたい時にすぐに見つけられるようにしておきましょう。

①画像を選び、「保存」をクリックします。

②「保存済み」をクリックします。

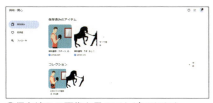

③保存済みの画像を見ることができます。

原則 114 「ピクトグラム」で統一感を出す

ピクトグラムでスライドに統一感を出す

画像を利用する上で悩ましいのは、イラストの画風が揃わないことです。しかし**ピクトグラムという素材を使用することで、簡単に画風を揃えることができます**。ピクトグラムとは、様々な概念や図を単色のシンプルな図形で表現したイラストのことです。日本では1964年の東京オリンピックで、海外の方にもわかるようにトイレなどの表示に導入されたのが始まりと言われています。近年はシンプルな平面のデザインであるフラットデザインが流行ですので、ピクトグラムを使うことは現在のトレンドにも合っています。

例えば左の例では、1枚のスライドの中に画風の異なる画像が複数使用され、煩雑な印象を受けます。しかし右の例では、ピクトグラムを使用することでスライド全体に統一感が生まれています。

色や絵のタッチが異なるため、ややゴチャゴチャした印象を与える

クリップアートのスタイルが統一されているのでシンプルで見やすい

Googleでピクトグラムを探す

ピクトグラムを探すには、Googleが非常に便利です。Googleの検索窓に「(検索キーワード)　ピクトグラム」と入力して、画像検索を行います。以下の例は「トレーニング　ピクトグラム」と入力して画像検索を行った場合の検索結果です。「PIXTA」などと表示されているものは有料のピクトグラムですので、原則使用することはできません。無料のものから選んで使用するようにしましょう。

また、ピクトグラムを無料で提供しているサイトがあります。こちらを利用するのも有効です。

● ICOOON MONO

6,000種類以上のピクトグラムが無料で提供されています。
(http://icooon-mono.com/)

● Human Pictogram 2.0

人間のピクトグラムに特化したサイトです。(http://pictogram2.com/)

● 無料のAi・PNG白黒シルエットイラスト

10,000点以上の白黒イラストアイコンを無料ダウンロードできるサイトです。
(https://www.silhouette-illust.com/)

コピーできない画像はスクリーンショットを使う

Googleでピクトグラムを探していると、右クリックで「画像をコピー」を選んでもスライドに貼り付けられない画像に遭遇することがあります。ついあきらめてしまいがちなケースですが、その際に便利なPowerPointの機能として、スクリーンショット機能があります。スクリーンショット機能を使えば画像ファイルのコピーの可否にかかわらず、スライドに画像をコピーすることができます。

① Googleで、使いたい画像が表示されている画面を表示します。

②「挿入」タブ→「スクリーンショット」→「画面の領域」を選択します。

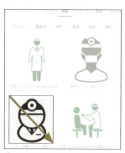

③ Googleの画面で、コピーしたい画像をドラッグして囲むように選択します。

④ PowerPointのスライドに画像をコピーできました。

フォーマルな資料にはシルエット画像を使う

ピクトグラムは非常に汎用的で便利なものですが、堅い業界（例えば金融業界など）や社外向けのフォーマルな資料への利用にはそぐわない場合があります。その場合は、ピクトグラムの代わりにシルエット画像を使うことをお勧めします。シルエット画像とは、人物などの輪郭をイラスト化したもので、ピクトグラムよりもリアルな画像になります。その結果、よりフォーマルなイメージになります。例えば、スライドで示すと以下の通りです。

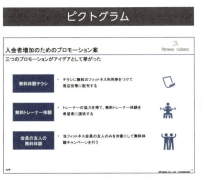

ピクトグラムは業界や資料の種類によっては資料として適切でない場合がある

シルエットの場合、保守的な業界や対外的な資料に適する場合がある

Googleで検索する場合は、「（検索キーワード）　シルエット」と入力して画像検索をするだけです。例えば「トレーニング　シルエット」のような形です。ピクトグラムと異なり画像の数が少なく、無料画像も限られるので、必要な場合は有料の画像の使用を検討した方がよいでしょう。

原則 115 ピクトグラムは「背景を透過」して使う

ピクトグラムの背景は透明にできる

Googleなどでピクトグラムを見つけた時に、画像の背景が透過されていない場合があります。背景が透過されていないと、他の図形と被った場合に背景が白く切り抜かれるなど、使いにくいことが多々あります。

以下の左の例は、横線の背景の上に背景が白いピクトグラムを配置したものです。白い背景が横線の背景に被ってしまい、不自然に見えます。ピクトグラムの背景を透明にすることで、右のように自然な画像になります。

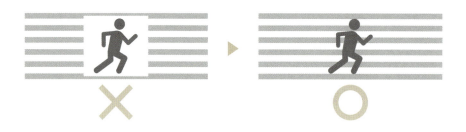

PowerPointには、特定の色を透明にする機能があります。それを利用して、ピクトグラムの背景を透明にしてしまいましょう。画像を選んだ状態で「図の形式」タブの「色」をクリックし、「透明色を指定」を選びます。透明にしたい背景部分でクリックすると、画像の背景が透明になります。

| 選択（基本） | 選択（応用） | 作成 | 強調 | **追加** |

❷「色」をクリック　❶画像を選択した状態で「図の形式」タブをクリック　❹透明にしたい背景をクリック

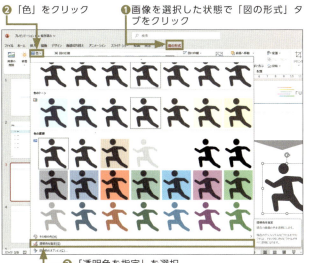

❸「透明色を指定」を選択

また、ピクトグラムの色を変えることも可能です。画像を選んだ状態で、「図の形式」タブの「色」をクリックします。色が変更されたピクトグラムの一覧が表示されるので、資料のベースカラーに合った色を選択します。ピクトグラムの色を揃えることで、資料に一体感を出すことができます。

❷「色」をクリック　❶画像を選択した状態で「図の形式」タブをクリック

❸変更したい色を選択

原則 116 | 画像は3つのルールで「配置」する

画像を配置する3つのルール

画像は、単にスライド上に置けばよいというわけではありません。挿絵のような形でスライドの隅に配置されているケースを見かけることがありますが、これはよくない例です。画像は単なる挿絵やイラストではなく、スライドで情報を伝えるための重要な一要素です。そのため、関係する情報に紐づける形で配置する必要があります。画像の配置には、3つのポイントがあります。

①画像の領域を決める
図解を構成する各パーツの中で、同じ領域に画像が配置されているようにします。

②画像の大きさを揃える
画像は大きすぎず、小さすぎないサイズで、スライド内の他の画像と大きさを揃えるようにします。

③画像の配置を中央に揃える
画像は、図解の要素の中央に揃えるようにします。

この3点に注意することで、より完成度の高いスライドに仕上がります。

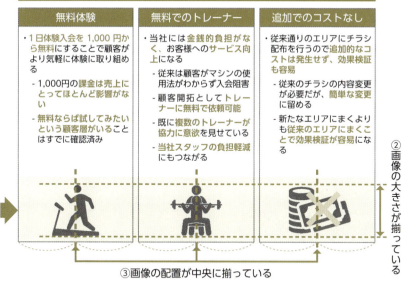

この配置のルールは、画像に限らず、ロゴなどを配置する際にも適用するべきものです。ロゴ、画像は装飾ではなく、スライドの要素の1つであるということを忘れないようにしましょう。

原則 117 写真は「縦横比」を維持して「拡大／縮小」する

写真の拡大／縮小と切り取りはポイントがある

資料の中で写真が使われる際によく見かけるのが、写真の縦横比が違う、それぞれの写真の大きさが違う、といったケースです。こうした問題を防ぐために、縦横比の維持やトリミングの方法を学びましょう。

写真の縦横比を維持するには、写真の四隅のいずれかをドラッグして拡大・縮小をするようにします。この時、四辺の真ん中をドラッグすると縦横比を維持できないので、注意が必要です。

維持できていない場合

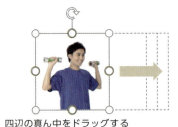

四辺の真ん中をドラッグする

画像が横に伸ばされ、不自然

維持できている場合

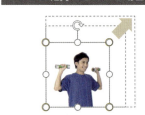

四隅をドラッグする

縦横比が維持されているため自然

| 選択（基本） | 選択（応用） | 作成 | 強調 | **追加** |

複数の写真を使う場合は、写真の大きさが不揃いになることがあります。トリミングで不要な部分をカットして、大きさを揃えるようにします。

必要ない部分はトリミング

横幅を調整するのではなく、不要な部分を切り取ることで調整する

操作

①画像を選んだ状態で、「図の形式」タブ→「トリミング」→「トリミング」を選択します。

②画像の不要な部分を切り取ります。

スポーツジムの事例　画像の追加

「私」はプロモーション案のスライドに、画像を追加することにしました。ピクトグラムを追加するために、無料体験チラシには「ピクトグラム　文書」、無料トレーナー体験には「ピクトグラム　ジム」、会員の友人の無料体験には「ピクトグラム　友人」でGoogleの画像検索をかけました。色が異なっていたのでベースカラーである青色に変更し、大きさを揃え、それぞれのプロモーション案の右端に配置しました。

原則 118 図解に「アイコン」を追加する

PowerPointのアイコンを活用する

近年、PowerPointの「アイコン」の機能が強化され、洗練されたデザインのアイコンが使えるようになりました。アイコンはピクトグラムと同じ種類のものですので、ピクトグラムの役割として利用することが可能です。うまく使えば、資料のほぼすべてのビジュアルはPowerPointのアイコンのみで対応できます。

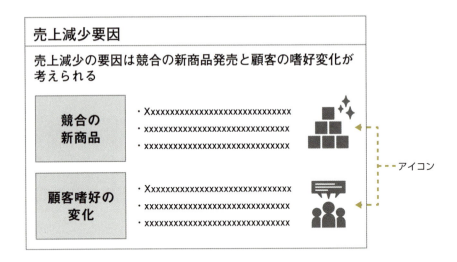

PowerPointのアイコンは色の変更が行えますので、資料のベースカラーに合わせた色の設定が可能です。Googleで検索して見つかるピクトグラムのほとんどがJPGやPNG方式で色の変更に限界があることを考えると、PowerPointのアイコンの方がはるかに使い勝手がよいです。

またPowerPointのアイコンは、アイコンのタイプによっては分解して利用できることもポイントです。例えばアイコンの一部だけを使いたい、アイコンの一部だけを削除したいといった、細かいニーズに対応できます。

留意点として、アイコンは検索に少しコツが必要です。例えば「パソコン」と検索すると、アイコンは1つもヒットしません。しかし、「コンピューター」と検索すると24個もヒットします。このように1つの言葉では見つからない場合があるので、類語など検索に有効な言葉を探し出す必要があります。

PowerPointでアイコンを検索する

PowerPointでアイコンを検索する手順は、以下の通りです。

①「挿入」タブ→「図」→「アイコン」を選択します。

②キーワードを入力します。

③アイコンを選びます（複数選択可能です）。

アイコンの色を変える・分解する

アイコンの色を変えたい時や、パーツに分解したい時は下記の手順で可能です。

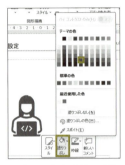 

アイコンを右クリックして「塗りつぶし」から色を変えることが可能

アイコンを右クリック→「グループ化」→「グループ解除」でパーツに分けることが可能

column　スライドデータベースを作っておく

ここまで読まれてきて、ご紹介している図解のパターンが少ないことに驚かれた方もいらっしゃるのではないでしょうか。もちろん、ここでご紹介している図解ですべてのことを表せるわけではありません。

例えばベン図を使って複数の集合の関係を示すことや、ピラミッド型で複数の階層を示すこともあると思います。また、スキーム図という複数の組織の関係性を示す図解なども、職種によっては使われる方もいると思います。よく使う図解は業種や職種によって異なるため、本書はすべての図解を網羅することは意図していません。

そこでお勧めしたいのが、スライドデータベースの作成です。データベースと言っても、複雑なものではありません。シンプルに、自身がよく使うスライドや、他者が作った資料で「これは使える」と思ったものをスライドごと抜き出して、1つのPowerPointファイルにまとめておくのです。これにより、スライドを迅速に使いまわすことができます。

コンサルタントは自分のスライドのパターンをいくつか持っており、それを使いまわしたり、組み合わせたりすることで、早く、効率的に自身の伝えたい内容をスライド化しています。

| 選択（基本） | 選択（応用） | 作成 | 強調 | 追加 |

自身のよく使う
スライドをファ
イルの形で保存
しておく

スライドを使いまわすことに抵抗がある方もいらっしゃると思いますが、PowerPointの資料はゼロから作ることが美徳ではありません。自分の考えを伝えることが目的ですので、そのためのスライドのレイアウトは他の人の資料の使いまわしでもまったく問題ないのです。むしろ、伝わる資料をより早く作ることで浮いた時間を自身の考える作業に充てることができるので、スライドの使いまわしは非常に重要な仕事のスキルと言ってよいと思います。

スライド全体でなくても、図解やグラフ、表の定番パターンをスライドデータベースの中に盛り込んでおくこともよいですし、よく使うアイコンやピクトグラムをまとめておくことも有効です。

チームとしての生産性の向上を目指すのであれば、チームメンバーによく使うスライドを出してもらって、それをまとめてスライドデータベースとして共有フォルダに入れておくのもよいでしょう。

図解まとめ

- 図解には、「読者が見た瞬間に内容を把握できる」「感覚的に論理を理解できる」という点で絶大な効果があります。

- 基本図解には6つの型があります。
  - 「列挙型」は、スライドに記載する要素がお互いに独立している場合に使う、万能の図解です。
  - 「背景型」は、1つの事象の背景にある原因や理由を示す場合に使います。
  - 「拡散型」は1つの要素が複数の要素に拡散する場合に使い、「合流型」は複数の要素が1つの要素に合流する場合に使います。
  - 「フロー型」は要素間に時間の流れや因果関係がある場合に使い、「回転型」は要素が循環する場合に使います。

- 応用図解には6つの型があり、縦軸と横軸で情報を整理したものです。
  - 「上昇型」は複数の要素の間に向上の関係がある場合に使います。
  - 「対比型」は2つの商品やサービスなど、要素が比較の関係にある場合に使い、比較対象が増えた場合には「マトリックス型」を使います。
  - マトリックス型からさらに要素が増えた場合には「表型」を使います。
  - 「4象限型」は2軸で商品やサービスを整理する場合に使います。
  - 「ガントチャート型」はスケジュールや工程管理に使います。

- スライドは範囲、文字、図解を強調して、スライドメッセージを読まなくても主張を理解できるようにしましょう。

- 図解は「ピクトグラム」や「アイコン」で補足しましょう。

- 写真は「縦横比」を維持し、「トリミング」で調整しましょう。

Chapter 10

PowerPoint資料作成

グラフの大原則

10章 グラフの大原則

第6章で作成した資料のスケルトンを根拠づけるための表現方法として、これまで「箇条書き」と「図解」の作成方法を確認してきました。この章では、表現方法の最後として、グラフ作成の大原則を学びましょう。

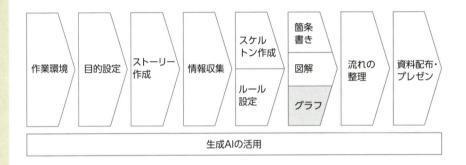

コンサルタントは、グラフの表現方法に強いこだわりを持っています。なぜなら**グラフの選び方や見せ方によって、クライアントへの伝わり方や提案の成否が大きく左右される**からです。あるマーケティングプロジェクトで定量調査を行った際、私は先輩コンサルタントから調査結果をグラフにまとめるように伝えられました。夜中の2時までかけてグラフを作成したのですが、クライアントに伝える内容としてはメッセージ性の弱いものでした。

翌日、朝の打ち合わせに出席すると、私の資料は先輩コンサルタントにすべて修正されていました。同じデータを使っているにもかかわらず、グラフの選び方やグラフの並べ方のちがいにより、見事に定量調査からのメッセージをまとめていました。そして、クライアントはその調査結果から新たなプロモーション企画を作ることができたのです。同じデータでありながら、グラフの選び方やデータの並べ方によって結果が変わるというこの経験を通して、私はグラフの奥深さを知ったものです。

グラフの表現で重要なポイントは、グラフの「選び方」と「見せ方」です。グラフを適当に選んだり、適当な見せ方をしたりすると、わかりにくいグラフになってしまいます。その結果、読者に伝えたいメッセージが伝わらないということになるのです。グラフの「選び方」や「見せ方」には、ルールがあります。それらのルールを習得することで、劇的にわかりやすいグラフになり、「人を動かす」「1人歩きする」資料に近づくことができるのです。

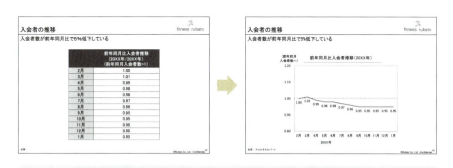

表を適切なグラフにすることで相手に伝わりやすくなる

本章では、表での数字をわかりやすくグラフ化して示すことを目指します。①グラフを選ぶ、②グラフを見せる、③グラフを強調する、④グラフを整える、の順番で、グラフの表現を習得していきましょう。

大原則 | 伝わるグラフは「5種類」から選ぶ

グラフの作成は、「グラフを選ぶ」ところから始めます。

グラフは、基本的に5種類のグラフの中から選択するようにします。それは「積み上げグラフ」「横棒グラフ」「縦棒グラフ」「折れ線グラフ」「散布図」の5種類です。グラフには他にもたくさんの種類がありますが、この5種類を覚えておけば、まずは十分です。

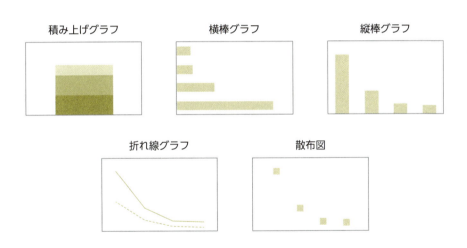

この5種類の中に、円グラフは入っていません。**円グラフは一般的によく使われるグラフですが、資料作成において基本的に使用しないことをお勧めします。**円グラフは、面積や円周の長さで内訳を比較するグラフです。そのため、項目間の比較が大変難しいのです。私が外資系コンサルタントだった時代にも、上司からは円グラフを使わないように指導されていました。円グラフで表現したいことは、多くの場合縦棒グラフや積み上げグラフで代替できます。

原則 119　「ガイドライン」を活用して
グラフを選ぶ

グラフを選ぶガイドライン

資料作成においては、比較するデータの内容に応じて5種類のグラフを使い分けます。その使い分けの方法を、以下のガイドラインにまとめました。このガイドラインを使うと、どのような比較をしたいかが決まれば、どのグラフを使えばよいかがわかります。

	構成要素比較	項目比較	時系列比較	頻度分布比較	相関比較
積み上げ	▬	▮▮▮	▮▮▮		
横棒		▬			
縦棒		▮.	.▮.	.▮▮.	
折れ線			╱	⌒	
散布図					⋰

出所:「ジーン・ゼラズニー (2004) マッキンゼー流図解の技術」を一部改変。積み上げグラフを追加、縦棒グラフに項目比較利用を追加。

選択 \ 見せ方 \ 強調 \ 整理

5種類の比較を理解する

グラフのガイドラインを活用する上で最初に知っておきたいのが、比較の種類です。まずは、グラフの適切な使い方の習得のために5種類の比較を理解しましょう。

・構成要素比較

「構成要素比較」は、1つの会社や商品の売上や利益の構成要素、つまり内訳を比較します。例えば1つの組織の売上データの商品別の内訳や、商品売上の地域別の内訳などがよくある例です。下記の表では、A社売上の地域別の内訳を比較しています。

	A社売上（2024年、億円）
日本	540
欧州	320
米州	150
合計	1,010

全体の内訳を比較する

・項目比較

「項目比較」は、互いに独立したデータを比較します。アンケートの回答データの比較や、複数の企業の売上データの比較などが項目比較に当たります。下記の表では複数の企業の売上データを比較していますが、ここで各社の売上データは互いに直接関係するわけではないので、項目比較になります。

	A社	B社	C社	D社
売上（2024年、億円）	1,010	750	640	520

互いに独立したデータを比較する

・時系列比較

「時系列比較」は、データを時間で並べて、その変化を比較します。市場規模や市場シェアの変動などの比較により、市場環境の把握や将来の予測に役立てます。下記の表では、A社売上の2019年から2024年までの変化を比較しています。

	A社売上（億円）
2019	970
2020	1,020
2021	1,000
2022	950
2023	980
2024	1,010

時系列の変化を比較する

・頻度分布比較

「頻度分布比較」は、データの出現頻度の比較です。例えば、英語や数学のテストの点数分布の比較や、営業の1人当たり売上分布の比較などがこれに当たります。下記の表では、A社の営業1人当たりの売上の分布を比較しています。

A社営業1人当たり売上（億円）	人数
0-0.5億円	26
0.5-1億円	70
1億-1.5億円	110
1.5-2億円	155
2-2.5億円	115
2.5-3億円	70
3億円-	28

データの出現頻度の比較

| 選択 | 見せ方 | 強調 | 整理 |

・相関比較

「相関比較」は、2つのデータの間の関係を比較します。例えば、自社商品の販売開始からの年数と売上の相関関係を示す場合などです。下記の表では、売上と利益の関係を見ています。ほぼ相関しているように見えます。

	A社売上（億円）	A社営業利益（億円）
2019	970	48
2020	1,020	60
2021	1,000	55
2022	950	50
2023	980	53
2024	1,010	55

2つのデータの間の関係の比較

これら5種類の比較の特徴をまとめると、以下のようになります。これらの比較の種類を知っておくことで、適切なグラフを選択できるようになります。

種類	説明	事例
構成要素比較	1つのモノやサービスの内訳の比較	A社の地域別売上高
項目比較	互いに独立したデータの比較	複数企業の売上高比較
時系列比較	データの時系列での変化の比較	A社の売上高推移
頻度分布比較	データの出現頻度の比較	A社営業1人当たり売上高分布
相関比較	2つのデータ間の関係の比較	A社売上と営業利益の比較

原則 120　内訳を比較する「積み上げグラフ」

データの内訳を見せる「積み上げグラフ」

積み上げグラフは「データの内訳」を比較することに適したグラフです。データ全体の大きさを見せながら、その全体を構成する個別のデータの大きさや割合を表現することができます。全体のデータの中で、それぞれの個別データがどのくらいの割合を占めているのかを視覚的に知ることができます。

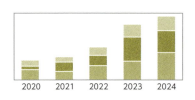

・構成要素比較に適している
・市場シェア推移、地域別売上推移など

積み上げグラフが使われるのは、業界における市場シェアや、会社の地域別売上などの「構成要素比較」の場合です。また、複数の会社の地域別売上を比べる「項目比較」や、会社の売上構成を時系列で比較する「時系列比較」などにも用いられます。

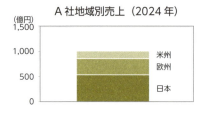

	A社売上（2024年、億円）
日本	540
欧州	320
米州	150
合計	1,010

| 選択 | 見せ方 | 強調 | 整理 |

一方で、自社の市場シェアを他社の市場シェアと比較したい場合は、積み上げグラフよりも折れ線グラフの方が向いています。折れ線グラフを用いることで、他社と比較しての自社の変化がよくわかります。

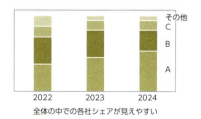

市場全体での各社シェアを見たい場合
全体の中での各社シェアが見えやすい

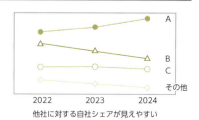

自社の市場シェアを他社と比較したい場合
他社に対する自社シェアが見えやすい

スポーツジムの事例　グラフの選択－積み上げグラフ

「私」はプロモーションの「効果」を示すスライドで、2つのプロモーション施策を組み合わせた時の入会者予測データをどのグラフで示せばよいかを検討しました。このデータはプロモーション施策の効果の内訳を示していることから「構成要素比較」となり、積み上げグラフを選びました。これにより、2つのプロモーションの組み合わせの効果と各プロモーションの効果を一度に見ることが可能になりました。

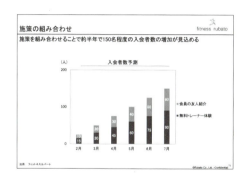

原則 121

量を比較する「横棒グラフ」

棒の長さで量を比較する「横棒グラフ」

横棒グラフは、棒の長さでデータを比較するグラフです。互いに関連性のないデータの比較、つまり「項目比較」に主に用いられます。縦棒グラフの代わりにも使えるので、使い勝手がよいです。また、横棒グラフは横に長いグラフのため、長い項目名を示すことに長けています。

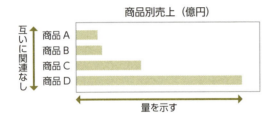

- 項目比較に使用されることが多い
- 多くの場合、縦棒グラフに代替できるので使い勝手がよい
- 売上、利益、生産量の比較など

横棒グラフは、売上、利益、アンケート回答の比較によく用いられます。

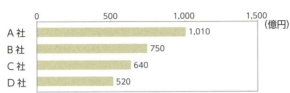

	A社	B社	C社	D社
売上（2024年、億円）	1,010	750	640	520

スポーツジムの事例　グラフの選択－横棒グラフ

スポーツジムのプロモーション企画で、「私」は「課題」のスライドとしてアンケートの調査結果を示し、「ジムの体験が有料であること」「マシンの使い方がわからないこと」を課題として挙げることを考えています。

このアンケート結果を示すために、どのグラフを使うべきか検討しました。ここでアンケートの回答項目、例えば「時間がない」「金銭的な余裕がない」は互いに直接的に関係がある内容ではないため、「項目比較」だと考えられます。また、「金銭的な余裕がない」「マシンの使い方わからない」のように回答の項目名が長いことから、横棒グラフを選択しました。

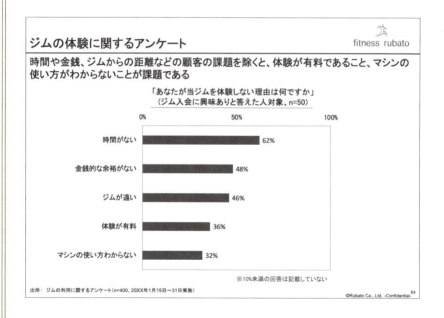

原則 122 高さで変化を示す「縦棒グラフ」

棒の高さで量の大小を示す「縦棒グラフ」

縦棒グラフは、**棒の高さでデータを比較するグラフ**です。また、縦棒グラフでは左から右にデータを読んでいきます。左から右に時間の流れを示すことで、縦棒グラフは「時系列比較」にも向いています。

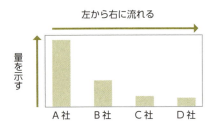

・棒の高さで量を示す
・時系列のように左から右に流れがあるデータ表現に向く
・売上のように積み上がるデータを示すのに適する

縦棒グラフは、売上金額、売上数量、利益額など、時間の経過に伴い変化していくデータの比較に適しています。

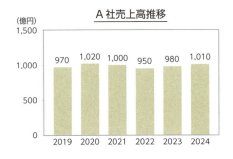

	A社売上（億円）
2019	970
2020	1,020
2021	1,000
2022	950
2023	980
2024	1,010

| 選択 | 見せ方 | 強調 | 整理 |

縦棒グラフは「時系列比較」に加えて、「項目比較」「頻度分布比較」にも使用できます。

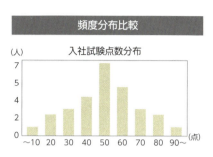

スポーツジムの事例　グラフの選択ー縦棒グラフ

「私」はプロモーションの「効果」を示すスライドで、入会者数予測のデータを表現するためにどのグラフを利用するべきか検討しました。入会者予測データは2月～7月までの時系列データだったので、縦棒グラフを選びました。

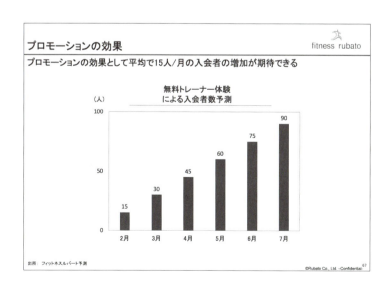

原則 123 | 増減や傾向を示す「折れ線グラフ」

増減や傾向を点と線で示す「折れ線グラフ」

折れ線グラフは、点と点の間を線でつないで表現するグラフです。よって、①「点で示す」、②「線で示す」という2つの特徴を持つグラフです。
①の「点で示す」特徴により、割合（％）や指数（過去のある年を100とした時の数値）のデータの比較に向いています。割合（％）や指数は、データの変化をわかりやすくするために、元のデータを割合や指数へと計算することによって得られた数値データです。例えば％で表される利益率は、利益÷売上の計算結果によって得られた数値データです。このような数値データは絶対的な量を示すものではなく、比較するために加工した相対的なものですので、点で示すことに向いています。下記の例ですと、利益額は量のデータなので縦棒グラフで表し、利益率は計算された数値データなので折れ線グラフで示しています。

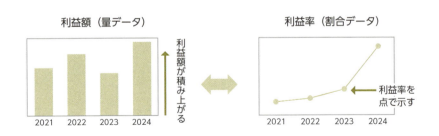

| 選択 | 見せ方 | 強調 | 整理 |

こうした特徴から、折れ線グラフは営業利益率推移、前年同月比売上推移、リピート率推移など、数値データを比較する場合に適しています。下記の例では、年ごとの利益率の推移を折れ線グラフで示しています。

	A社売上 (億円)	A社営業利益 (億円)	営業 利益率
2019	970	48	5.4
2020	1,020	60	5.9
2021	1,000	55	5.5
2022	950	50	5.3
2023	980	53	5.6
2024	1,010	55	5.7

また、②の「線で示す」特徴により、点の間の増減や傾向を示す表現に向いています。この特徴から、データの傾向を読み取ることが目的の「時系列比較」や「頻度分布比較」に適しています。

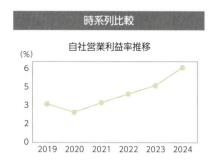

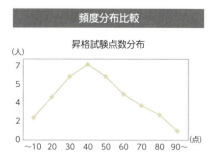

「折れ線グラフ」は複数データを示せる

折れ線グラフの何よりの強みは、複数のデータの傾向を一度に示せることです。複数の企業や商品の市場シェアの時系列での推移を比較する時などには、折れ線グラフを使うと大変わかりやすくなります。

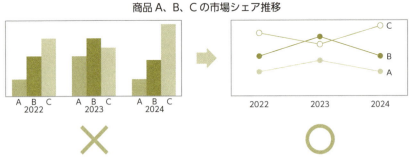

商品A、B、Cの市場シェア推移

反対に折れ線グラフの弱みとしては、線でつながったデータの間に関係性があるように見えてしまうため、独立したデータを比較する「項目比較」には向いていません。下の図はA社～E社の売上のグラフですが、折れ線グラフを使うと各会社の売上の間に関係があるように見えてしまうので注意が必要です。ここでは、縦棒グラフの方が適しています。

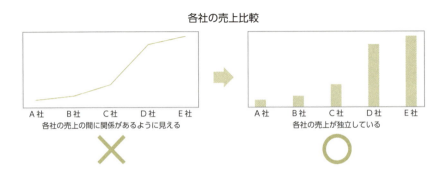

各社の売上比較

| 選択 | 見せ方 | 強調 | 整理 |

スポーツジムの事例　グラフの選択－折れ線グラフ

スポーツジムのプロモーションの例で、「私」は「背景」を表すスライドで、前年同月比の入会者数推移を示すためにどのグラフを利用するべきか検討しました。このデータは前年同月の数値を1とした時の本年の数値という指数データでしたので、折れ線グラフを選びました。折れ線グラフを使うことによって入会者数の減少の傾向も見え、メッセージも伝わりやすくなりました。

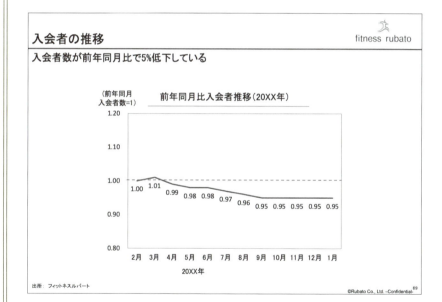

原則 124 原因と結果を示す「散布図」

2つの要素の関係を示す「散布図」

散布図は、縦軸と横軸に2種類のデータを対応させて、2つのデータの関係を表現するグラフです。通常は横軸に原因のデータ、縦軸に結果のデータを配置します。**2つのデータの相関関係の分析に用いることが多い**です。

・相関比較に適している
・利益率と売上高比較、GDPと就学率など

散布図の使用例としては、売上と利益率の関係を示す場合が挙げられます。売上が上がると「規模の経済」が働き、効率化が進み、結果として利益率が上がることがよくあります。以下の例では、横軸に原因としての売上データを配置し、縦軸に結果としての利益率データを示しています。

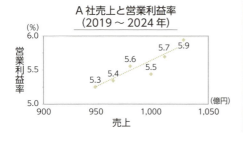

	A社売上(億円)	A社営業利益(億円)
2019	970	48
2020	1,020	60
2021	1,000	55
2022	950	50
2023	980	53
2024	1,010	55

424

| 選択 | 見せ方 | 強調 | 整理 |

散布図はデータ数が多い時に使う

散布図はデータ数が少ないと、2種類のデータ間の相関関係を見ることができません。データ数が少ない場合は、縦棒グラフと折れ線グラフの組み合わせで表現するなど、他の方法を用いましょう。

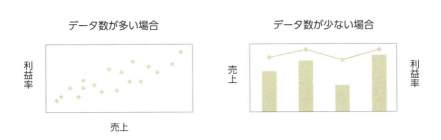

スポーツジムの事例　グラフの選択－散布図

「私」は「会員の自宅のジムからの距離」と「会員継続期間」の関係を表すためにどのグラフがよいかを検討しました。結果、2つのデータの関係を示す散布図を選びました。これにより無料体験チラシよりも無料トレーナー体験の方が会員継続期間が長く、自宅がジムから遠くてもより長く会員を継続していることを示すことができました。

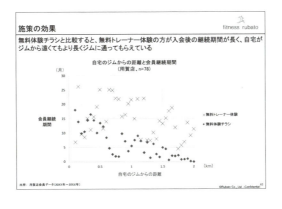

大原則　「何を比較するか」でグラフを選ぶ

ここまで各グラフの特徴と用途を説明してきました。続いて、P.410で解説した比較の種類ごとに、グラフの選び方を見ていきます。グラフガイドラインを見ると、「構成要素比較」の時には積み上げグラフを選び、「相関比較」の時には散布図を選ぶことがわかります。しかし比較の種類によっては、複数のグラフの中から選択する必要があるものがいくつかあります。

「項目比較」の場合は、積み上げグラフ、横棒グラフ、縦棒グラフの3つから選ぶ必要があります。「時系列比較」は、積み上げグラフ、縦棒グラフ、折れ線グラフから選びます。「頻度分布比較」は、縦棒グラフか折れ線グラフから選びます。ここではどのような場合にどのグラフを選べばよいか、**比較の種類ごとにグラフを選ぶ基準を把握**していきましょう。

	構成要素比較	項目比較	時系列比較	頻度分布比較	相関比較
積み上げ	■	■	■		
横棒		▬			
縦棒		▮	▮	▮	
折れ線			╱	⌒	
散布図					⋯

原則 125　「項目比較」は 3つのグラフから選ぶ

「項目比較」は項目名が長ければ「横棒グラフ」

「項目比較」とは、互いに独立したデータどうしを比較することを言います。アンケートの回答データの比較や、複数の企業の売上データの比較などに向いています。例えば複数の企業の売上データ比較において、各社の売上データは互いに直接関係するわけではないので、項目比較になります。項目比較の場合は、積み上げグラフ、横棒グラフ、縦棒グラフの3つの中から選ぶようにします。

グラフの選び方として、まず**データの内訳を示す**場合には積み上げグラフを選びます。以下の例では各社の売上高の内訳が国内と海外で示されているので、積み上げグラフを用いるのが適切です。

| 選択 | 見せ方 | 強調 | 整理 |

次に**項目名が長い場合は、横棒グラフ**が適しています。項目名が短い場合は、縦棒グラフと横棒グラフのどちらでもかまいません。例えば下記のアンケートの回答データは「項目比較」で、かつ項目名が長くなる傾向があるので、縦棒グラフよりも横棒グラフが適しています。

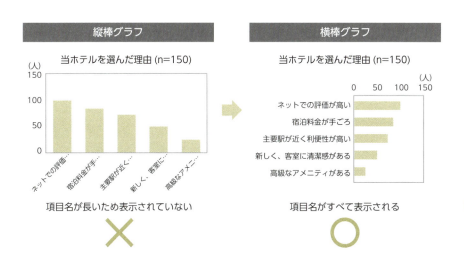

下記の企業の売上高比較の場合も「項目比較」ですが、企業名が短いので、縦棒グラフ、横棒グラフのどちらでもかまいません。

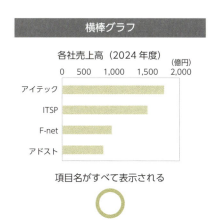

原則 126 「時系列比較」は3つのグラフから選ぶ

積み上げ、縦棒、折れ線で時系列を比較する

「時系列比較」とは、データを時間軸で比較することを言います。時系列比較では、積み上げグラフ、縦棒グラフ、折れ線グラフの3つの中からグラフを選びます。以下のデータを使って、上記のグラフの使い分けを学んでいきましょう。ここでは、①データ構成の時系列比較の場合、②％や指数などの時系列比較の場合、③複数データの時系列比較の場合、の3つのパターンでグラフの選び方を考えます。

(億円)

			2020	2021	2022	2023	2024
A社	売上 ③		2,500	2,600	2,300	2,600	2,800
	①	日本	1,000	1,100	900	1,000	1,100
		北米	600	600	600	700	700
		欧州	600	500	400	400	400
		その他	300	400	400	500	600
	純利益		250	270	190	260	270
	純利益率 ②		10.0%	10.4%	8.3%	10.0%	9.6%
B社	売上 ③		2,000	2,200	2,100	2,300	2,500
C社	売上 ③		1,500	1,400	1,200	1,100	1,100

③複数データの時系列比較
①データ構成の時系列比較
②％や指数などの時系列比較

③複数データの時系列比較

430

①データの構成を時系列で比較する場合→積み上げグラフ

データの構成を時系列で比較する場合は、積み上げグラフを使います。つまり、構成要素比較と時系列比較の組み合わせということになります。例えば自社の地域別売上や、市場のシェア推移といったデータの構成を時系列で比較する場合などに、積み上げグラフを用います。ここではA社の日本、北米、欧州、その他の地域別売上高の推移を示すことに使用しています。

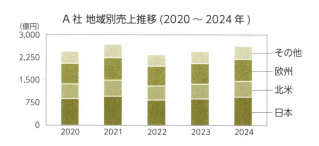

②%や指数などのポイントを時系列で比較する場合→折れ線グラフ

%や指数などのポイントの時系列比較の場合は、折れ線グラフを使います。例えば、自社の営業利益率推移や前年同月を100とした時の月ごとの売上指数推移などです。ここではA社の純利益率推移を、折れ線グラフで示しています。

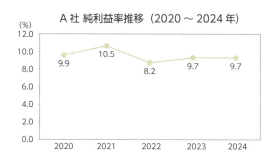

③複数のデータを時系列で比較する場合→折れ線グラフ

複数のデータを時系列で比較する場合は、折れ線グラフを使います。例えば、自社商品と競合商品の売上推移やシェア推移などです。ここではA社、B社、C社の売上推移の比較に折れ線グラフを用いています。

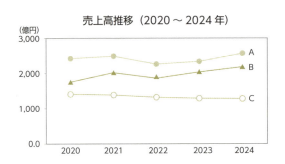

④上記以外の時系列比較→縦棒グラフ

上記以外の時系列比較の場合は、縦棒グラフを選びましょう。特に％や指数などの加工された数字ではなく、売上高などの実数を示す場合は縦棒グラフが向いています。自社の売上金額推移や売上数量推移、社員数推移などがこれに当たります。ここでは、A社の売上推移を縦棒グラフで示しています。

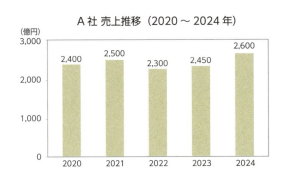

| 選択 | 見せ方 | 強調 | 整理 |

column 読み手の立場でグラフを選ぶ

時系列比較では、①の積み上げグラフと③の折れ線グラフのどちらを選べばよいのか、迷う場合があるかもしれません。例えば3社のプレイヤーがいる市場で各社のシェアの推移を比較したい場合、積み上げグラフと折れ線グラフのどちらがよいのでしょうか。市場の内訳という観点から見れば構成要素比較になり、①の積み上げグラフになります。しかし、複数データの比較という観点から見れば、③の折れ線グラフになります。

この場合は、読み手がどのような立場かということを考慮します。アナリストや投資家の観点からは、市場の勢力図がどのように変化しているか、全体感を持って見たいので、積み上げグラフの方がよいでしょう。一方で読み手が営業部長であれば、他社のシェアと自社シェアの相対感を見たいでしょうから、折れ線グラフの方が適しています。

このように誰が読むかということを想定しながらグラフを選択すると、よりわかりやすく、1人歩きする資料作成が可能になります。

積み上げグラフ

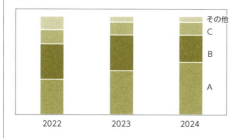

全体感を持って見られる
→アナリスト・投資家向け

折れ線グラフ

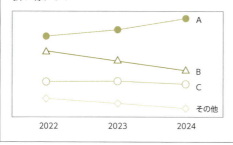

相対的なシェアがわかる
→社内・マーケティング部・営業部向け

原則 127 「頻度分布比較」は縦棒グラフが基本

頻度分布比較は縦棒か折れ線グラフを選ぶ

「頻度分布比較」とは、データの出現頻度を比較することを言います。頻度分布比較は、縦棒グラフか折れ線グラフを使います。1種類のデータの分布の場合は、縦棒グラフを用います。これはデータの大きさがわかりやすいからです。

複数の種類のデータの分布を比較する場合は、複数のデータが見やすい折れ線グラフを使います。例えば、英語と数学の点数の分布を比較したり、営業の1人当たり売上の分布を商品Aと商品Bで比較したりするようなケースです。

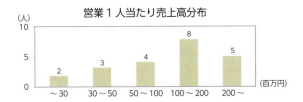

| 選択 | 見せ方 | 強調 | 整理 |

原則 128 　比較と使用グラフの「ガイドライン」

比較の種類と使用ケースでグラフは選べる

比較の種類と使用グラフをまとめると、下記のガイドラインになります。「構成要素比較」の場合は、自動的に積み上げグラフを選びましょう。「項目比較」では、項目名が長い場合は横棒グラフ、項目名が短い場合は縦棒グラフ、データの構成を比較する場合は積み上げグラフを選びます。「時系列比較」では、1種類のデータを比較する場合は縦棒グラフ、複数種類のデータや％、指数の場合は折れ線グラフ、そしてデータの構成を比較する場合は積み上げグラフを選びましょう。「頻度分布比較」では、1種類のデータを比較する場合は縦棒グラフ、複数種類のデータを比較する場合は折れ線グラフを選びます。最後に、「相関比較」の場合は自動的に散布図になります。

この表をコピーしてデスクに貼っておくことをお勧めします。

比較の種類	使用ケース	使用グラフ
構成要素比較	-	積み上げグラフ
項目比較	項目名が長い	横棒グラフ
	項目名が短い	縦棒グラフ
	データの構成を比較する	積み上げグラフ
時系列比較	1種類のデータを比較する	縦棒グラフ
	複数種類のデータを比較する	折れ線グラフ
	％や指数などのポイントを比較する	
	データの構成を時系列で比較する	積み上げグラフ
頻度分布比較	1種類のデータを比較する	縦棒グラフ
	複数種類のデータを比較する	折れ線グラフ
相関比較	-	散布図

column 円グラフは使わない

一般的によく使われる円グラフですが、資料作成では基本的に円グラフを使わないようにしましょう。1つ目の理由は、円グラフは円周や面積でデータの大きさを示すため、データの正確な比較が難しいということです。円グラフは、全体の中で個々のデータがどのくらいの比率を占めているかを示す場合によく使われます。しかし、円グラフではこの比率が円周・面積で示されるため、視覚的な比較が困難なのです。データの比較を行いたい場合は、代わりに積み上げグラフを使うことで、棒の高さによってデータの数量をわかりやすく比較することができます。

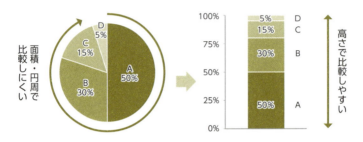

特に複数の円グラフを比較する場合は、積み上げグラフの方が圧倒的にわかりやすいでしょう。

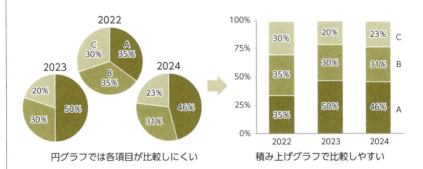

円グラフでは各項目が比較しにくい　　積み上げグラフで比較しやすい

2つ目の理由としては、円グラフは項目数が多い場合にデータの比較が難しくなるということがあります。この場合は縦棒グラフにすることで、わかりやすいグラフにすることができます。

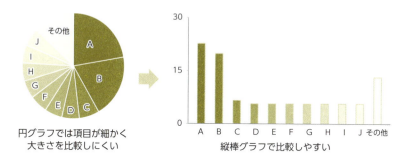

円グラフでは項目が細かく大きさを比較しにくい　　縦棒グラフで比較しやすい

また、絶対に避けていただきたいのは3D円グラフです。下の図では1番目に大きいデータと2番目に大きいデータは同じ数値なのですが、手前が大きく見えるため、実際には2番目に大きいデータが1番大きいように見えてしまいます。

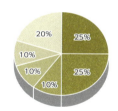

3Dでは、手前が大きく見える

唯一、通常の円グラフの使用が許容されるのは、項目数が3つ以内の場合で、25%、50%、75%という数字が重要な場合です。これは円グラフでは、1/2や1/4の区分が明確だからです。例えば2つの項目で片方が過半数を超えていることを示したいといった場合には、円グラフがわかりやすいでしょう。

Aが75%を占めていることがよくわかる　　Aが半分を占めていることがよくわかる

大原則 グラフは「見せ方」で伝達力が変わる

ここまでで、適切な種類のグラフを選ぶことができたと思います。次は、作成したグラフの「見せ方」を整えていきましょう。データを入れるだけでグラフの完成とする資料をよく見かけますが、グラフの見せ方に工夫を加えることで、読み手にとって大変わかりやすいグラフに変えることが可能です。

グラフの見せ方で重要なのは、「データの絞り込み」「データの順番」「複合グラフ」の3つのポイントです。メッセージを伝える際には必要のないデータはなるべく省き、重要なデータに絞ることが大事です。また、グラフのデータの順番は常に意味があることが重要ですので、ルールに基づいて順番を整えるようにします。最後に、種類の異なるデータを1つのグラフで示す場合は、複合グラフを用いると有効です。

メッセージを伝えるためにこの3つを整えることで、読者はグラフのメッセージをより理解しやすくなり、説明のいらない「1人歩きする」資料に一歩近づきます。

原則 129 グラフは「重要なデータ」に絞り込む

「その他」にまとめるか重要なデータのみに絞る

グラフのデータは、重要なものだけに絞るようにしましょう。これには「その他」にまとめる、重要なデータに絞る、の2つの方法があります。**「構成要素比較」の場合は、重要度の低いデータを「その他」にまとめる**ことが可能です。下記の例では北米、欧州、日本以外の市場を「その他」にまとめ、見やすくしています。「その他」にまとめる場合は、基準を決めておくことが重要です。下記の例では、20億円以下の市場を「その他」にまとめています。

「項目比較」や「時系列比較」の場合は、重要なデータに絞る方法を使います。次の「項目比較」の例では、自社と比較するべき競合はA社とB社です。グラフに載せるのはそれらの会社に絞り、C社以降の会社についてはグラフから外します。その際は、外した基準を「注」などで示しましょう。

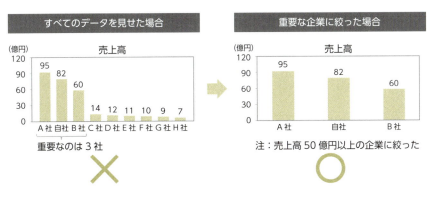

「時系列比較」では、重要な年度のみを示しましょう。下記の例では18年以降の急激な売上の伸びが重要ですので、17年以前を外し、18年以降を見せています。

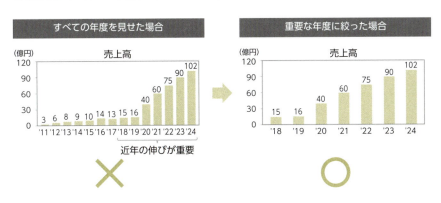

「時系列比較」では、途中の年度を飛ばさないようにしましょう。下記のように途中の年度を飛ばすと、売上の変化が大きく見え、誤った印象を与えてしまいます。

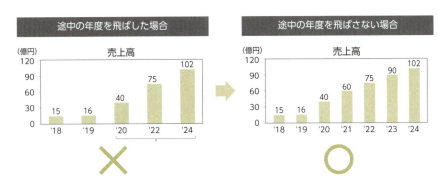

原則130 グラフのデータは「大きさ」「重要度」「種類」の順に並べる

グラフのデータはまず大きさ順で並べるのが原則

データの順番に注意することで、グラフは劇的にわかりやすくなります。データの並べ方には、3通りの方法があります。これら3つの方法は、単独で使う時もありますし、組み合わせる場合もあります。順番に見ていきましょう。

①大きさ順に並べる

大きいデータから順に配置する並べ方で、もっとも一般的な並べ方です。通常は大きいデータから左→右に並べていきます。積み上げグラフの場合は、大きいデータを下に、小さいデータを上に配置します。

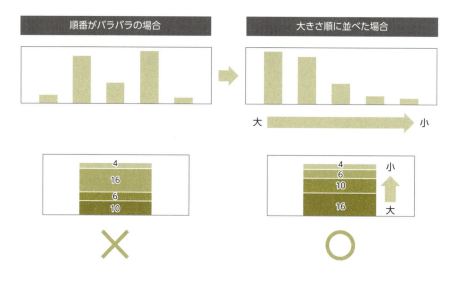

②重要度順に並べる

重要なデータを最初に配置する並べ方です。読者に特に印象付けたいデータがある場合に、この方法を使います。自社を1番目に並べたり、競合を1番目に並べたりするのもこのケースです。重要なデータを最初に配置したあとは、大きさ順に並べるのが一般的です。

③種類でまとめる

同じ種類のデータをまとめて並べる方法です。種類が異なるデータを混在させて並べると、相手に間違ったメッセージを伝えてしまう恐れがあります。例えば下記のように特定商品のみを扱う専門商社（B、E）と、幅広い商品を扱う総合商社（A、C、D）を比較しても、事業領域が異なり、意味のある比較にはなりません。そこで、総合商社と専門商社を分類して並べるようにします。

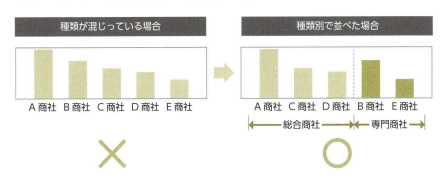

原則 131 複数のグラフ間で「データの並び順」を統一する

1つのグラフを基準にグラフ間で順番を揃える

1つのスライドに複数のグラフを配置し、同じ種類のデータを比較する場合があります。その場合は、それぞれのグラフ間でデータの並び順を揃えることが重要です。例えば、日本、米国、欧州での商品A、商品B、商品Cの売上を比較する場合、日本、米国、欧州の市場ごとに商品を大きい順に並べてしまうと、グラフ間でデータの並び順がバラバラになり、わかりにくいグラフになります。この場合は商品A、商品B、商品Cの順番を各グラフ間で揃えることによって、日本、米国、欧州での商品の対応関係が明確になり、それぞれの商品売上の比較がやりやすくなります。

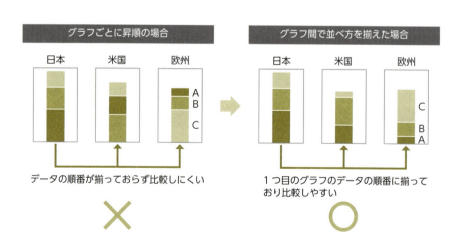

| 選択 | 見せ方 | 強調 | 整理 |

ここで注意すべきは、データの並び順の基準となるグラフのデータを前節で説明した「大きさ順」「重要度順」「種類」の原則に従って並べておくということです。つまり、基準となるグラフのデータの並び順を適当に決めてはならないということです。

データの並び順を変えるには、PowerPointのグラフを右クリックして「データの編集」を選びます。Excelのワークシートが開くので、データを並べ替える操作を行います。データの量が多い場合は、あらかじめExcelでデータの並び順を降順コマンドなどで整えてから、PowerPointのグラフに貼り付けた方が効率的です。

> **コンサルの現場**
>
> コンサルティング業界では、「apple to apple」という言葉がよく使われます。つまり、同じ種類のものどうしを比較しましょう、異なる種類のものどうしは比較しないようにしましょう。ということです。例えば「ふじ」と「ジョナゴールド」の2種類のリンゴを食べてどちらが好きかを聞かれれば、多くの方は答えられると思います。しかし、その反対の言葉である「apple to orange」、つまり異なる種類の比較の場合ではどうでしょうか。「リンゴ」と「ミカン」を比較してどちらが好きかと聞かれても、リンゴにはリンゴの、ミカンにはミカンの、それぞれのよさがあるので、単純な比較はできないという方が多いと思います。このように種類の違うものを比較することは、グラフにおいても避ける必要があるのです。
>
>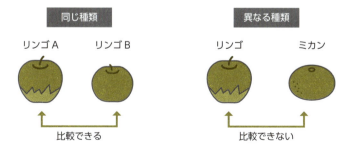

原則 132 2種類のデータは「複合グラフ」で表現する

2種類のデータは2軸で示す

2種類のデータを同時に示したい場合は、複合グラフが便利です。特に、比較したい **2種類のデータの大きさが大きく異なる** 場合、両方のデータの変化がわかりやすい複合グラフが適しています。以下のように売上高と営業利益の推移を同時に示したい場合、売上高に対して営業利益があまりにも少なすぎるため、1つのグラフにまとめると営業利益の変化がわかりにくくなってしまいます。そこで複合グラフにすることで、双方のデータの変化がわかりやすくなります。

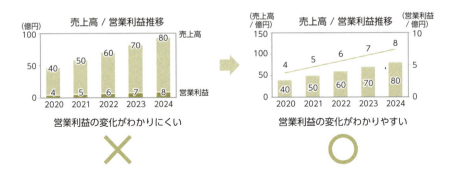

2種類のデータを組み合わせてメッセージを出す

2種類のデータの単位が異なる場合も、複合グラフが便利です。次の例では、店舗数と社員数の推移は単位が異なるため2つのグラフで示していたものを、複合グラフで示すことで、よりわかりやすく表現することができています。なお複合グラフは、2種類のデータから1つのメッセージを抽出する場合に使います。2種類のデータが関連性を持たない場合、複合グラフは適しません。

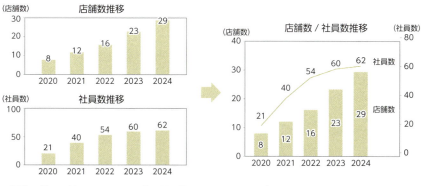

「早期に社員を採用することで、社員数の増加を抑制しながら、店舗の増加に成功している」というメッセージを出したい

2つのグラフを組み合わせることでわかりやすくなった

グラフの組み合わせと軸の値に注意する

複合グラフを使う場合には、グラフの組み合わせと軸の値に注意する必要があります。

①縦棒グラフと折れ線グラフの組み合わせが見やすい

複合グラフは、縦棒グラフと折れ線グラフの組み合わせがもっとも見やすいです。左軸を縦棒グラフに使い、右軸を折れ線グラフに使うようにします。①「挿入」タブ→②「グラフ」→③「組み合わせ」を選び、第2軸を使うグラフの④「第2軸」にチェックを入れ、⑤「OK」をクリックします。

447

②グラフが重ならないように軸の値を調整する

複合グラフで2つのグラフが重なっていると、見づらいグラフになってしまいます。そこでグラフどうしが重ならないように、軸の値を調整します。

以下の例では、店舗数の縦棒グラフと社員数の折れ線グラフが重なってわかりにくくなっています。そこで店舗数の左側の軸の最大値を30から40に変更しました。それにより、縦棒グラフの高さが低くなり、どちらのデータも見やすくなりました。

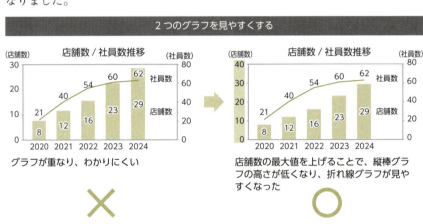

最大値の変更の操作ですが、グラフの①「第2軸を右クリック」し、②「軸の書式設定」を選択、③「最大値」に数値を入力します。

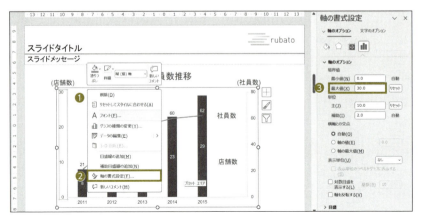

スポーツジムの事例　グラフの見せ方

「私」は「当ジムを体験しない理由」についてのアンケート結果を示すためにグラフを利用することにしました。アンケート結果は項目比較ですので、横棒グラフを使いました。

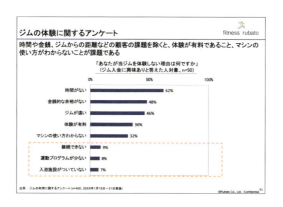

しかし、ここで10％未満の回答は少数の意見のため、重要度が低いと考え、除外することにしました。これにより、より焦点が絞られたデータを示すことができました。

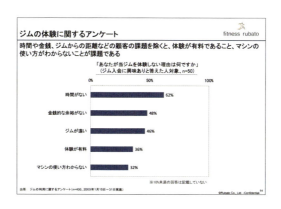

大原則 | グラフは「強調」で段違いにわかりやすくなる

グラフで表現する情報の中には、重要なものと、そうでないものがあります。グラフの重要なデータを強調することで、スライドメッセージを読まなくても、グラフをパッと見るだけで内容を理解できるようになります。データの強調というと、赤色の枠や円で強調している例をよく見かけますが、見た目にあまり美しくありません。ここでは、わかりやすく美しい強調の方法を学びます。

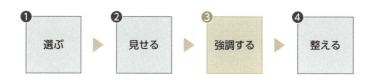

具体的には、**背景色、矢印、テキストボックスなどの方法**を使ってグラフを強調していきます。**強調は、大きく分けて「範囲の強調」と「主張の強調」があります**。それぞれの強調は、用途に合わせて複数の方法があります。特に「主張の強調」には増減傾向の強調、差の強調、説明の追加という3つのスタイルがありますので、ここで使い分けの方法を学んでいきましょう。

		使用シーン	方法
範囲の強調	一部データの強調	グラフの中で個別のデータを強調したい場合	・グラフの色変更 ・矢印の追加
	複数データの強調	グラフの中で複数のデータを強調したい場合	・背景色の追加
主張の強調	増減傾向の強調	折れ線グラフや棒グラフで増加・減少傾向を示す強調をしたい場合	・矢印の追加
	差の強調	折れ線グラフや棒グラフで2つのデータ間の差を強調したい場合	・補助線の追加 ・矢印の追加
	説明の追加	グラフのデータの背景となる補足の定性情報を説明する場合	・テキストボックス

原則 133 個別データは「色と矢印」で強調する

色と矢印で個別のデータを強調する

グラフの中の1つのデータを強調したい場合、例えば複数社の売上比較で、自社の数字だけを強調したいような場合は、2種類の方法があります。**1つ目がグラフの色を変更する方法、そして2つ目が矢印を使用する方法です。**いずれの場合も、色はアクセントカラーを使用しましょう。

・グラフの色の変更

グラフの個別のデータを強調するため、以下の図のように楕円で囲っている場合があります。しかしこれでは見た目が美しくありません。個別のデータを強調する場合は、強調したいデータの塗りつぶしの色を変更しましょう。強調したいデータの要素を二度左クリックして選択し、右クリックします。表示されるメニューから「塗りつぶし」を選択し、色を変更します。

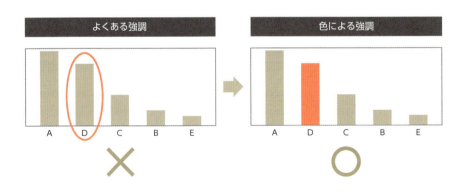

なお、以下の左の例のように、見せたいデータ以外のデータをグレーにするという方法を見かけることがあります。しかしグラフの色をグレーにすると、それらのデータが重要ではないという意味合いが出てしまうので、私はデータを弱める表現は基本的にはお勧めしていません。

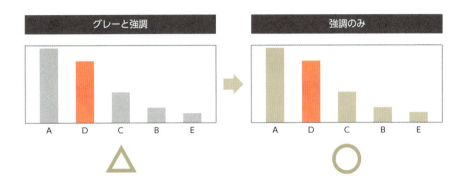

・矢印を使用する

強調したいデータを矢印で示すことで、見せたいデータを明確にすることができます。矢印は、「挿入」タブから「図形」を選んで追加します。以下の左の例のように丸で囲んでしまうと、見た目が悪く雑な印象を与えてしまうので、避けた方がよいでしょう。

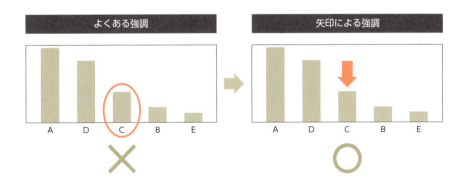

原則 134 複数データは「背景」で強調する

複数データの強調は背景に図形を敷く

グラフの複数のデータを強調する際は、アクセントカラーで背景を強調する方法がお勧めです。1つのデータの強調であれば、グラフの色や矢印の追加でよいのですが、複数のデータとなると、1つのまとまりとして強調する必要が出てきます。そこで、複数のデータの背景に色の付いた図形を敷くことで、あるひとまとまりのデータを強調することができるのです。

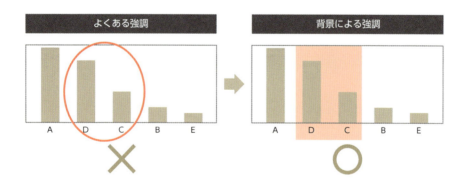

アクセントとなる図形の作成は、「挿入」タブ→「図形」→「正方形/長方形」を選んで、アクセントの範囲となる四角形を作成します。作成した四角形をクリックし、「図形の書式」タブ→「図形の塗りつぶし」でアクセントカラーの薄い色を選択します。続いて「図形の書式」タブ→「図形の枠線」で「線なし」を選択します。最後に「ホーム」タブ→「配置」→「最背面へ移動」で図形を背面に移動して、場所を調整します。

| 選択 | 見せ方 | **強調** | 整理 |

原則 135 | 増減の傾向は「矢印」で強調する

トレンドの強調はブロック矢印

グラフで表現したいメッセージには、個別のデータやひとまとまりのデータだけではなく、全体の増減の傾向を強調したい場合があります。グラフ全体の増減の傾向を示したい時に有効なのが、矢印です。

増加トレンドであれば右肩上がりの矢印を使い、**減少トレンドであれば右肩下がりの矢印**を使うことで、読み手はすぐにグラフの意味するところを理解できます。左側のグラフのように円で囲んでしまうと、見た目が悪く雑な印象を与えます。また増減の傾向も、上がっているのか下がっているのか、よくわかりません。矢印を使い、明確に表現しましょう。

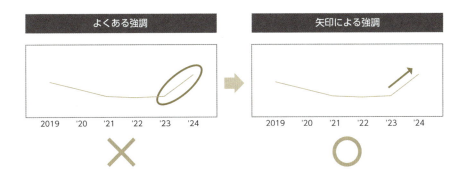

矢印は「挿入」タブ→「図形」→「ブロック矢印」を選んで作成します。作成した図形をクリックし、「図形の書式」タブ→「図形の塗りつぶし」でアクセントカラーを選択し、「図形の書式」タブ→「図形の枠線」で「線なし」を選択します。

原則 136 データの差は「補助線」と「矢印」で強調する

補助線と矢印でデータの差をわかりやすくする

縦棒グラフや横棒グラフでデータを並べて、そのデータ間の大きさの差を主張する際には、補助線と矢印を組み合わせて強調することができます。下記の例では、主要携帯ブランドの契約数を項目比較で示しています。AとBの間には大きな差があることを主張したいのですが、左のグラフでは強調がなく、主張が明確ではありません。そこで補助線を追加し、矢印でその差を示すことで主張が非常に明確になります。

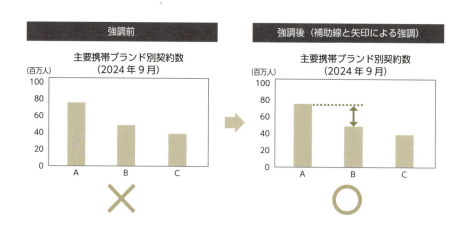

補助線は「挿入」タブ→「図形」→「線」で作成します。作成した線を選んだ状態で右クリックして「図形の書式設定」を選び、「実線／点線」で「点線」に変更します。矢印も「挿入」タブ→「図形」→「線」で作成し、「図形の書式設定」で矢印に設定して線の太さを調整します。

| 選択 | 見せ方 | 強調 | 整理 |

原則 137 強調の意図は「文章」で表現する

強調の意図は「テキストボックス」で説明する

グラフに対してアクセントカラーや矢印などで強調し、さらにそれが意味するところを文章で追加することによって、グラフをよりわかりやすくすることができます。文章では、グラフだけでは説明できない①背景情報、②理由、③データの解釈を表現します。例えば、以下の通りです。

①背景情報：「近年両社の売上は近づいている」
②理由：「東日本大震災によって売上が激減した」
③データの解釈：「売上アップにより採用ニーズが高まっている」

下記の例では、売上の急回復の②理由として新商品の投入時期を説明することで、グラフをわかりやすくしています。

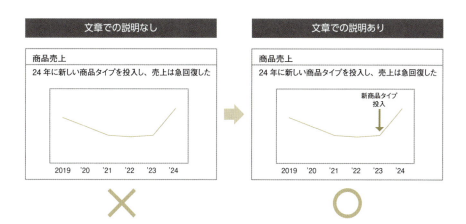

> スポーツジムの事例　グラフの強調

「私」は入会者の減少傾向をグラフで示したいと思いました。そこで前年同月比の入会者数の推移をグラフで表現しました。ただ、グラフだけでは減少傾向がわかりにくいので、主張を明確にするために減少傾向を矢印で強調しました。これにより、前年同月比での入会者数減少の状況をより明確に示すことができました。

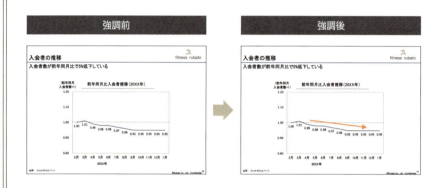

次に、ジムの体験に関するアンケート結果を横棒グラフで表現しました。ここではジム側では対策が不可能な上位3つの回答よりも、ジム側で対応可能な「体験が有料であること」「マシンの使い方がわからないこと」の2点が重要です。

しかし強調がないと、4位と5位が注目されることはまずありません。そこで、4位と5位の2つのデータに注意を向けるため、2つのデータの色をアクセントカラーに変えました。また、2つの回答内容がポイントですので、回答の内容を示す項目名とデータをアクセントカラーで背景から強調して、メッセージが伝わりやすいようにしました。

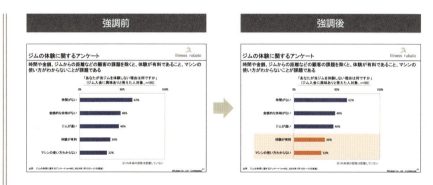

最後に、4位と5位の2つのデータの強調の意図をよりわかりやすく示すため、テキストボックスで文章を追加し、主張したい内容を強調しました。背景色やグラフの色での強調だけでは、なぜ強調されているのかわかりませんが、そこに文章で「ジムが取り組み可能な課題」と説明を加えることで、強調の意図を理解することができます。これでスライドメッセージを読まなくても、グラフをパッと見るだけで提案者の意図が伝わるようになりました。

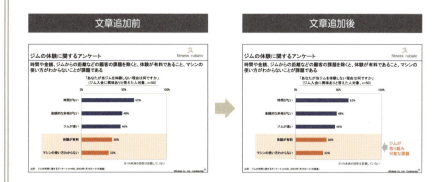

大原則

グラフの重要な要素を「整える」

グラフを選び、見せ方を変え、強調までできれば、あとはグラフの重要な要素を整えれば完成です。細かい部分ではありますが、**「データラベルのつけ方」「目盛揃え」「凡例」**などを整えるだけで、グラフは劇的にわかりやすく、メッセージを読み取りやすいものになります。通常のグラフ作成では見落とされがちなこれらのポイントですが、少し手間をかければ、大きな違いが現われることがわかるでしょう。ここではそれぞれの具体的な注意点と、PowerPointでの操作方法を説明します。

また、グラフを作成する上で必ず守らなければならないルールを最後にご紹介します。せっかくわかりやすいグラフを作っても、単位がなかったり、いつのデータかわからなかったりすると、元も子もありません。これらのポイントは当たり前であるがために、逆に多くのグラフで見落とされています。私が仕事の中で見かけるグラフでも、こういったポイントが不足しているケースが多いのが実態です。

コンサルティングファームでは、これらの最低限のルールを守らなければ上司に資料自体を見てもらえません。また、せっかく資料の内容がよくてもグラフのルールを守っていないコンサルタントの資料はまったくと言っていいほど信頼されません。一事が万事です。基本に忠実に、わかりやすいグラフ作りを目指しましょう。

原則 138 「目盛線」を消して「データラベル」を追加する

目盛線は消し、ラベルの小数点を揃える

一般的なグラフには、目盛線がついています。しかし、実際に資料で目盛線を見ながらグラフを読み取ることはほとんどないと思います。そこで、目盛線は削除するようにします。目盛線を使わないことで、グラフがすっきりと見やすくなります。ただし目盛線を使わない場合は、データラベルと軸目盛の表記の調整が必要になります。

まず、縦棒グラフ、横棒グラフの場合、データラベルはグラフの外側に表記するようにします。これにより、グラフの内側に表記するよりも見やすくなります。積み上げグラフの場合は、グラフの内側に表記します。次に、データラベルと軸目盛の小数点の桁数を揃えるようにします。軸目盛が整数表記しているのに、データラベルが整数表記していないというのは好ましくありません。最後に、データラベルと軸目盛のフォントサイズは必ず揃えるようにします。

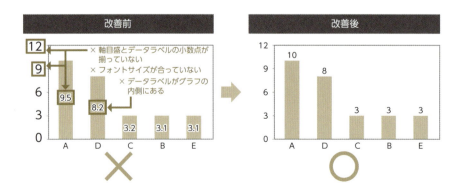

| 選択 | 見せ方 | 強調 | **整理** |

目盛線は、目盛線を選択し、Deleteキーを押して消すことができます。

目盛線の消し方

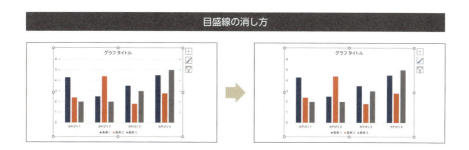

データラベルは、①グラフを選択し、右上の②「グラフ要素」から③「データラベル」にチェックを入れ、④配置する場所を選択すれば作成できます。

データラベルのつけ方

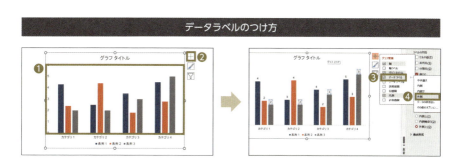

小数点の桁数は、①グラフのデータラベルを右クリックし、②「データラベルの書式設定」→③「表示形式」→④「カテゴリ」で「数値」を選択し、⑤「小数点以下の桁数」に桁数を入力して変更できます。

データラベルの小数点の揃え方

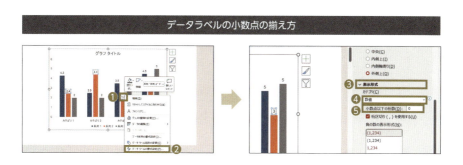

10 グラフ

463

原則 139 複数のグラフは
「軸目盛を揃えて」比較する

軸目盛を揃えて複数のグラフを比較する

軸目盛の最大値は、パッと見た時にそのグラフがどのようなスケール（規模）なのかを示してくれる、大変重要な要素です。地図の縮尺を示すスケールバーに当たるのが、軸目盛の最大値です。PowerPointは、グラフのデータの大きさに従って自動的に軸目盛の最大値を決めてくれます。

しかし複数のグラフが並んでいる場合には、グラフの軸目盛を調整してグラフ間で軸目盛を揃えることで、データを比較しやすくなります。例えば、米国と日本で同じ業界の複数の企業の売上規模を比較する場合、軸目盛を揃えていない場合は米国と日本のグラフの基準が異なるため、単純に比較することが難しく、あくまで米国内と日本国内での企業の売上比較になってしまいます。

ここで両グラフの軸目盛の最大値を揃えると、アメリカと日本の企業の大きさの違いが際立ちますし、アメリカと日本の企業の規模を比較することが可能になります。グラフをそれぞれ単体で考えるのではなく、グラフ間でどのような見せ方ができるかを考えることが重要です。

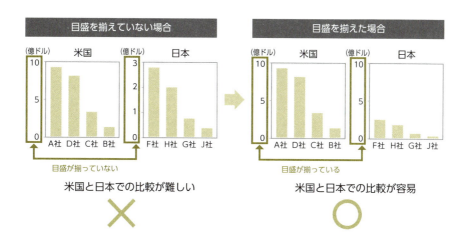

軸目盛の最大値の変更方法は、グラフの①縦軸を右クリックし、②「軸の書式設定」を選択します。そして③「最大値」に数値を入力します。

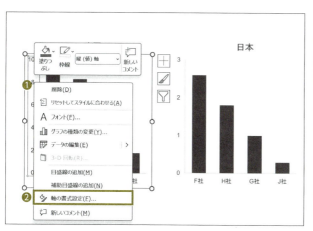

原則 140 | 凡例は「テキストボックス」で作り直す

ひと手間かけた凡例でわかりやすく

折れ線グラフや積み上げグラフでデータの数が多くなると、グラフを見た瞬間に内容を理解することが難しくなります。その原因は、PowerPointに設定されている凡例のつけ方がわかりにくいからです。例えば以下のグラフでは、データの数が7つと多く、凡例とグラフが離れているため、どの線がどのデータに対応しているのか一目でわかりません。

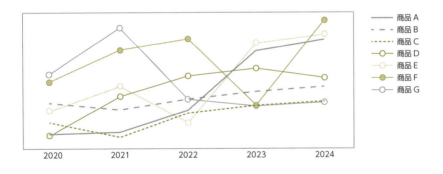

グラフの内容をわかりやすくするためには、凡例にひと手間かける必要があります。PowerPointで自動的に作成される凡例は四角の枠内にまとめられていますが、これを、グラフの各データに対して直接「テキストボックス」で示す形にします。

例えば折れ線グラフの場合は、**各データの折れ線の右端に直接凡例を示す**ようにします。この際、テキストボックスの枠線は「なし」にして、グラフの枠線によって凡例が見にくくなることを避けましょう。

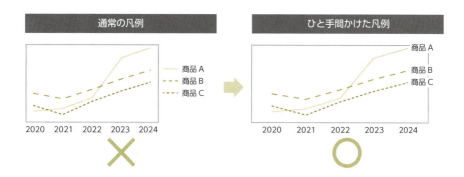

積み上げグラフの場合は、グラフの各データの右側に凡例を示すようにします。こうすることにより、どのデータが何を示しているのかが一目瞭然になり、わかりやすいグラフになります。文章はテキストボックスを挿入して文字を入力し、線は「図形」で「直線」を選んで挿入します。

原則 141 グラフ作成の「5つの注意点」を確認する

グラフ作成の5つのチェックポイント

最後に、グラフを作る上で重要な5つのチェックポイントをご紹介します。最初に、改善前と改善後のグラフを掲載しておきます。

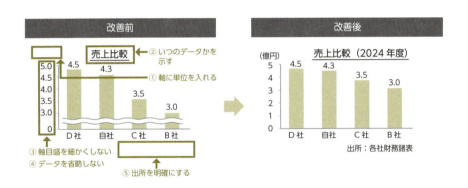

①軸に単位を入れる

基本的なことですが、軸に単位を入れることを忘れないようにしましょう。単位を入れ忘れると、グラフ自体が成り立たなくなります。単位は、テキストボックスで挿入することをお勧めします。

②いつのデータかを示す

グラフのデータがいつのものなのかを必ず示しましょう。消費者アンケートのデータがあったとして、それが10年前に行われたものなのか、5年前に行われたものなのかで、意味がまったく変わってしまいます。グラフの情報がいつのデータなのかを、必ずグラフタイトルに示すようにしましょう。

③軸目盛を細かくしない

軸目盛の数字を細かく見せているグラフをよく見かけますが、細かい目盛は読みにくくお勧めしません。軸目盛の数字は5つ程度にとどめて、グラフのデータラベルを有効活用するようにしましょう。軸目盛の変更の操作ですが、グラフの①縦軸を右クリックし、②「軸の書式設定」を選択、③「単位」の「主」に数値を入力します。

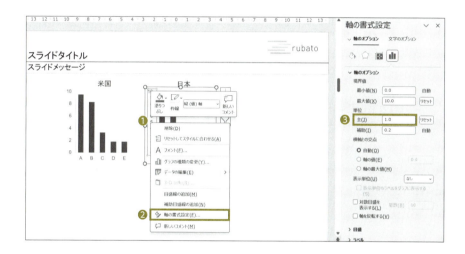

④データを省略しない

資料でたまに見られるのが、グラフの間の値を省略してデータの変化を大きく見せようとしているケースです。これは絶対にやってはいけません。データは全体を見せてこそ、意味があるものです。同様に、軸の目盛は途中からではなく、必ず0から始めるようにしましょう（%や指数の場合は除く）。

⑤出所を明確にする

データである以上は、必ず出所が存在します。その出所を書かないことには、データの検証ができません。必ずデータの出所を明記しましょう。出所は、テキストボックスを追加して文章で追加します。

column グラフは必ずPowerPointで作成する

PowerPointで作成した資料に掲載するグラフは、必ずPowerPointのグラフ機能を使って作成しましょう。Excelでグラフを作成し、「図」として(画像化して)PowerPoint資料に貼り付けているケースをよく見かけますが、Excelで作ったグラフを「画像」として貼り付けると、あとからの修正がききません。また、「ブックを埋め込む」を選んでファイルも含めて貼り付けると、PowerPointファイル全体のサイズが重くなってしまいます。また、ExcelグラフをPowerPointに貼り付けて「データをリンク」させると、Excelファイルと常に一緒に管理する必要が出てきて不便です。

そこでPowerPointを使った資料作成の現場では、Excelでグラフを作成するのではなく、必ずPowerPointのグラフ機能を使ってグラフを作成しましょう。グラフの挿入は、①「挿入」タブ→②「グラフ」を選び、必要なグラフを選んで挿入します③。すると、グラフのサンプルとともに、グラフの元になるワークシートが表示されます④。

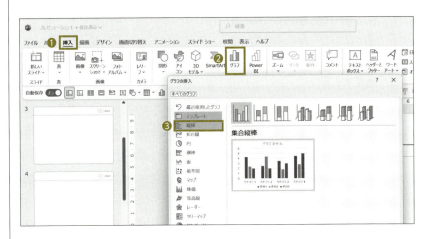

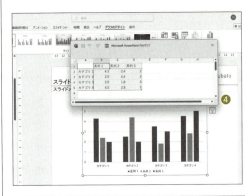

選択 ＼ 見せ方 ＼ 強調 ＼ 整理

グラフに使用するデータは、あらかじめExcelファイルで作成しておきます①。左ページの方法でPowerPoint上に表示されたワークシートに、あらかじめExcelファイルで作成しておいた表をコピー＆ペーストで貼り付けます②。元データのExcelファイルは、出所がわからなくならないようにPowerPointと同じファイル名をつけて、同じフォルダで管理します③。

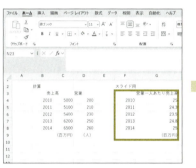

① Excel で表を作成しておきます。

② PowerPoint のグラフのワークシートに Excel のデータを貼り付けます。

③ Excel ファイルと PowerPoint ファイルは同じファイル名、同じフォルダで管理します。

10 グラフ

471

10章

グラフまとめ

- グラフは、比較するデータの内容に応じて、「積み上げグラフ」「横棒グラフ」「縦棒グラフ」「折れ線グラフ」「散布図」の5種類から選びましょう。
  - 「横棒グラフ」は、アンケート回答の比較など互いに関連性のないデータの比較に主に用いられます。長い項目名にも対応できます。
  - 「縦棒グラフ」は時系列のデータの比較にもっとも向いており、売上金額など時間の経過に伴い変化していくデータの比較に適しています。
  - 「折れ線グラフ」は割合や指数のデータの比較に向いているため、複数の企業や商品の市場シェアの時系列での推移を比較する時などに使います。
  - 「積み上げグラフ」は「データの内訳」を比較することに適しており、業界における市場シェアなどに用いられます。
  - 「散布図」は、売上と利益データなど2種類のデータの相関関係の分析に用いられることが多いです。

- グラフのデータの「見せ方」を検討しましょう。グラフのデータは「重要なもの」だけに絞ります。また、グラフのデータは「大きさ」「重要度」「種類」で並べます。

- グラフは「強調」しましょう。強調は「見てほしい部分の強調」と「主張の強調」の2種類をうまく使って強調しましょう。

- 最後にグラフを「整え」ましょう。グラフには「データラベル」を入れ、「目盛線」は消しましょう。「凡例」はテキストボックスで作りましょう。

Chapter 11

― PowerPoint資料作成 ―

流れの整理の大原則

11章 流れの整理の大原則

ここまでの章で、資料の目的を明らかにし、ストーリー、スケルトンを作り、スライドの内容を作ってきました。次は、いよいよ資料の仕上げとして全体の流れの整理をしていきます。PowerPointによる資料とは、いわば紙芝居のようなものです。基本的にはスライドを1枚、1枚めくって読んでいくため、読み手からすると**スライド間のつながりが見えにくくなるという欠点**があります。

そこで「流れをわかりやすくする」「資料全体の統一感を出す」工夫を行うことで、資料全体の流れをわかりやすいものに整理していく必要があるのです。

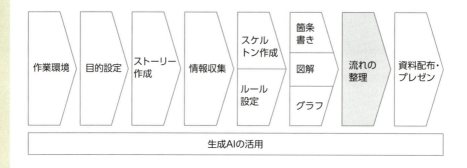

コンサルタントとして駆け出しのころ、自分で作った資料の構成が非常にわかりにくいことがありました。それに対して、先輩コンサルタントがセクションごとに目次を挟んだり、パンくずリストをスライドの右上に追加したりするだけで、劇的にわかりやすい資料に変わっていたことを思い出します。

本章では、流れをわかりやすくするコツ、資料の統一感を出すコツを説明していきます。

最初に、セクションごとに「目次」を挟んだり、資料の流れを「パンくずリスト」で示したりすることで、資料の中での該当部分の位置づけを明確にする方法を説明します。

次に、パンくずリストをスライドの右上につけたり、スライド間で「色や順番を統一」させたり、「小見出しを重複」させたりすることでスライド間の対応関係を示す方法を紹介します。また、資料内容の一覧を「Harvey Ball」や「高中低」といった評価の表現を活用して示すことで、読み手の理解を促す方法も紹介します。

そして最後にお伝えする「資料全体の統一感」を出すための方法については、「フォントの統一」「文章表現の統一」「小見出しの図形の統一」など、PowerPointの操作を覚えると効率的に行えることが含まれます。PowerPointの操作と一緒に覚えるようにしましょう。

大原則 ｜ 「資料の流れ」をわかりやすくする

資料の量が多くなると、読者は全体の中で自分が今どこの部分を読んでいるのか、あるいは、今読んでいるスライドがどのスライドと関係しているのかがわからなくなることがあります。広報的な商品のプレゼンテーションならストーリーを伝えるだけで事足りますが、**意思決定を行う場合は資料全体の内容から総合的に判断してもらうことが必要**になります。

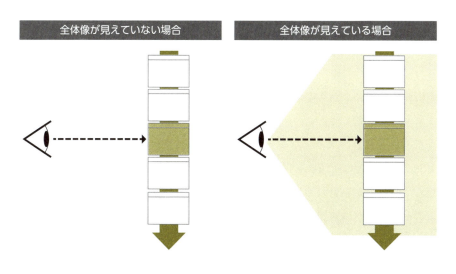

そこで、セクションごとに目次を挟んだり、パンくずリストを活用したり、スライド間での見出しを重複させたりといった、資料の流れをわかりやすくするための工夫が必要になります。これらの工夫は、コンサルタントが日常的によく使っているスキルです。これらのスキルを身につけていただければ、資料作成の際に皆さんの大きな武器になることは間違いありません。

資料の流れをわかりやすくすることで、読者は資料を理解することが容易になります。それでは順を追って説明していきましょう。

原則 142 セクションごとに「目次スライド」を挟む

セクションの冒頭に目次を挟み、全体像を示す

資料の全体の流れを示すのに有効なのが、セクションごとに目次を挟むという方法です。資料の「セクション」とは、本でいうところの章に当たるもので、複数枚のスライドから構成されます。通常、1つのセクションは5枚以上のスライドから構成されます。

資料の冒頭に目次スライドを入れることは、P.125で解説しました。そして、セクションごとの冒頭にも目次スライドを挟むことで、読者は自分が今どこを読んでいるのかを資料の途中でも確認し、頭の中を整理することができます。このセクションの冒頭に挿入する目次スライドのことを、「セクションタイトル」とも呼びます。

セクションごとに目次スライドを挟む場合は、該当セクション、つまりこれから説明するセクションのタイトルを背景色で強調するようにしましょう。**ここで気をつけるべきなのは、該当のセクションのタイトルだけでなく、他のセクションのタイトルも同時に見せる**ということです。これにより全体の中で今自分はどこのセクションを読んでいて、その位置づけが何であるのかが一目瞭然になります。

次ページの図は、「背景」「課題」「解決策」の各セクションの前に挟む目次スライドの例です。「背景」セクションの目次スライドでは「背景」の部分、「課題」セクションの目次スライドでは「課題」の部分、「解決策」セクションの目次スライドでは「解決策」の部分が、背景色で強調されています。また該当するセクションのタイトルだけでなく、他のセクションのタイトルも同時に表示されています。

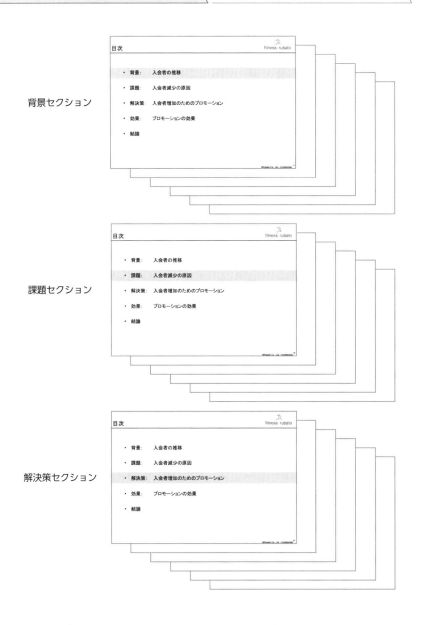

このように、各セクションの冒頭に目次スライドを挟むことで、説明をする側としても資料の流れをセクションごとに確認できますので、わかりやすい説明になる効果が期待できます。

原則 143 | 全体の流れを「パンくずリスト」で示す

パンくずリストはスライドの右上につける

資料の流れを示すのにもう1つ有効な方法が、「パンくずリスト」です。「パンくずリスト」とは、今表示されているスライドが、資料全体の中でどの位置にあるのかを明示するものです。

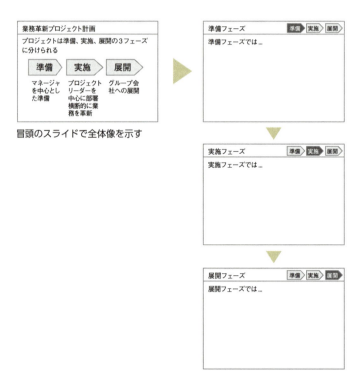

冒頭のスライドで全体像を示す

パンくずリストをスライドの右上に記載することで、スライドの位置づけを明確にすることが可能になる

流れ	統一感

パンくずリストを使う場合は、**冒頭のスライドでリストの全体像を示しておきます**。冒頭で全体像を示した上で、以降のスライドの右上に、そのスライドが全体の中で今どの位置にいるのかを示すパンくずリストを掲載します。前ページの例では、「準備」「実施」「展開」の3段階に分けてパンくずリストを作成しています。

パンくずリストの作成はショートカットキーを活用する

パンくずリストは、ショートカットキーを使うことで簡単に作成することができます。①図形を挿入し、テキストを記入してパンくずリストの原型を作ります。②原型の図形をグループ化し、図形と文字をそれぞれ適切なサイズまで縮小します。縮小できたら、グループを解除します。③該当箇所に色をつけ、スライドごとに図形をコピーして貼り付け、最後に該当箇所の書式をコピーしていきます。

パンくずリストの作り方

①パンくずリストの原型を作る

②図形をグループ化（Ctrl+G）して、マウスのドラッグで縮小する。次に文字を縮小（Ctrl+[）し、グループ化を解除する（Ctrl+Shift+G）

③該当箇所に色をつけ、スライドにコピーする。書式のコピー（Ctrl+Shift+C）と書式の貼り付け（Ctrl+Shift+V）を繰り返す

11 流れの整理

481

原則 144 資料の概要を「1枚のスライド」で示す

資料の内容を要約する

目次やパンくずリストは資料の構成、つまり枠組みを示すものです。それに対して資料の内容を一覧で示すことも、資料全体の内容を把握してもらうためには有効です。その際には**1枚のスライドにマトリックス型の図で資料の内容を要約し、評価を加える**ことが多いです。

評価は、「内容の評価」と「進捗状況」の大きく2つに分けられます。内容の評価は定量／定性スライドの総合的な評価、サマリー等に活用します。代表的なものとして、Harvey Ballや○△×、High Medium Lowなどが挙げられます。一方、進捗状況は各タスクの進捗確認や目標の到達度合を表現することができます。Traffic Light Chart（信号）や天気図をよく使います。

	利用シーン	表現方法	例
内容評価	・定量／定性の総合的な評価、サマリー等に活用する	Harvey Ball	
		3段階評価	○高H3　△中M2　×低L1
進捗状況	・各項目、タスク等の進捗確認や目標等の到達度合を俯瞰して表現できる ・一目見て、どのタスクがスタックしているか等がわかる	Traffic Light Chart	
		天気図	

マトリックス型で内容をまとめる

資料の概要を一覧で示すためには、マトリックス型で各スライドの情報を一度に見られるようにしましょう。このようにまとめると数字や文章が多くなりますが、先ほど紹介した評価の表現を加えることで一目で概要を理解することが可能になります。通常はこのマトリックス型のスライドを、資料のサマリースライドの次のスライドや、結論の前のスライドに差し込むことが多いです。これにより資料全体を読む前に概要を理解したり、資料を読んだあとに全体像を振り返ったりすることが可能になります。下記の例は、A国、B国、C国からの旅行客をHarvey Ballで評価したものです。

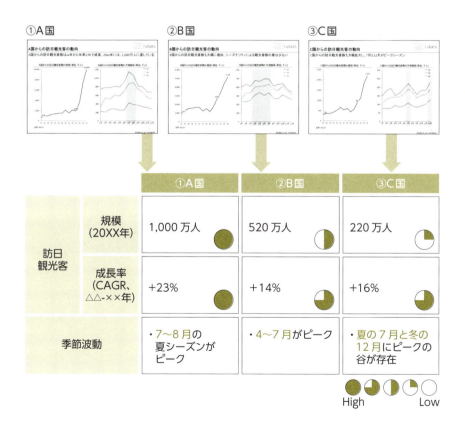

原則 145 スライド間で「色と順番」を統一する

色と順序はスライド間で必ず揃える

PowerPointで資料を作る際には、スライド間のつながりを意識する必要があります。つながりを意識しないと、スライドごとにちぐはぐな色を使ってしまったり、グラフのデータや小見出しの順番がバラバラになってしまったりします。スライド間の流れを整えるために、色や要素の順番を統一していきましょう。

①色を揃える

複数のスライド間で、共通の企業やデータなどを表す際には、同じ色を使うようにしましょう。色を揃えることで、読み手はその色を見ただけで、その企業、そのデータだと理解することができます。

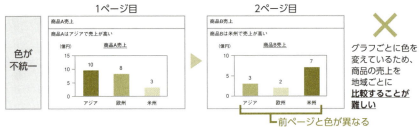

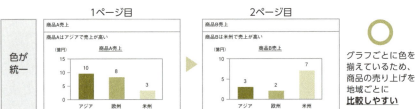

流れ	統一感

小見出しの場合も、同じ小見出しの図形の色を揃えることでスライド間での関係を理解しやすくなります。

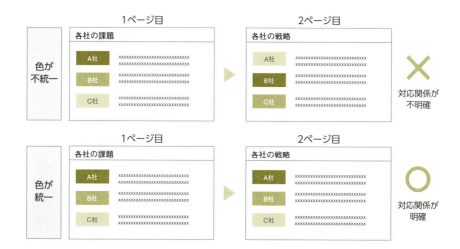

②順番を揃える

複数のスライド間で、スライドの中の要素の順番をコロコロ変えることはやめましょう。例えば日本事業、米州事業、欧州事業の3つの事業について説明している資料の場合に、あるスライドでは日本事業→米州事業→欧州事業の順番で並べていて、次のスライドでは米州→日本→欧州の順番に並べてしまうと、読み手は頭の中でデータの順序を組み替える必要が出てきてしまいます。スライド間で要素の順番を揃えることで、**読み手は次に何が来るかを予測することができ**、頭のメモリを使う量を減らすことができます。

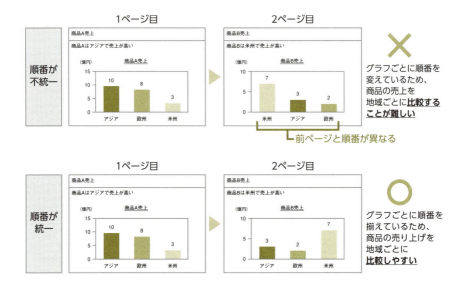

小見出しの場合も同様で、小見出しの順番をスライド間で揃えるようにすることで対応関係が明確になります。

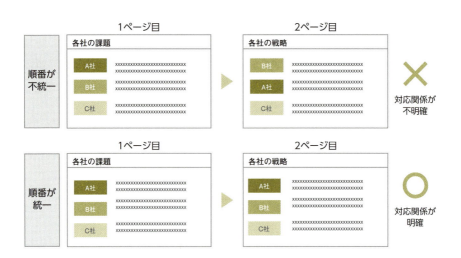

| 流れ | 統一感 |

原則 146 スライド間で「小見出しを重複」させる

課題と解決策の小見出しは対応させる

ストーリーを作る際には、「背景→課題→解決策→効果」の順番が定番の流れだとご紹介しました（P.118参照）。しかし複数の課題を扱う場合、読者は資料を読んでいるうちに、どの課題に対してどの解決策が対応するかがわからなくなってしまいがちです。

そこで、課題の小見出しを対応する解決策のスライドに再度掲載することで、課題と解決策の対応関係を明確にすることができます。プレゼンテーションの場合はスライド間のつながりを言葉で補うこともできますが、1人歩きする説明資料の場合は、**説明がなくてもスライドのみで相手に対応関係を伝える**ことができなければならないのです。

解決策のスライドで課題の小見出しを再度見せることで、スライド間のつながりを明確にすることが可能

重複部分

> スポーツジムの事例　流れを整える

「私」は「背景→課題→解決策→効果」の流れを明確にするために、スライドにパンくずリストを追加することにしました。もともとは流れのどのパートにあたるかわからなかったスライドが、右上にパンくずリストを加えたことで、「背景→課題→解決策→効果」という全体の流れの中で、このスライドが「解決策」に当たるということがわかるようになりました。

また、「私」は解決策のスライドと解決策の評価スライドの流れがよくなるように、解決策のスライドでのプロモーション案3つの順番と、2枚目のスライドでのプロモーション案3つの順番を揃えました。両スライドのプロモーション案の並びが同じになったことで、スライドの流れがスムーズになりました。

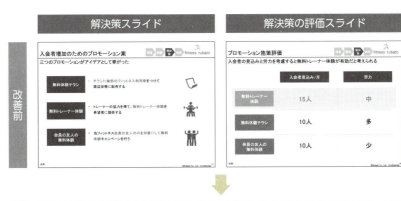

大原則 資料全体の「統一感」を出す

資料を作成していると、PowerPoint上ではスライドごとに内容を作成することになります。そのため、あらかじめ決めておいた資料のルール（7章）を守ろうとしていても、スライド間でうっかりフォントが異なったり、図形の書式や言葉の使い方、図形の使い方が異なったりといったことが、どうしても発生してしまいます。

コンサルティング会社では、数字の半角と全角や、スペースの半角や全角、言葉の使い方の一貫性などを細かく見ていて、1つでも間違いがあるとクライアントには提出できない資料とみなされてしまいます。

そこで資料作成の最後に、**資料の中にある不整合を修正して、資料全体として統一感のある資料に仕上げること**が必要です。私が新米コンサルタントだった頃にはこのような資料の確認は重要な業務でしたが、1つでもミスがないようにと大変神経を使ったことを覚えています。ただ、スライドごとに目視で確認して、不整合を見つけて1つずつ修正していくのは、非常に労力がかかる作業です。特に数十枚に及ぶようなPowerPoint資料の修正は、気の遠くなるような労力がかかります。

ここではマンパワーに頼りすぎるのではなく、**できるだけPowerPointの便利な機能を使って、不整合の修正を行うこと**を私はお勧めしています。具体的には、異なるフォントを一括で揃えること、図形の書式を揃えること、置換機能で異なる文章表現を一括で統一すること、一貫性のない図形を置換して揃えること、などになります。

原則 147 「一括置換」でフォントを統一する

フォントは「一括置換」ができる

使用するフォントはスライドのルール（P.228参照）で決定していたはずですが、1つの資料を複数人が作って統合した場合など、様々な理由によってフォントが揃っていない場合があります。

スライド間でフォントが揃っていないと、読者は無意識のうちに違和感を感じ、資料の印象が悪くなってしまいます。そこで、すべてのスライドを通して見直すことで、フォントを揃えるようにしましょう。フォントを1つ1つチェックしていくとなると面倒ですが、PowerPointにはフォントの一括置換機能がついています。その機能を活用しましょう。

フォント一括置換の方法

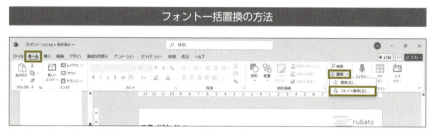

① 「ホーム」タブ→「置換」→「フォントの置換」を選びます。

② 「置換前のフォント」と「置換後のフォント」を選択し、「置換」をクリックします。

| 流れ | 統一感 |

原則 148 「書式のコピー」で書式を統一する

Ctrl + Shift + C 、 V で書式を揃える

図形には図形の色、枠線の太さ、文字のサイズ、文字の装飾など、様々な書式を設定できます。スライドごとに作業していたり、複数人でスライドを作成していたりすると、図形や文字の書式が合わなくなってしまうことがあります。下の図では、図解の中の文字の大きさや図形の色、図形の枠線などに不整合があります。そこでお勧めなのが、書式コピーのショートカットキー（Ctrl + Shift + C）と書式貼り付けのショートカットキー（Ctrl + Shift + V）の組み合わせです。下記のように書式をコピーして貼り付ければ、図形や文字の書式を一瞬で揃えることができます。「ホーム」タブにある「ハケ」コマンドを使うこともできますが、ショートカットキーを使う方がよりすばやく書式を揃えることができます。

① 書式をコピーしたい図形を選択して、Ctrl + Shift + C を押します。

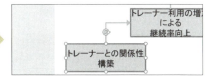

② 書式を貼り付けたい図形を選択します。

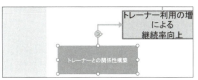

③ Ctrl + Shift + V を押して書式を貼り付けます。

原則 149 「置換機能」で文章表現を統一する

置換で表現を統一する

資料を作成している間には、スライド内、あるいはスライド間で、文章表現の不一致が起こってしまうことがあります。例えば、最初は「A事業部改革プロジェクト」と書いていたのが、途中から「A事業改革P」と省略してしまうといった場合などです。また単語レベルでの不一致として、「マネージャ」「マネジャー」「マネージャー」などを混在させて使ってしまう場合があります。

| 流れ | 統一感 |

すべての不整合を確認するのが困難な場合は、不一致が見られそうな単語やよく使われている単語についてのみ、置換機能（Ctrl+H「チカンはHanzai」）で確認しましょう。前ページの例では「マネージャー」を「マネージャ」に統一しています。

置換機能では、「検索する文字列」に「マネージャー」と入力し、「置換後の文字列」に「マネージャ」と入力します。そしてAlt+Fで検索し、置換したい単語が見つかれば、Alt+Rを押して置換ができます。Alt+Aですべての置換が可能ですが、予想外の文章が置換されてしまう場合もあるので、Alt+FとRで確認しながらの置換をお勧めします。数字やスペースで半角と全角がまじっている場合も、置換を活用してどちらかに揃えましょう。

① Ctrl+H で置換ウィンドウを開きます。

② 「検索する文字列」と「置換後の文字列」を入力します。

③ Alt+F で文字を検索、置換する場合はAlt+R、置換しない場合は Alt+F で次を検索します。

11 流れの整理

原則 150 「図形の変更」で図形を統一する

図形は簡単に変更できる

資料の中で、図形の形式は必ず揃えるようにします。例えばあるスライドでは小見出しに角丸の四角形を使っていたのに、他のスライドでは小見出しに直角の四角形を使う、といったことは避けるべきです。

統一されていない場合	統一された場合
商品A販売チャネル 商品Aは卸を活用した流通網で販売している 自社 → 卸 → 小売店 → 消費者 ・商品Aは卸売業者を通して小売店に卸し、最終的に消費者の手に渡る **商品B販売チャネル** 商品Bは自社から小売店への直販モデルで販売している 自社 → 小売店 → 消費者 ・商品Bは卸売業者を通さず、自社から小売店に直接卸し、消費者に販売している	**商品A販売チャネル** 商品Aは卸を活用した流通網で販売している 自社 → 卸 → 小売店 → 消費者 ・商品Aは卸売業者を通して小売店に卸し、最終的に消費者の手に渡る **商品B販売チャネル** 商品Bは自社から小売店への直販モデルで販売している 自社 → 小売店 → 消費者 ・商品Bは卸売業者を通さず、自社から小売店に直接卸し、消費者に販売している
2枚のスライド間で直角の四角と角丸の四角を使用したり、楕円形をルールを無視して使うなどの不統一が見られる	図形を統一したことでわかりやすくなった

| 流れ | 統一感 |

同様に、左ページの例のように、あるスライドでは「消費者」を楕円形で表現していたのに、他のスライドでは四角形で示すといったことも避けるべきです。同じ言葉には同じ図形を当てはめておかないと、読者はスライドをめくるたびに異なる図形に直面し、頭の中が混乱してしまいます。同じ図形を使っておけば、図形を見た瞬間に言葉を想定でき、より迅速で効率的な理解につながるでしょう。

こういった図形の不整合があった場合に、1つずつ図形を削除して新たに図形を挿入していくのは大変な労力です。そこで便利な機能がPowerPointにはあります。それが、図形の変更機能です。**残念ながら複数のスライドの図形を一括で変更することはできませんが、1つのスライドの中なら形を変えたい図形を複数選択して異なる図形に一度に変更できます。**

図形変更の方法

①変更したい図形を選びます。

②「図形の書式」タブ→「図形の編集」→「図形の変更」を選び、変更したい図形を選びます。

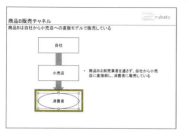

③図形が変更されます。

11章 流れの整理まとめ

- 資料の流れを示し、また、資料全体の統一感を出すことで、読み手にとってさらにわかりやすい資料となります。

- セクションごとに「目次」を挟んだり、資料の流れを「パンくずリスト」で示すことで、資料の中での該当部分の位置づけを明示できます。

- 資料の内容をスライド1枚で評価を含めて示すことで、読者は資料の全体像を理解できます。

- スライド間で「小見出しを重複」させることで、テキストで説明しなくても、読み手に対応関係を示すことができます。

- スライド間で「色・順番を統一」しましょう。

- 資料全体の統一感を出すために、最終仕上げの段階で、いくつかのポイントを確認しましょう。

- PowerPointのフォントの一括置換機能を使って、フォントを揃えましょう。

- PowerPointの置換機能を使って、文章表現を統一しましょう。

- 図形の変更機能を使って、小見出しなどに使う図形の形を揃えましょう。

Chapter 12

PowerPoint資料作成

資料配布・プレゼンの大原則

12章 資料配布・プレゼンの大原則

第11章で資料全体の流れの整理を行い、資料は無事に完成しました。最後に残っているのは、いよいよ本番、資料の配布とプレゼンテーションです。具体的に取り組む内容としては、配布資料のチェック・印刷、資料の説明、資料の送付ということになります。

コンサルタントは資料作りだけではなく、これらの完成後の作業にもこだわります。私もファイルのサイズからファイル送付の方法まで、先輩コンサルタントから細かく指導を受けたことが思い出されます。神は細部に宿るという言葉に従い、プロフェッショナルは細部までこだわることを求められるのです。

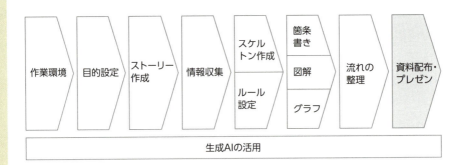

PowerPointの事例ではありませんが、新人の頃にクライアントにExcelのファイルを送ったことがあります。しっかりとチェックを繰り返して問題ないと確認した上で送付したのですが、上司から確認が足りないとあとから指摘を受けました。

1点目は、印刷範囲がきちんと指定されていなかったことです。上司からは「お客様に印刷の範囲指定の手間をかけさせてはいけないし、もしかすると範囲指定の方法を知らないかもしれない。そうすると、結局伝えたいことが伝わらなくなるでしょ」と言われました。2点目は、セルの選択位置をExcelの各シートのA1に置いていないことでした。これも「セルの選択位置がシートごとにバラバラだと、お客様に手間を取らせることになるでしょ」ということでした。

PowerPointの資料をホチキス止めする際にも、紙の端が1ミリでも揃っていないとやり直しを指示されました。資料作成後のことになぜここまでこだわるのかというと、せっかく内容が素晴らしいものであっても、資料の印刷や説明、送付を雑に行ってしまうと、資料の内容の印象までもが悪いものになってしまうからです。コンサル流の資料のチェック・印刷、説明、送付のコツを身につけ、相手にスマートな印象を与えましょう。

大原則 | 外資系コンサルは「配布資料」にもこだわる

モノではなくサービスを提供するコンサルタントにとって、会議で配る配布資料は唯一の重要な商品です。そのため、誤字脱字などがあれば一大事です。それらのミスを防ぐために、われわれコンサルタントは必ず誤字脱字などの最終チェックを行っています。

この最終チェックは、**資料を印刷する前に30分〜1時間のチェックの時間をとって、誰か1人ではなく、複数人で確認するという仕組みで行います。**一般の企業で、ここまで入念に資料をチェックする必要はないかもしれませんが、最低限のチェックポイントを押さえることで、資料のミスを大幅に防ぐことが可能になります。

資料のチェックが終われば、次は印刷です。印刷にもいくつかのコツがあります。私は資料が素晴らしいのにもかかわらず、印刷の方法で損をしているケースを多く見てきました。ぜひ皆さんには正しい印刷の方法を身につけていただきたいと思います。

ここでは、チェックリストを利用した資料チェックの方法、そしてスライドを読み手にとってわかりやすく印刷する方法について、順を追って説明していきます。

原則 151 | テスト印刷した資料を「チェックリスト」で確認する

チェックリストでチェック作業をする

資料が完成したら、必ず最後にチェック作業を行います。どれだけ注意深く資料を作成していても、誤字脱字などのミスは起こってしまうものです。必ず、資料作成のスケジュールの中に最後のチェックの時間を組み込むようにしましょう。

また作成した本人だけではなく、部署の同僚やプロジェクトメンバーにもチェックを依頼することをお勧めします。作成した本人の場合、客観的に資料を見直すことができず、ミスを見逃してしまいがちです。同僚や他のメンバーならば、資料を客観的に観ることが可能です。

この時のチェックは、必ず資料をテスト印刷して行いましょう。テスト印刷が面倒だからとパソコンの画面上でチェックをすると、必ずチェック漏れが起こります。実際にテスト印刷をして確認することで、間違いを見つけられる可能性が格段に高まります。

資料をチェックする時は、漫然と読むのではなく、**チェックリストを作り、チェック漏れがないように確認していきましょう**。次のページに私の使っているチェックリストをご紹介しますので、ご自身の環境に合わせてカスタマイズするなどしてご利用ください。

| チェック・印刷 | 説明・プレゼン | 送付 |

資料のチェックリスト10

- [ ] ①タイトルスライドのお客様の名前に間違いはないか
- [ ] ②見積もりの金額が間違っていないか
- [ ] ③タイトルスライドの日付に間違いはないか
- [ ] ④スライドタイトル、スライドメッセージが抜けていないか
- [ ] ⑤グラフや表の単位に間違いはないか
- [ ] ⑥グラフの凡例にミスがないか
- [ ] ⑦文字のフォントが一貫しているか
- [ ] ⑧出所が抜けていないか、間違いはないか
- [ ] ⑨スライド番号が抜けていないか
- [ ] ⑩社内向けのコメントが残っていないか

このようにチェックポイントを明確にすることで、チェックが簡単になり、しかもミスを見つけやすくなります。このチェックリストの中で、特に注意すべき点が2つあります。1つ目は、①お客様の名前です。資料を使い回したために他のお客様の名前が残っていると、信頼はガタ落ちです。必ずタイトルスライドのお客様の名前は真っ先に確認しましょう。

2つ目に、②見積もりの金額には細心の注意を払うようにしましょう。私は新人の頃に、取引先の広告代理店から見積もり金額が1桁間違った提案書を受け取ったことがあります。先輩コンサルタントが「この金額でよいのですね？」と詰めたところ、先方の営業が冷や汗をかいていたことが思い出されます。このような事態を防ぐためにも、チェックリストを活用して資料にミスがないようにしましょう。

原則 152 配布資料は「2スライド／1ページ」で印刷する

「配布資料印刷」機能は使わない

配布資料を印刷する際、1スライドを1ページに印刷すると、文字などが大きくなりすぎて、かえって見づらくなる場合があります。経営陣への説明では、限られたスライド枚数でのプレゼンが多くなる傾向があります。そのため、ストーリーラインがより重要になり、1スライド1ページで印刷することが多くなります。一方、通常の打ち合わせレベルの資料ではスライド枚数が多くなる傾向にあるため、2スライドを1ページに印刷するようにします。

この時、**PowerPointの印刷画面で選べる「配布資料」を使った印刷はやめましょう。**スライドが小さく印刷されてしまい、大変見にくくなります。ここではスライド1枚1枚がより大きく印刷される、割付印刷を使いましょう。

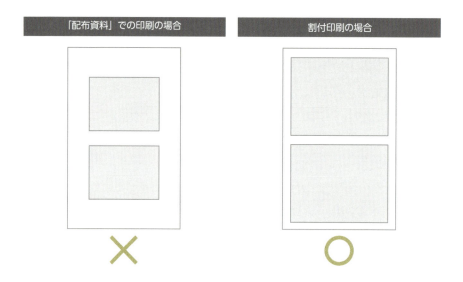

割付機能を使うには、最初に資料をPDF形式で保存します。

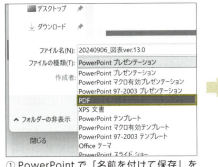

① PowerPointで「名前を付けて保存」を行い、「ファイルの種類」で「PDF」を選びます。

②「ファイルの種類」がPDFになっていることを確認して保存します。

その上で、PDFの印刷設定を使って割付印刷を行いましょう。PDF化したファイルの割付印刷の方法は以下の通りです。

①「複数」をクリックする
②「1枚あたりのページ数」で「カスタム」「1×2」を選択する

この時、両面印刷を行う場合は③「用紙の両面に印刷」と④「長辺を綴じる」にチェックを入れます。

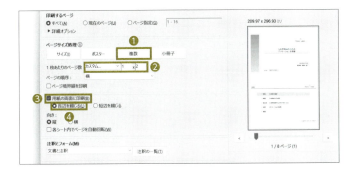

原則 153 配布資料は「グレースケール」で印刷する

「単純白黒」で印刷しない

資料を白黒で印刷する場合は、「グレースケール」で印刷しましょう。PowerPointには「単純白黒」で印刷できる機能がありますが、これを使って印刷すると、色の濃淡がわからなくなったり、不要な図形の枠線が印刷されたりと、見栄えが悪くなってしまいます。

そこで、「単純白黒」ではなく「グレースケール」で印刷を行うようにします。色の濃淡がグレーの濃度で表現されるため、カラーでの印刷に近い仕上がりになります。

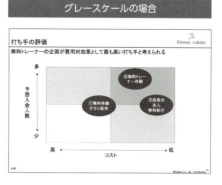

| チェック・印刷 | 説明・プレゼン | 送付 |

グレースケール印刷は、「ファイル」タブから「印刷」を選び、「カラー」を「グレースケール」に変え、「印刷」をクリックして行います。

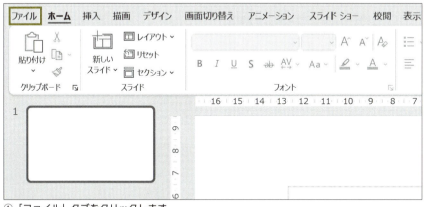

① 「ファイル」タブをクリックします。

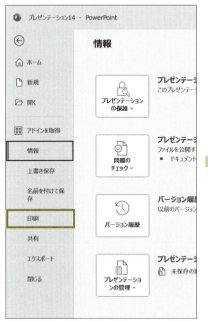

② 「印刷」を選択します。

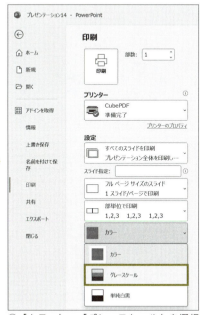

③ 「カラー」→「グレースケール」を選択します。

大原則 外資系コンサル流「資料説明・プレゼン」のコツ

配布資料の印刷が終わり、参加者に資料を配布したら、いよいよ資料の内容を説明する段階に入ります。資料の説明でもっとも重要なポイントは、資料に基づいて、**自分の主張と根拠を「時間内に伝える」**ということです。時間内に収めるのが不得意という方も多いと思いますが、本書で説明した通りの資料作りを実践していれば、スライドのどのレベルまで説明するかを調整するだけで、説明時間のコントロールが可能です。

また打ち合わせでの資料の説明の際には、自分が今「どのスライドについて説明しているのか」を明確に伝えることが重要です。資料の場所を適切に伝えれば、聞き手の理解をより深めることが可能ですし、勝手に読み進められることを防ぐことができます。

なお資料の説明では、聞き手があとで資料を見返した時に、口頭で説明した内容の再現性があることが必要となります。そのため、**資料に書いていない重要な情報を追加して伝えることはやめましょう。**もちろん、聞き手の興味を引き付けるための多少の余談や問いかけ、詳細な説明はかまいません。

またPowerPointの操作をいくつか覚えておくことで、プレゼンをスマートに行うことができます。ここではそのいくつかの操作を説明します。
それでは、説明の際のポイントを見ていきましょう。

原則 154 説明する内容に「優先順位」をつける

スライドタイトル→スライドメッセージの順に説明する

資料の説明を行う際は、限られた時間を最大限有効に使うために、伝える内容に優先順位をつけましょう。もっとも優先度が高いのは、①スライドタイトルと②スライドメッセージです。各スライドのスライドタイトルは必ず伝え、その上で、自分の主張を理解してもらうためにスライドメッセージを伝えましょう。あとは、説明に割くことのできる時間に応じて、スライドメッセージを根拠づける③〜⑤の内容をどこまで説明するかを決めましょう。なお、結論を最後に伝えたいという場合は、スライドメッセージを最後に伝えます。どのような順番で相手に伝えたいかを考え、柔軟に順番を変更しましょう。

限られた時間の中で説明することが苦手という方も多いと思います。箇条書きの章で小見出しの重要性を説明しましたが（P.310参照）、③小見出しを作ることによって各スライドの内容をどの程度説明するかを調整することができ、時間の調整が容易になります。

| チェック・印刷 | 説明・プレゼン | 送付 |

文章をあらかじめ小見出しによって分類しておくことで、大事なスライドは⑤の文章レベルまでしっかり説明する一方、**それほど重要でないスライドの場合は、③小見出しや④強調部分のレベルの説明で終わらせる**といった方法で、時間がある場合とない場合の調整がしやすくなります。

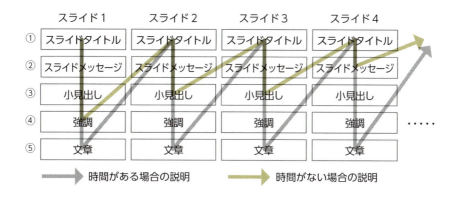

例えば以下の例では、短い時間での説明を想定し、スライド1では強調のレベル④まで説明し、オリンピックの施設面での課題のポイントを示しています。それに対してスライド2では解決の方向性を示しているのみですので、小見出しのレベル③までの説明に留めています。

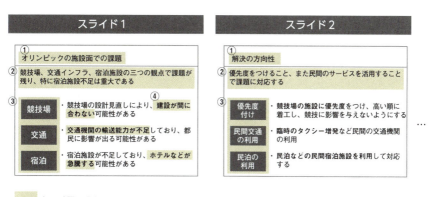

12 資料配布・プレゼン

原則 155 「ページ番号」を伝えて注意を集める

手元資料の説明は「現在のページ番号」を伝える

資料の内容を説明する際には、すでに資料の配布が完了し、聞き手の手元に資料がある場合が多いと思います。この時、自分が今説明しているスライドのページ番号を相手に伝えることで、**聞き手が異なるスライドに目を向けているといった事態を防ぐことができます**。また手元に資料がないことも多いプレゼンテーションとは異なり、手元に資料があると、聞き手は話し手の説明を聞かずにどんどん読み進めてしまう傾向があります。聞き手が勝手に読み進めることを防ぐためにも、資料の説明は必ずページ番号を伝えながら行うようにします。例えば、次のように説明を行うとよいでしょう。

「まずは2ページをご覧ください。本日の内容のサマリーとなっています。」
「次に3ページをご覧ください。こちらのスライドは過去5年の当社の売上推移を示しています。」
「続いて4ページをご覧ください。こちらは競合各社の過去5年の売上推移を示しています。」

ページ番号を伝えると、不思議と聞き手はそのページを開いてしまう傾向があります。またスライドの内容の説明でも、「上から2番目」や「右から2番目」のように、説明している個所を具体的に指示するようにします。指示があると、聞き手もスライドの該当部分を見なければいけないという意識が働くので、説明に注意を向けさせることが可能になります。

| チェック・印刷 | **説明・プレゼン** | 送付 |

スポーツジムの事例　資料の説明

下記は、フィットネスの例で説明の順番を示しています。「私」は①まずページ番号を伝え、次に②スライドタイトルとスライドメッセージを伝え、最後に③見てほしい箇所を伝えることにしました。具体的には次のように説明しました。

①「9ページをご覧ください。」

②「ここでは、解決策としてプロモーション施策入会者見込みを計算しております。無料トレーナー体験は体験者数、入会者数ともに無料体験チラシのみよりも効果が高いという結果が出ています。」

③「特に上から2つ目の無料トレーナー体験の、左から2つ目の体験者数をご覧ください。無料トレーナー体験は体験者数が40名と予測されており、これは他のどのプロモーションよりも高い効果になります。」

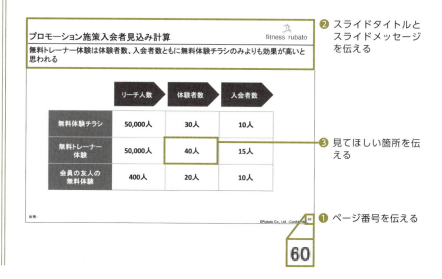

❷ スライドタイトルとスライドメッセージを伝える

❸ 見てほしい箇所を伝える

❶ ページ番号を伝える

原則 156 スライドショーを「瞬時に開始」する

Shift + F5 でスライドショーを始める

ここまでは、会議や打ち合わせの際の少人数に対する資料の説明を前提に説明してきました。しかし、大人数を前にしたプレゼンテーションで私が重要だと感じるのは、**プレゼン時のふるまいのスマートさ**です。そこでここからは、プレゼンテーションそのものではなく、プレゼンテーションをスマートに行うために有効なPowerPointの機能に絞っていくつかのワザをご紹介します。

スライドショーの開始を、PowerPointの右下にある「スライドショー」コマンドをクリックして始める人は多いと思います。しかし、コマンドをマウスでクリックする代わりにショートカットキーで始めることで、スマートにプレゼンテーションを始めることができます。

スライドショー開始のショートカットキーは F5 キーです。ですが、F5 を押すと、プレゼンテーションの最初のページからの開始になります。あらかじめ開始したいスライドのページを開いていたのに、F5 を押したがために最初のタイトルスライドからスタートしてしまい、あたふたしているプレゼンターを見たことは一度や二度ではありません。こういったことを防ぐためにも、現在開いているスライドからスライドショーを始める Shift + F5 でスライドショーを始めるクセをつけておきましょう。

> チェック・印刷　　**説明・プレゼン**　　送付

原則 157 「ホワイトアウト」で注目を集める

BまたはWで注目を集める

プレゼンテーションの最中に、聴衆の関心を自分に集めたい時があると思います。その際はBキーを押しましょう。するとスライドの画面が消え、黒い画面に変わります(ブラックアウト、覚え方はBlack outのB)。これにより、聴衆はスライド画面ではなく、プレゼンターに注目します。再度Bを押すと、元の画面に戻ります。

会場が暗い場合は、黒い画面に変えると会場全体が暗くなってしまいます。その場合は、白い画面が表示されるWを押しましょう(ホワイトアウト、覚え方はWhite outのW)。こちらも、戻す時には再度Wを押しましょう。

これらのボタンは実用面での効果もさることながら、こうした機能を知っているという**「デキる」イメージを与える効果**があります。質疑応答などの際に、積極的に使ってみると有効でしょう。

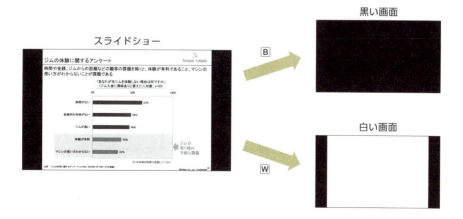

原則 158 表示したいスライドに「瞬時にジャンプ」する

ページ番号+ Enter でジャンプする

プレゼンテーションの最中に、前に表示していたスライドに戻って見せたい場合があるかと思います。この際、標準表示モードに戻ってスライドを見つけ、またスライドショーに戻すという操作をよく見かけますが、あまりスマートな方法ではありません。

このような場合は、表示したいページ番号+ Enter を押してください。すると、そのページに飛ぶことができます。ただし、手元に資料を必ず用意して、ページ番号を確認することは必要です。

またPowerPoint 2016以降のバージョンから、G を押すと画面上でスライドが一覧表示になり、そこから見せたいスライドを選べるようになりました（覚え方はGo!のG）。ぜひ活用してみてください。

スライドショー

ページ番号 + Enter

G

選択したページ

ページ選択画面

チェック・印刷　　　説明・プレゼン　　　送付

原則 159　デスクトップのアイコンを「非表示」にする

アイコンを一時的に非表示にする

プレゼンテーションの際、使用しているパソコンのデスクトップ画面が見えてしまうのは仕方のないことです。しかし、そのデスクトップ画面がアイコンだらけになっているのを見ると、どれだけプレゼンテーションが素晴らしくても「ファイルの整理ができない人なのかな」と聴衆は気になってしまいます。普段からデスクトップを整理しておけばよいという話でもあるのですが、なかなかそうもいかないという人も多いでしょう。

こういった場合のために、デスクトップアイコンを一時的に非表示にするワザがあります。アイコンを非表示にすることでデスクトップがすっきりして、聴衆も気にならなくなります。

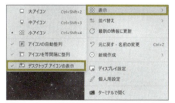

デスクトップで右クリックし、「表示」→「デスクトップアイコンの表示」のチェックを外します。

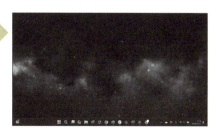

12 資料配布・プレゼン

519

原則 160 「ハイパーリンク」で別ファイルに飛ばす

ハイパーリンクで他のファイルをスムーズに示す

プレゼンテーションを行う際に、映像やExcel、WordなＤ、PowerPoint以外のファイルを見せることがあります。その際、いったんPowerPointを閉じて、別のアプリケーションのファイルを開くという操作をすることが多いと思いますが、これではプレゼンテーションの流れが途切れてしまい、スマートではありません。

そこでPowerPointのハイパーリンクの機能を使うことで、スマートに他のファイルを開くことが可能になります。映像ファイルやExcelにリンクを張った図形を用意しておき、マウスでクリックするだけです。

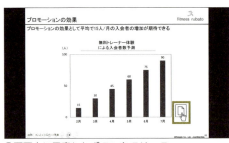

①画面上に用意したボタンをクリックします。

② Excel ファイルが開きます。

| チェック・印刷 | 説明・プレゼン | 送付 |

PowerPointでのハイパーリンクの設定方法は、以下の通りです。

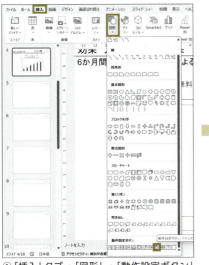

①「挿入」タブ→「図形」→「動作設定ボタン」を選択します。

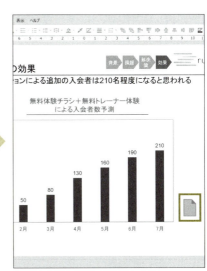

②スライドにボタンを配置します。

③「オブジェクトの動作設定」ウィンドウが開くので、「ハイパーリンク」を選び、「その他のファイル」を選択します。

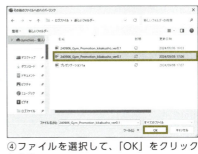

④ファイルを選択して、「OK」をクリックします。

大原則 リモート会議における「資料説明・プレゼン」のワザ

リモートワークが広がる中で、Microsoft TeamsやZoomなどを使ったリモート会議が大幅に増えています。リモート会議は便利な一方で、ネガティブな面もあります。それは対面ではないために緊張感が薄れ、参加者の集中力が途切れがちになるところです。また、他の仕事を行っていても周りには気づかれないため、会議での「内職」も発生し、参加者が会議をよく聞いていないという状況も起こりがちです。

その結果、話し手が一生懸命話をしていても、「聞き逃した」「聞いていなかった」などの問題が起こることが多々あります。こうした状況下で我々ができることは何でしょうか。よく、内職禁止などのルールが設定されますが、ルールで行動を縛ることは自助努力を求めているだけで、根本的な解決にはなっていないように感じます。

解決の1つの方向性としては、話し手側の工夫だと考えます。これまでにお伝えしてきた通り、会議や打ち合わせでは口頭の説明だけで理解してもらおうとは思わず、きちんと資料を作成してそれを見せることが重要です。それに加えて、**わかりやすい説明やプレゼンテーションを行って、相手の興味・関心、そして集中力を惹きつけることが重要**です。

リモート会議で相手を惹きつけるプレゼンテーションや説明を行うためには、対面で行っていた資料の説明やプレゼンテーションの方法とは異なるアプローチが必要になります。ここでは、リモート会議での説明やプレゼンテーションの新たな工夫を説明していきます。

12 資料配布・プレゼン

原則 161 | アニメーションは「フェード」を使う

リモート会議ではアニメーションを活用する

コンサルティングの業界では、実はアニメーションは基本的に使わないのがルールでした。対面でのプレゼンテーションの場では、発表者の目線やジェスチャーでスライドのどの部分を説明しているかが伝わりやすく、スライドの要素をアニメーションで順番に見せていく必要がなかったからだと思います。

しかし、リモート会議では見てほしい部分を発表者が指示することが難しくなります。そこで私は、**リモート会議の場ではアニメーションの活用をお勧めしています**。また、スライドを静止画のように見せ続けるよりも、アニメーションで変化をつけた方が聞き手の集中力が続きやすいという理由もあります。PowerPointのアニメーションには、さまざまな効果があります。スライドイン、ターン、バウンドなど、見ているだけで楽しくなる効果が盛りだくさんです。ただし、アニメーションのさまざまな効果を使うことはお勧めしていません。なぜなら、聞き手がアニメーションに気を取られすぎてしまい、肝心の内容が頭に入らなくなるからです。

そこでお勧めしているのが、フェードの使用です。フェードは、図形や文字がゆっくりと現れるシンプルなアニメーションです。**ゆっくりと浮かび上がるように図形や文字が現れるので、聞き手がアニメーションに気を取られすぎることがありません**。

フェードはゆっくりと浮かび上がるように図形や文字が現れる

フェードは2ステップでつける

フェードの効果をつける方法は、次の2つのステップになります。

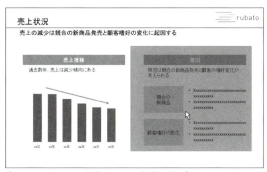

①アニメーションを適用したい部分を選びます。

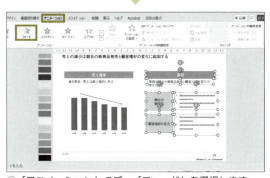

②「アニメーション」タブ→「フェード」を選択します。

原則 162 アニメーションの「場所」が わかるようにする

アニメーションの場所をわかりやすくする

アニメーションを活用したプレゼンテーションでよく見かけるのが、プレゼンターがアニメーションの場所を忘れてしまうという場面です。プレゼンターがクリックしすぎて、もっと先で見せる予定だった部分まで表示させてしまったり、反対に、本来は表示させるべき要素を表示させずに説明してしまい、次のスライドに行こうとマウスをクリックしたら、ようやくそこで忘れていた要素が表示される。そんなことがよく起きます。

アニメーションを使う時には、このようなことが起きないように入念な準備が必要になります。**どこにアニメーションがあるかをしっかりと把握した上でプレゼンテーションや説明に臨むことが求められます。**しかし、忙しい業務の中でそのような準備時間を捻出するのは至難の業です。

そこでおすすめしているのが、アニメーションの場所をわかりやすくするというテクニックです。図形のアニメーションはその図形とその中の文字を一度に出現させるのが一般的だと思いますが、図形のみをあらかじめ表示させておき、その中の文字はアニメーションであとから出現させることで、まだアニメーションで表示させていない部分があることをプレゼンターが把握できるようになります。

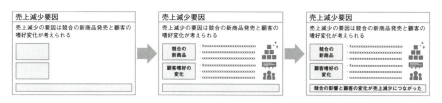

図形をあらかじめ表示させておくことで、アニメーションで表示する部分があることを把握できる

この方法はひと手間かかるのですが、資料を作成した人とは別の人が説明する場合に特に有効です。会社では、部下が作成した資料をマネージャーが説明する場面がよくあるかと思います。その際に文字がない図形を表示させておくと、マネージャーはその部分にアニメーションがあることを把握できて、安心してプレゼンテーションを行うことができます。

文字だけにアニメーションを設定する

文字だけにアニメーションをつけるには、図形を選ばず、文字のみを選択し、その状態で「アニメーション」タブから「フェード」を選択する必要があります。

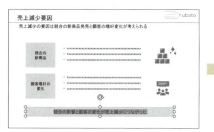

①アニメーションを適用したい図形内のテキストを選択します（図形は選ばない）。

②「アニメーション」タブ→「フェード」を選択します。

原則 163 アニメーションは「塊」で出す

情報量の多いスライドはすべてを見せない

情報量の多いスライドの場合、リモート会議などでいきなりスライドのすべての情報を見せると、相手は情報量に圧倒されてしまい、理解しようという気持ちを失ってしまいます。そこでお勧めしたいのが、スライドの内容を部分的に見せていく技です。こうお伝えすると一文一文にアニメーションをつけて順番に出現させることを想像される方もいるかもしれません。しかし、アニメーションの量が多いとその度にクリックする必要があり操作が大変ですし、聞いている方もスライドの全体像が見えず、逆に理解を妨げてしまう可能性があります。

そこで**有効なアプローチが、アニメーションを塊でつける**という方法です。例えば、スライドの左半分をアニメーションで表示させて、次に右半分を表示させるという形です。この方法では、適度なまとまりの情報が順番に出てくるので、聞き手はスライド全体の理解を失うことなく、情報を咀嚼することができます。

左半分→右半分の順番に表示される

複数の図形や文字にアニメーションをつける

複数の図形や文字に一度にアニメーションをつける方法は2つあります。1つ目が、グループ化してアニメーションをつける方法です。これは複数の図形やテキストボックスを同時に選択し、右クリックでグループ化し、そのグループに対してアニメーションを設定する方法です。

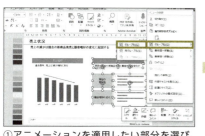

①アニメーションを適用したい部分を選び、右クリック→「グループ化」→「グループ化」を選択します。

②グループ化したオブジェクトを選び、「アニメーション」タブ→「フェード」を選択します。

もう1つの方法は、グループ化せずにアニメーションをつける方法です。こちらは複数の図形や文字を選択して、グループ化せずにそのままアニメーションを設定します。

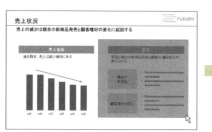

①アニメーションを適用したい部分を選択します。

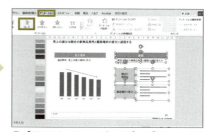

②「アニメーション」タブ→「フェード」を選択します。

数が多い場合はグループ化がおすすめ

どちらのアニメーションの付け方がよいかというのは、アニメーションの対象となる図形やテキストボックスの量によります。グループ化していない複数の要素に一度にアニメーションをつけると、アニメーションウィンドウにたくさんの要素が並び、編集が難しくなります。**3～7個程度の図形やテキストボックスであればグループ化せずにそのままアニメーションをつければよいですが、8個以上の要素を含む場合には必ずグループ化することをお勧めします。**

いずれにしても、適度な要素のまとまりでアニメーションをつけるひと手間で、聞き手の理解度を大幅に向上させることができます。

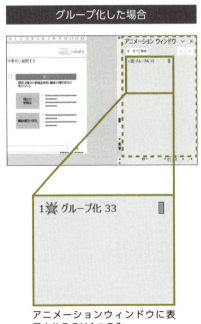

アニメーションウィンドウに表示されるのは1つのみ

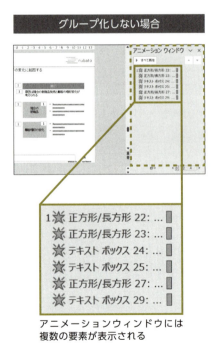

アニメーションウィンドウには複数の要素が表示される

チェック・印刷　　説明・プレゼン　　送付

原則 164 「レーザーポインター」「拡大」で参加者の視線を集める

参加者に見てほしい場所を示す

リモート会議で資料を投影すると、参加者はどの部分を見てよいかわからず、集中力が散漫になってしまいがちです。なぜなら、資料を見せながら見てほしい場所を直接指し示すことができる対面の場と異なり、リモート会議ではどの部分を見てほしいかを指し示すことが難しいからです。

そこでアニメーションの利用に加えてお勧めなのが、PowerPointのレーザーポインターの機能です。**レーザーポインターを使うことで、聞き手はどこを見ればよいかが明確になり、集中力が途切れにくくなります。**

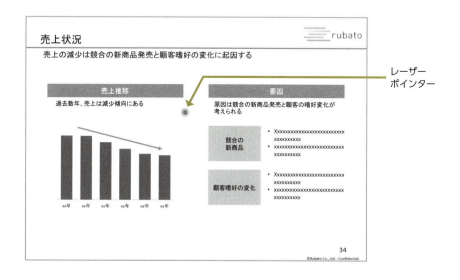

12　資料配布・プレゼン

レーザーポインターはショートカットで表示する

レーザーポインターは、スライドショーモードで右クリックしてメニューから選択するか、左下のメニューから選択することで使えるようになります。しかし、できれば Ctrl + L のショートカットで表示するようにしましょう。その方がスマートですし、瞬時にレーザーポインターを出すことが可能になります。ショートカットの覚え方は、「Laser Pointer」の頭文字「L」になります。

右クリックから選択する場合	左下のメニューから選択する場合
	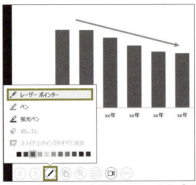
スライドショーで、右クリック→「ポインターオプション」→「レーザーポインター」を選択します。	スライドショーで、左下のメニューから「ペンのマーク」→「レーザーポインター」を選択します。

細かい部分は拡大機能を使う

スライドで文字が多かったり、細かい図形で構成されたりしている部分は聞き手が読み取りにくく、理解を妨げる原因になります。そこでお勧めしているのが、拡大機能です。拡大機能を使えば、読み取りにくい部分を拡大して見せることができ、聞き手が読み取りやすくなります。また、スライドの情報がそこまで細かくなくても、**意図的にスライドを拡大することはプレゼンテーションに変化をもたらし、聞き手の集中力を維持することが可能になります。**

スライドショー画面	拡大画面

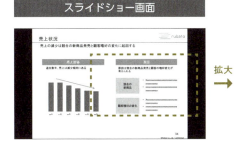 拡大→

スライドの拡大は、スライドショーモードで右クリックしてメニューから「スライドの拡大」を選択するか、左下のメニューから選択することで可能になります。しかし、スピーディに拡大をするためにはショートカットを使うことをお勧めしています。ショートカットには2種類あり、Ctrlを押しながら+を押す方法とCtrlを押しながらマウスのホイールを上方向に回す方法があります。基本的にスライドの中央部分が拡大されるので、拡大した後は矢印キーを押して、フォーカスしたい部分を拡大して見せるようにしましょう。

ショートカットを使った拡大	マウスを使った拡大

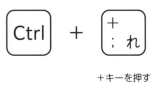

+キーを押す

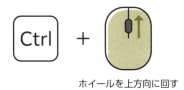

ホイールを上方向に回す

大原則 外資系コンサル流「資料ファイル送付」のワザ

プレゼンテーションや説明のあとには、資料ファイルの送付を相手方から依頼されることがよくあります。実際に相手の手にファイルが渡るということから、セキュリティ、容量、管理などのいくつかの観点で細心の注意を払う必要があります。

例えば同僚が作ったPowerPointファイルを使って作ったファイルは、ファイルの作成者名がその同僚の名前になっている場合があります。私もこの同僚の名前を変えないままクライアントにファイルを送付してしまい、上司から大変怒られたことがあります。

同僚ならまだよいのですが、他のお客様からいただいたファイルを使ったために、お客様の名前が残った状態でファイルを送ると守秘義務違反にもなりかねません。守秘義務が重要なコンサルティング業界ならではかもしれませんが、プロフェッショナルの世界ではこのように1つ1つの情報に注意を向けることが必要です。

またファイルが重くならないように圧縮して送るなどの工夫も、相手を気遣う基本スキルです。ここでは、ファイル送付の際のいくつかのポイントをご紹介していきます。

原則 165 画像は「圧縮」して容量を軽くする

「画像の圧縮」機能を使う

資料の中に画像を多用したファイルは、ファイルの容量が重くなっています。そこで、相手にメールなどで送付する際には、必ず画像を圧縮するようにします。トリミングによって切り落とした部分の画像を削除したり、画質を落としたりすることで、かなりの容量を削減することができます。画像の圧縮方法は、以下の通りです。

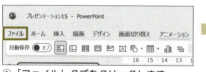

① 「ファイル」タブをクリックします。

② 「名前を付けて保存」をクリックします。

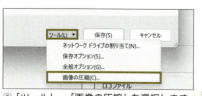

③ 「ツール」→「画像の圧縮」を選択します。

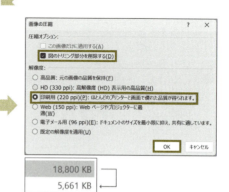

④ 「図のトリミング部分を削除する」と「印刷用」をクリックし、チェックを入れます。「OK」をクリックします。これで、ファイルの容量が小さくなりました。

| チェック・印刷 | 説明・プレゼン | 送付 |

原則 166 重要な文書には「パスワード」をかける

「パスワード」でセキュリティに配慮する

重要な文書を送る時には、必ずファイルにパスワードをかけるようにします。外資系コンサルが取り扱うすべてのファイルにはパスワードがかけられ、セキュリティに最大限の注意が払われています。なおファイルのパスワードは、必ずファイルを添付したメールとは別のメールとして相手に送るようにします。

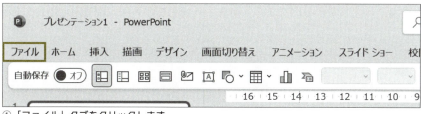

① 「ファイル」タブをクリックします。

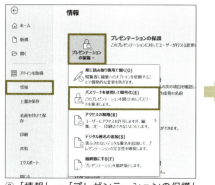

② 「情報」→「プレゼンテーションの保護」→「パスワードを使用して暗号化」を選択します。

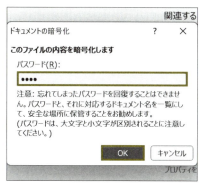

③ パスワードを入力し、「OK」をクリックします。

12 資料配布・プレゼン

537

原則 167 ファイルの「作成者」を確認する

「作成者」の属性を必ずチェックする

ファイルには、必ず「作成者」という属性がついています。ファイルを保存する画面に「作成者」の欄がありますので、そこに作成者の名前を入れておきます。注意しなければならないのは、他の人が作成したファイルを使い回した時に、元のファイルの作成者の名前が残っていることです。元のファイルを利用して資料を作成した場合は、必ず「別名で保存」を行い、「作成者」として自分の名前を入れてから顧客にファイルを送るようにしましょう。

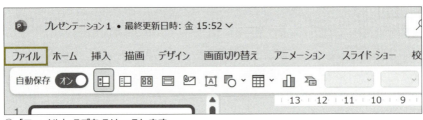

① 「ファイル」タブをクリックします。

② 「名前を付けて保存」をクリックします。

③ 「作成者」を入力します。

チェック・印刷 \ 説明・プレゼン \ 送付

原則 168 メールの文面に「添付ファイルの説明」を入れる

F2 を活用してファイル名を加える

複数の資料ファイルを送る際に「添付ファイルをご確認ください」とのみメールの文面に書かれている場合があります。しかし、これではどのファイルが何を示しているのかわからず大変困ります。そこで必ずメールの文面の中に、ファイル名とそのファイルの説明を箇条書きで示すようにしましょう。ファイル名を1つずつタイプするのは大変ですので、下記のように F2 キーを利用してファイル名を選択し、そのままコピーして文面に貼り付けていくのがお勧めです。

①ファイルを選択します。

② F2 でファイル名を選択し、Ctrl + C でコピーします。

③メールの文面に、Ctrl + V でファイル名を貼り付けます。

④ファイルの説明を加えます。

12 資料配布・プレゼン

539

資料配布・プレゼンまとめ

- 配布資料は、チェックリストを元に、グラフや表の単位に間違いがないかなど、印刷したものを複数人で確認しましょう。

- 手元資料として印刷する時は、文字が見やすいように資料をPDFに変換し、「2スライド／1ページ」で割付印刷をしましょう。また、白黒印刷は「グレースケール」で出力しましょう。

- プレゼン時は、自分の主張や根拠の要点を「スライドメッセージ」と「小見出し」で伝え、大切なスライドは「文章レベル」まで説明することで、時間内にわかりやすい説明をすることができます。

- プレゼン時は、ふるまいのスマートさも求められます。「ページ番号＋ Enter 」や「ハイパーリンク」などのPowerPointの機能を使い、瞬時に画面を切り替えたり、舞台裏を見せないようにしたりといった配慮をしましょう。

- リモート会議時には、アニメーション、レーザーポインタ機能や拡大機能を使い、聴衆の集中が途切れないようにしましょう。

- 資料ファイルを社外に送付する時は、ファイルを圧縮し、重要な文書には必ずパスワードをかけましょう。プロパティの「作成者」にも、注意が必要です。

- メールの文面にはファイル名を加えて、ファイルの内容を説明するようにしましょう。

Chapter

13

― PowerPoint資料作成 ―

生成AI活用の大原則

13章 生成AI活用の大原則

第12章までで資料は完成し、プレゼンテーションまでのすべての方法をカバーしました。原則の多さに驚かれた方も多いと思います。PowerPointの資料作成が「ビジネススキルの総合格闘技」と言われるのも納得ではないでしょうか。

一方で、そのプロセスをいかに効率的に、スピーディに行えるかも非常に重要なスキルになります。その点で、近年出現した生成AIは私たちの資料作成の業務を劇的に効率的にする可能性を秘めています。

2022年11月のOpenAI社によるChatGPTの公開は、世界に大きな衝撃を与えました。**PowerPointによる資料作成と生成AIとの親和性は非常に高く、私は生成AIの資料作成への活用はこれからのビジネスパーソンにとって必要不可欠**なスキルだと考えています。この章では、本書で解説してきたPowerPoint資料作成の12のステップの中で、生成AIを活用できるポイントについて説明していきます。

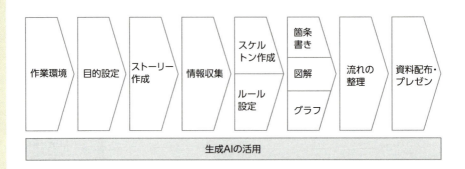

資料作成に生成AIを活用すれば、資料の質の向上とともに、作成時間の短縮効果が期待できます。もちろん生成AIが出す答えをそのまま使えばよいというわけではなく、人間による取捨選択や内容のチェックが必要ですので、人間の役割が変わるものではありません。しかし、**適切に生成AIを使うことで、人間はより「考える」作業に注力できると感じています。**

なお、本章で紹介するプロンプト（生成AIに入力する命令）はnote株式会社のCXOの深津氏が提唱する深津式プロンプト・システムを使用しています。深津式プロンプト・システムでは、プロンプトを「命令書」「制約条件」「入力文」「出力文」の4つのパートに分けて記入していきます。また、生成AIはChat GPT-4を使用しています。なお、本章で使用するプロンプトはP.20の方法でダウンロード可能です。

PowerPointでは、課金をすればMicrosoft Copilotの使用が可能になり、さまざまな作業を任せることが可能です。うまく活用すれば生産性のアップが期待できますが、本書では資料作成の本質的な部分に絞った、汎用的な生成AI活用の方法をご紹介していきます。

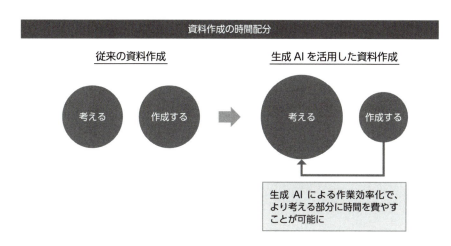

資料作成の時間配分

大原則 生成AIを活用した資料作成の「全体観」

PowerPoint資料の作成には、情報の整理、表現方法の検討、スライドの作成など、多岐にわたるプロセスが含まれています。その中で生成AIが活躍するのは、主にストーリー作成、情報収集、箇条書き、図解、そしてプレゼンテーションの部分です。

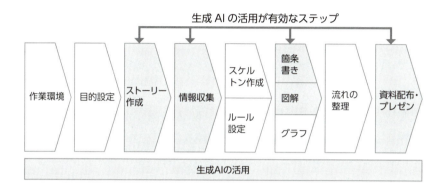

それらのプロセスで生成AIを活用して使えるアウトプットを得るためには、**具体的にどのような問いかけ、つまりどのようなプロンプトを用いれば、自分の求める答えを出してもらえるかを知る必要**があります。加えて、どのような情報を与えると適切な解答を得やすいかも重要です。

ここでは本書で解説してきた資料作りのプロセスの中で生成AIを活用するために適切なプロンプトの型、そして適切な情報の入力の仕方を見ていきます。

原則 169 生成AIで「ストーリー作成」を行う

ストーリーの作成は目的の定義から

ここでは、生成AIを用いたストーリー作成の方法について解説していきます。PowerPoint資料のストーリー作成について、まずは振り返りましょう。初めに資料作成の「目的」を設定します。そして目的をベースにして150文字以内で相手に「伝えること」を作成します。その「伝えること」を要素に分解していき、どの内容をどのスライドで、また、どのような順番で伝えるかを考えます（①スライド構成）。

次に、それぞれのスライドで伝えたいことをスライドタイトルとスライドメッセージの形でまとめていきます（②スライドタイトル・メッセージ）。

最後に、スライドタイトルやスライドメッセージを根拠づけたり、詳細に説明するためのスライドに掲載する情報をまとめていきます（③スライドの内容）。

ここで生成AIが活躍するのは、①スライド構成の作成、②スライドタイトルとスライドメッセージの作成、そして③スライドの内容の部分になります。つまり、**資料の「目的」と「伝えること」さえ決めてしまえば、資料の骨子は生成AIが作成することが可能なのです。**

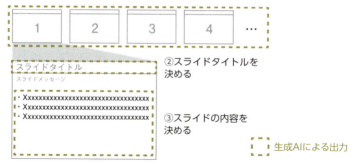

その際にポイントになるのが、「目的」と「伝えること」の精度です。「目的」と「伝えること」を適当に入力したとしても、スライド構成、スライドタイトル、スライドの内容を生成AIに出力してもらうことは可能です。しかし、それが本当に「人を動かす」資料になっているかというと疑問符がつきます。**「目的」と「伝えること」を自分で考え抜いて、適切に設定することで、質が高く、「人を動かせる」骨子を生成AIが作成してくれるようになります。**

入力文で目的を定義する

第3章でお伝えしたように、資料の目的は「誰が（伝え手）」「誰に（伝える相手）」「どのような行動を期待するか（期待する行動）」によって構成されます。そしてそこから「伝えること」を設定します。これらの要素を生成AIの**「#入力文」**に入力していきます。

「誰が」については、相手から自分がどのように見られているかを想像して設定します。相手から見た自分の知識、経験、立場、性格などです。これを、**「#入力文」**の**「伝え手：」**の部分に入力します。

「誰に」については、伝える相手の①インセンティブ（やる気を出すために必要

な要素。例えば、立場上のミッション、昇進や同僚との調和など)、②バリア(その人がやる気を失う要素。例えば、新たな業務の発生、失敗のリスク)、③知識・興味・性格・立場を明確にして、「# 入力文」の「伝える相手：」に入力します。

「どのような行動を期待するか」については、すぐに取り組める行動で、誰が(Who)、いつ(When)、どのように(How)、何を(What)するかの3W1Hを明確にして、「# 入力文」の「期待する行動：」に入力します。

最後の「伝えること」については、相手に伝えるべき内容を150文字以内でまとめます。上記の自身の分析や相手の分析をもとに、相手が知りたいだろう内容を必ず含めるようにします。こちらも「# 入力文」の「伝えること：」の部分に入力します。

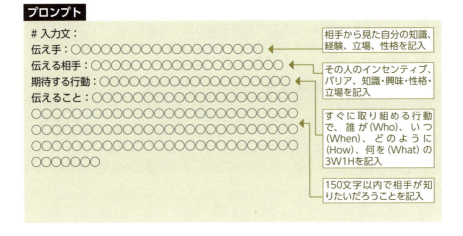

命令書と制約条件を追加する

次に、「# 命令書」を書きます。「# 命令書」には、生成AIにどのような立場で回答してもらうかを記載します。ここでは「プレゼンテーション資料作成のプ

ロのコンサルタント」になってもらいます。そして、命令として「最高のプレゼンテーション資料の構成の出力」を伝えます。

「# 制約条件」は、出力されるストーリーの形式の定義になります。何枚のスライドで発表するのか、セクションはいくつにするのか、などを指示します。ここでは、セクション名、スライド番号、スライドタイトル、スライドの内容を表形式で出力する形でプロンプトを書きます。

最後に、どこからが出力した部分なのがわかるように「# 出力文:」と加えます。

プロンプト

```
# 命令書:
あなたは、プレゼンテーション資料作成のプロのコンサルタントです。
以下の制約条件と入力文をもとに、最高のプレゼンテーション資料の構成を出力してください。
このタスクで最高の結果を出すために、追加の情報がほしい場合は、質問してください。
```
← 生成AIが追加の質問をした方がよいという判断を下すためのプロンプト

```
# 制約条件:
・○○枚のスライドで発表する
・最初にタイトルとサマリーと目次、最後に結論を入れる
・プレゼンテーションのセクションは○○に分ける
・セクション名、スライド番号、スライドのタイトル、スライドのメッセージ、スライドの内容を表形式で出力する

# 入力文:
伝え手:○○○○○○○○○○○○○○○○○○○○○○
伝える相手:○○○○○○○○○○○○○○○○○○○○
期待する行動:○○○○○○○○○○○○○○○○○○○
伝えること:○○○○○○○○○○○○○○○○○○○○
○○○○○○○○○○○○○○○○○○○○○○○○○○
○○○○○○○○○○○○○○○○○○○○○○○○○○
○○○

# 出力文:
```

← 相手から見た自分の知識、経験、立場、性格を記入
← その人のインセンティブ、バリア、知識・興味・性格・立場を記入
← すぐに取り組める行動で、誰が(Who)、いつ(When)、どのように(How)、何を(What)の3W1Hを記入
← 150文字以内で相手が知りたいだろうことを記入
← 出力部分がここからとわかるためのプロンプト

スポーツジムの事例　ストーリーの作成

スポーツジムの事例で実際にプロンプトを作って入力し、生成AIから回答を得ました。

プロンプト

\# 命令書：
あなたは、プレゼンテーション資料作成のコンサルタントです。
以下の制約条件と入力文をもとに、最高のプレゼンテーション資料の構成を出力してください。
このタスクで最高の結果を出すために、追加の情報がほしい場合は、質問してください。

\# 制約条件：
・15枚のスライドで発表する
・最初にタイトルとサマリーと目次、最後に結論を入れる
・プレゼンテーションのセクションは4つに分ける
・スライド番号、セクション名、スライドのタイトル、スライドの内容を表形式で出力する

\# 入力文：
伝え手：入社3年目のマーケティング担当。相手から数字に弱いと思われているが、マーケティングの知識は豊富と思われている。
伝える相手：マーケティング部の課長。数字に強く、常に施策の効果測定を求める。
期待する行動：プロモーション案の実施の承認。
伝えること：ジムの入会者増加のためのプロモーション案。有料だった体験入会を無料にし、その上で無料でのトレーナーの体験を付加する。地域に配布する従来のチラシに掲載するだけなので追加的なコストは一切発生しない。これにより入会者の増加が期待できる。

\# 出力文：

生成AIの回答

以下はプレゼンテーション資料の構成です。各セクションごとに重要なポイントを強調し、データと結果を明確に示すことで、課長が効果測定に基づく判断を容易に行えるように配慮しています。

スライド番号	セクション名	スライドのタイトル	スライドの内容
1	イントロダクション	タイトル	ジムのプロモーション案のプレゼンテーション
2	イントロダクション	サマリー	本プレゼンテーションの目的と概要
3	イントロダクション	目次	1. イントロダクション 2. 現状分析 3. プロモーション案の詳細 4. 期待される結果 5. 結論
4	現状分析	現在の市場状況	ジム業界の市場分析と入会者数の現状
5	現状分析	既存のプロモーションの成果分析	これまでのプロモーションの効果と課題点
6	プロモーション案の詳細	新プロモーション案の導入理由	無料体験とトレーナー体験の導入の背景
7	プロモーション案の詳細	新プロモーション案の内容	体験入会を無料にし、無料トレーナー体験を追加する計画
8	プロモーション案の詳細	コスト分析	新プロモーションの追加コスト分析（ほぼゼロコストで実施可能）
9	期待される結果	入会者増加予測	新プロモーション実施後の入会者数の予測
10	期待される結果	効果測定の指標	効果測定のための具体的な指標とデータ収集方法
11	期待される結果	リスク管理	潜在的なリスクとその対策
12	結論	主要な利点	新プロモーション案の主要な利点のまとめ
13	結論	提案の要請	承認の要請と次のステップの提案
14	結論	Q&A	質問と答えの時間
15	結論	まとめ	プレゼンテーションの要点の再確認と感謝の表明

この構成は、数字に強い課長が要求する効果測定を前面に出し、プロモーション案が実施に値することを強調しています。

イントロダクション→現状分析→プロモーション案の詳細→期待される結果→結論というバランスが良く、説得力のある構成案が出力されました。ただし、4セクションでと伝えたのにもかかわらず、5セクションで出力されるなど、生成AIの完璧ではない部分が見受けられます。また、場合によっては「前提条件」や「実施スケジュール」といったスライドを追加するなど、提案された構成を鵜呑みにせず、人間がチューニングすることは必要です。

原則 170 | 生成AIで「スライド情報の収集」を行う

外部環境の情報を集める

資料のストーリーが決まったら、スライドの情報も生成AIの力を借りて集めましょう。生成AIを用いて集められるデータは、**基本的には会社外の情報、つまり消費者や競合企業、技術、法律、経済・社会動向などの情報**になります。提案書や企画書の中では、提案や企画の前提となる「外部環境分析」の部分のデータになります。

通常の検索と異なり、生成AIは最新の情報を参照することができません。そのため、必ず使用する生成AIに事前に「いつまでのデータを参照可能か」と問いかけて、いつまでのデータが信頼できるのかを確認しておくようにします。

必ず出所を確認し、文字量を指定する

生成AIを用いてデータを収集する際の「# 命令書」には、必ず「あなたは○○業界の専門家です」と入力するようにします。先ほどの構成では「あなたはプレゼンテーション資料作成のプロのコンサルタントです」と入力しましたが、ここではデータを探すことを目的としているので、専門家にヒアリングをするように、生成AIに「○○業界の専門家」になってもらいます。

「# 制約条件」には、市場規模などの情報を得る場合には「情報はできるだけ定量的な情報で出力する」という条件を入力します。定性的な情報よりも定量的な情報の方が、一般的にはより信頼性が高いからです。

また「# 制約条件」には、「情報の出所とURLを記載する」ことを必ず記入します。生成AIは正しくない情報を提供することがよくあります。出力された情報は、必ず出所を辿って情報が正しいかどうかを確認する必要があります。出所とURLを出力させれば、情報の正確性の確認が楽になります。

「# 制約条件」には、出力文の文字数を指定するようにしてください。生成AIはできるだけ情報を要約して、わかりやすく伝えようとする傾向があります。その結果として、出力文の文字数を指定しない場合は抽象度が高い回答になることが多いです。そこで文字数を1,500文字～2,000文字と指定することで、より詳細な情報を得ることが可能になります。文字数制限は生成AIによっては守られないこともあるので、一度出力させてから、「上記の回答の2倍の文字数で回答してください」などと伝えることで、よりこの条件を守らせることができます。

「# 入力文」には、自身が必要とする情報を箇条書きで具体的に記入します。これにより、生成AIはよりフォーカスした情報を提示することが可能になります。

プロンプト

```
# 命令書：
あなたは、○○業界の専門家です。
以下の制約条件と入力文をもとに、スライド○○の情報を出力してください。
このタスクで最高の結果を出すために、追加の情報がほしい場合は、質問してください。

# 制約条件：
・情報はできるだけ定量的な情報で出力する
・情報の出所とURLを記載する
・5つ以上の日本語のウェブサイトの情報を必ず参照する ← 複数の情報を参照するように指示する
・出力文は日本語で○○文字程度でまとめる ← 1500～2000文字がお勧め
・出力文は見出しをつけ、読みやすいようにする
```

```
# 入力文：
・○○○     ←［入手したい情報を記入する］

# 出力文：
```

スポーツジムの事例　スライド情報の収集

スポーツジムの事例でスライドの情報収集のためにプロンプトを作って入力し、生成AIから回答を得ました。

プロンプト

```
# 命令書：
あなたは、フィットネスジム業界の専門家です。
以下の制約条件と入力文をもとに、スライド4の情報を出力してください。
このタスクで最高の結果を出すために、追加の情報がほしい場合は、質問してください。

# 制約条件：
・情報はできるだけ定量的な情報で出力する
・情報の出所とURLを記載する
・5つ以上の日本語のウェブサイトの情報を必ず参照する
・出力文は日本語で2000文字程度でまとめる
・出力文は見出しをつけ、読みやすいようにする

# 入力文：
・2010年から2023年までの日本のジムの市場規模推移
・日本でのジムの入会者の推移とその特徴
・日本の大手ジム各社の近年の動向と戦略

# 出力文：
```

生成AIの回答

日本のフィットネスジム市場の現状と推移

市場規模の変動
日本のフィットネスジム市場は、2010年から2023年にかけて、多様な変動を経験しました。特に新型コロナウイルスの影響で大きな落ち込みがありましたが、その後の回復も顕著です。2023年の市場規模は約4,886億円に達し、これは2019年のピーク時 (4,939億円) に近い数値です。この回復は、健康に対する意識の高まりと、在宅勤務が普及したことによる新しいライフスタイルの影響を受けています (Fitness Business Japan)。

入会者の推移と特徴
日本のジム入会者数は、2020年のコロナ禍で大幅に減少しましたが、2021年以降は持ち直しています。特に若年層の間で、月額制のリーズナブルな価格設定が受け入れられ、新たな顧客層を開拓しています。これは、価格に敏感な消費者層の獲得という戦略が功を奏していることを示しています(Fitness Business Japan)。

大手ジムの戦略
日本国内の大手フィットネスジム各社は、市場の変動に対応するため、さまざまな新しいサービスや施策を導入しています。具体的には、24時間営業のジムの増加、個人向けのカスタマイズ可能なトレーニングプランの提供、また、オンラインでのフィットネスクラスの提供などがあります。これらの動きは、消費者のニーズの多様化と健康への意識向上に応える形で進行しています(秀建)。

経営上の課題と機会
新型コロナウイルスの流行により、ジム業界は大きな打撃を受けましたが、それに伴う生活様式の変化が新たなビジネスチャンスを生んでいます。在宅勤務の普及が、フィットネスへの関心を再燃させ、多くの人々が健康維持のためジムを訪れるようになっています。この流れは、今後も続く可能性が高いため、ジム業界にとっては、顧客基盤を固め、さらなる成長を遂げる大きな機会となっています(Fitness Business Japan)。

このように、日本のフィットネスジム市場は、外部環境の変化に敏感でありながらも、それに適応し成長を続ける可能性を秘めています。今後も健康志向の高まりと技術の進化が、市場の拡大を支えることでしょう。

よくまとまっていますが、やや抽象度が高く感じるので、「24時間営業ジムはどの会社が提供しているか」などの追加質問を行い、具体的な情報を追加することをお勧めします。

原則 171 | 生成AIで「スライドメッセージの作成」を行う

生成AIで瞬時にスライドメッセージを作る

生成AIは、情報を要約することに大変優れています。スライド情報がすでにある場合、生成AIを活用することでスライドメッセージを瞬時に作成することができます。

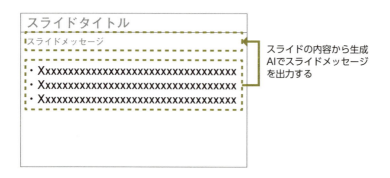

スライドメッセージは、前後のスライドメッセージとの関係やニュアンスが非常に重要です。**複数のスライドメッセージ案を出させて、それらを参考に最終的には自身で完成させることをお勧めします。**

「# 命令書」では、再び生成AIに「プレゼンテーション資料作成のコンサルタント」になってもらいます。「# 制約条件」でスライドメッセージの文字数を指定しますが、生成AIは文字数のカウントが苦手なため、あくまで目安の指示だと思ってください。「# 入力文」には、スライドに書かれている文字情報を入力します。

> **プロンプト**
>
> # 命令書：
> あなたは、プレゼンテーション資料作成のプロのコンサルタントです。
> 以下の制約条件と入力文をもとに、スライドメッセージを出力してください。
> このタスクで最高の結果を出すために、追加の情報がほしい場合は、質問してください。
>
> # 制約条件：
> ・スライドメッセージ一文を読めば入力文の概要が理解できるように要約する
> ・スライドメッセージの候補は5つ出す
> ・スライドメッセージの文字数は日本語で40文字以上50文字以下
>
> # 入力文：
> ○○○○○○○○○○○○○○○○○○○○○○○○○○○○○○ ← スライド情報を入力する
> ○○○○○○○○○○○○○○○○○
>
> # 出力文：

PowerPointファイルを読み込む

スライドの情報をすでにスライドに記入している場合は、**プロンプトに入力する代わりにPowerPointファイルを読み込む機能を活用することもできます**。生成AIのファイルを添付する機能を使ってPowerPointファイルを添付し、プロンプトを入力します。プロンプトには、必ず何番目のスライドのスライドメッセージを作成するかを指示するようにします。

① 「添付マーク」→「コンピューターからアップロードする」を選択します。

② PowerPointファイルを選択し、「開く」を選択します。

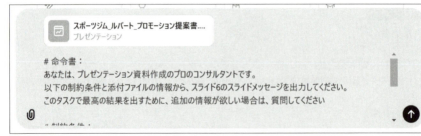

③プロンプトを入力します。

プロンプト

\# 命令書：
あなたは、プレゼンテーション資料作成のプロのコンサルタントです。
以下の制約条件と添付ファイルの情報から、スライド○○のスライドメッセージを出力してください。 ← ○○にスライド番号を入力する
このタスクで最高の結果を出すために、追加の情報がほしい場合は、質問してください。

\# 制約条件：
・スライドメッセージ一文を読めばスライドの概要が理解できるように要約する
・スライドメッセージの候補は5つ出す
・スライドメッセージの文字数は日本語で40文字以上50文字以下

\# 出力文：

 スポーツジムの事例　**スライドメッセージの作成**

スポーツジムの事例で、スライドメッセージ作成のためのプロンプトを作って入力し、生成AIから回答を得ました。ここでは、スライド情報はP.552で生成AIに作らせたものを活用しています。

プロンプト

命令書：
あなたは、プレゼンテーション資料作成のプロのコンサルタントです。
以下の制約条件と入力文をもとに、スライドメッセージを出力してください。
このタスクで最高の結果を出すために、追加の情報がほしい場合は、質問してください。

制約条件：
・スライドメッセージ一文を読めば入力文の概要が理解できるように要約する
・スライドメッセージの候補は5つ出す
・スライドメッセージの文字数は日本語で40文字以上50文字以下 ← あくまで目安の指示

入力文：
日本のフィットネスジム市場の現状と推移
市場規模の変動
日本のフィットネスジム市場は、2010年から2023年にかけて、多様な変動を経験しました。特に新型コロナウイルスの影響で大きな落ち込みがありましたが、その後の回復も顕著です。2023年の市場規模は約4,886億円に達し、これは2019年のピーク時 (4,939億円) に近い数値です。この回復は、健康に対する意識の高まりと、在宅勤務が普及したことによる新しいライフスタイルの影響を受けています (FitnessBusiness Japan)。

入会者の推移と特徴
日本のジム入会者数は、2020年のコロナ禍で大幅に減少しましたが、2021年以降は持ち直しています。特に若年層の間で、月額制のリーズナブルな価格設定が受け入れられ、新たな顧客層を開拓しています。これは、価格に敏感な消費者層の獲得という戦略が功を奏していることを示しています (FitnessBusiness Japan)。

大手ジムの戦略
日本国内の大手フィットネスジム各社は、市場の変動に対応するため、さまざまな新しいサービスや施策を導入しています。具体的には、24時間営業のジムの増加、個人向けのカスタマイズ可能なトレーニングプランの提供、また、オンラインでのフィットネスクラスの提供などがあります。これらの動きは、消費者のニーズの多様化と健康への意識向上に応える形で進行しています (秀建)。

経営上の課題と機会
新型コロナウイルスの流行により、ジム業界は大きな打撃を受けましたが、それに伴う生活様式の変化が新たなビジネスチャンスを生んでいます。在宅勤務の普及が、フィットネスへの関心を再燃させ、多くの人々が健康維持のためジムを訪れるようになっています。この流れは、今後も続く可能性が高いため、ジム業界

にとっては、顧客基盤を固め、さらなる成長を遂げる大きな機会となっています（FitnessBusiness Japan）。

このように、日本のフィットネスジム市場は、外部環境の変化に敏感でありながらも、それに適応し成長を続ける可能性を秘めています。今後も健康志向の高まりと技術の進化が、市場の拡大を支えることでしょう。

出力文:

> **生成AIの回答** ※生成AIでカウントされた文末の文字数は間違っているので注意が必要
>
> スライドメッセージ候補
> 日本のジム市場は2023年に4,886億円に達し、コロナ禍からの回復を見せています（45文字）
> ジム入会者数は2020年に減少しましたが、若年層の支持で2021年以降回復中（45文字）
> 大手ジムは24時間営業やオンラインクラスで市場の変動に対応しています（45文字）
> コロナ禍の影響でジム市場は落ち込みましたが、新たなビジネスチャンスが生まれています（50文字）
> 健康志向の高まりと在宅勤務の普及がジム市場の成長を後押ししています（47文字）
> 各メッセージは40文字以上50文字以下で要約されており、入力文の概要を理解できる内容になっています。

生成AIによるスライドメッセージ案をもとに、以下のようなスライドメッセージを作成しました。

> ジム市場はコロナ禍で縮小したが、24時間営業のジムの広がりなどを背景に2023年には4,886億円まで回復している

原則 172 生成AIで「小見出しと箇条書きの作成」を行う

小見出しを瞬時に作成する

第8章で説明した通り、スライドで小見出しを使用することはわかりやすさ向上の観点で大変有効です。**生成AIの優れた要約機能を活用することで、小見出しをスピーディに作成することが可能になります。**また、小見出しを説明する内容は箇条書きでわかりやすく表現する形が望ましいので、生成AIに同時に箇条書きも生成してもらいます。

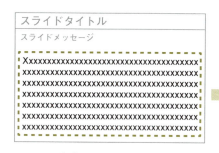
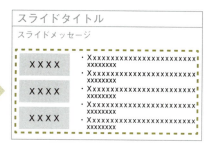

生成AIを用いて、スライドに記載する情報を小見出しと箇条書きの形で出力する

「**# 制約条件**」では今回も文字数を指定していますが、文字数カウントの精度はよくありません。一度出力した後に、「上記の内容の2倍で表現して」といった修正依頼を行い、生成AIに繰り返し出力してもらうことで文字数の精度を上げていきます。

> **プロンプト**
>
> ＃命令書：
> あなたは、プレゼンテーション資料作成のプロのコンサルタントです。
> 以下の制約条件と入力文をもとに、情報を出力してください。
> このタスクで最高の結果を出すために、追加の情報がほしい場合は、質問してください。
>
> ＃制約条件：
> ・入力文について〇〇個の要素で説明する　←　3〜5つがお勧めです
> ・各要素には10文字以内でポイントがわかる小見出しをつける
> ・各要素は箇条書き2〜3つで説明する
> ・箇条書きの文字数は日本語で〇〇文字以上〇〇文字以下　←　40〜50文字がお勧めです
> ・箇条書きにはできるだけ定量的なデータや固有名詞を含めるようにする
>
> ＃入力文：
> 〇〇〇〇〇〇〇〇〇〇〇〇〇〇〇〇〇〇〇〇〇〇〇〇〇〇
> 〇〇〇〇〇〇〇〇〇〇〇〇〇〇〇〇〇〇〇〇〇〇〇〇〇〇
> 〇〇〇〇〇〇〇〇〇〇〇〇〇〇〇〇〇〇　←　スライドに記載する情報を文字で入力します
>
> ＃出力文：

上記のプロンプトはスライドに記載する情報を「**＃ 入力文**」に入力する想定ですが、PowerPointファイルを読み込むことも可能です。その場合は、「**＃ 命令書**」の「以下の制約条件と入力文をもとに、情報を出力してください。」の部分を「以下の制約条件と添付ファイルの情報から、スライド〇〇について情報を出力してください。」(〇〇にはスライド番号を入力)に変更し、「**＃ 制約条件**」の「入力文について〇〇個の要素で説明する」を「スライド〇〇について〇〇個の要素で説明する」に変更し、「**＃入力文:**」を削除してください。

ここで出力した情報を列挙型の図解に当てはめれば、わかりやすいスライドがすぐに完成します。また、各要素の関係性が時系列や因果関係などで表せるのであれば、列挙型以外の図解を使用することも可能です。

スポーツジムの事例　小見出しの作成

スポーツジムの事例で小見出し作成のためにプロンプトを作って入力し、生成AIから回答を得ました。ここでは、スライド情報はP.552で生成AIに作らせたものを活用しています。

プロンプト

```
# 命令書：
あなたは、プレゼンテーション資料作成のコンサルタントです。
以下の制約条件と入力文をもとに、情報を出力してください。
このタスクで最高の結果を出すために、追加の情報がほしい場合は、質問してください。

# 制約条件：
・フィットネスジム市場について3つのポイントで要約する
・3つのポイントには10文字以内でポイントがわかる小見出しをつける
・3つのポイントは箇条書き2～3つで説明する
・箇条書きの文字数は日本語で40文字以上50文字以下
・箇条書きにはできるだけ定量的なデータや固有名詞を含めるようにする

# 入力文：
日本のフィットネスジム市場の現状と推移
市場規模の変動
日本のフィットネスジム市場は、2010年から2023年にかけて、多様な変動を経験しました。特に新型コロナウイルスの影響で大きな落ち込みがありましたが、その後の回復も顕著です。2023年の市場規模は約4,886億円に達し、これは2019年のピーク時（4,939億円）に近い数値です。この回復は、健康に対する意識の高まりと、在宅勤務が普及したことによる新しいライフスタイルの影響を受けています（FitnessBusiness Japan）。

入会者の推移と特徴
日本のジム入会者数は、2020年のコロナ禍で大幅に減少しましたが、2021年以降は持ち直しています。特に若年層の間で、月額制のリーズナブルな価格設定が受け入れられ、新たな顧客層を開拓しています。これは、価格に敏感な消費者層の獲得という戦略が功を奏していることを示しています（FitnessBusiness Japan）。

大手ジムの戦略
```

日本国内の大手フィットネスジム各社は、市場の変動に対応するため、さまざまな新しいサービスや施策を導入しています。具体的には、24時間営業のジムの増加、個人向けのカスタマイズ可能なトレーニングプランの提供、また、オンラインでのフィットネスクラスの提供などがあります。これらの動きは、消費者のニーズの多様化と健康への意識向上に応える形で進行しています（秀建）。

経営上の課題と機会
新型コロナウイルスの流行により、ジム業界は大きな打撃を受けましたが、それに伴う生活様式の変化が新たなビジネスチャンスを生んでいます。在宅勤務の普及が、フィットネスへの関心を再燃させ、多くの人々が健康維持のためジムを訪れるようになっています。この流れは、今後も続く可能性が高いため、ジム業界にとっては、顧客基盤を固め、さらなる成長を遂げる大きな機会となっています（FitnessBusiness Japan）。

このように、日本のフィットネスジム市場は、外部環境の変化に敏感でありながらも、それに適応し成長を続ける可能性を秘めています。今後も健康志向の高まりと技術の進化が、市場の拡大を支えることでしょう。

出力文：

生成AIの回答 ※生成AIでカウントされた文末の文字数は間違っているので注意が必要

フィットネスジム市場の現状と推移

市場規模変動
・2010年から2023年にかけて市場は大きく変動しました（44文字）
・2023年の市場規模は約4,886億円に達しています（40文字）
・新型コロナの影響後、健康意識の高まりが回復を支えています（44文字）

入会者推移
・2020年のコロナ禍で大幅に減少した入会者数が回復中です（45文字）
・若年層を中心に、月額制のリーズナブルな価格が受け入れられています（46文字）

大手ジム戦略
・大手ジムは24時間営業や個別トレーニングプランを導入しています（48文字）
・オンラインクラスの提供で消費者の多様なニーズに応えています（46文字）

これらのポイントにより、日本のフィットネスジム市場は環境変化に敏感でありながらも、順応し成長を続ける可能性が高いことが示されています。

文章だった情報がそれぞれ2～3の箇条書きにまとまっており、理解しやすくなりました。必要に応じて具体的な情報を追加すると、より説得力のある内容になるでしょう。

生成AIの回答をもとに列挙型の図解に当てはめると、次のようなスライドになります。

フィットネスジム市場の現状と推移

日本のフィットネスジム市場はコロナ禍で縮小したが、24時間営業のジムの広がりなどを背景に2023年には4,886億円まで回復している

市場規模の変動
- 2010年から2023年にかけて市場は大きく変動した
- 2023年の市場規模は約4,886億円に達している
- 新型コロナの影響後、健康意識の高まりが回復を支えている

入会者の推移
- 2020年のコロナ禍で大幅に減少した入会者数が回復中
- 若年層を中心に、月額制のリーズナブルな価格が受け入れられている

大手ジムの戦略
- 大手ジムは24時間営業や個別トレーニングプランを導入している
- オンラインクラスの提供で消費者の多様なニーズに応えている

原則 173 生成AIで「文字強調」を行う

文字強調で内容をわかりやすくする

長い文章は、重要な部分を強調することで読みやすくすることができます。ただし、どの部分を強調すればよいかを考えるのは骨が折れる作業でもあります。生成AIを用いれば、この文字強調を自動的に行うことができます。

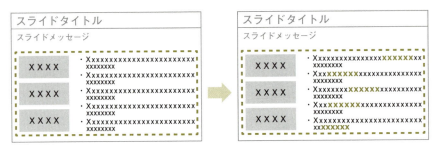

生成AIを用いて文章の強調部分を出力する

文字強調の際に注意すべきなのは、文字強調の部分が多くなりすぎないことです。**相手にポイントを伝えるためには、強調の部分を文章全体の3割程度にする必要があります。**そこで、プロンプトにもそのことを盛り込んでおきます。

> **プロンプト**
>
> \# 命令書：
> あなたは、プレゼンテーション資料作成のプロのコンサルタントです。
> 以下の制約条件と入力文をもとに、重要な部分を太字にしてください。
> このタスクで最高の結果を出すために、追加の情報がほしい場合は、質問してください。

```
# 制約条件:
・小見出しには太字はつけない
・スライドメッセージの「○○○○○○○○○○」の関連
 部分は必ず強調に含める ◄──── ○○○○には実際のスライ
・太字部分は一文の文字量の30%程度にする      ドメッセージを入力する

# 入力文:
○○○○○○○○○○○○○○○○○○○○○○○
○○○○○○○○○○○○○○○○○○○○○○○ ◄──── スライドに記載する情報を
○○○○○○○○○○                                          文字で入力します

# 出力文:
```

上記のプロンプトでは、スライドに記載する情報を文字で入力する想定ですが、PowerPointファイルを読み込むことで代用も可能です。その場合は、「# 命令書」の「以下の制約条件と入力文をもとに、重要な部分を太字にしてください。」の部分を「以下の制約条件と添付ファイルの情報から、スライド○○の文章の重要な部分を太字にしてください。」（○○にはスライド番号を入力）に変更し、「#入力文:」を削除してください。

必ず強調部分を確認し修正する

一方で、生成AIによって出力された強調部分をそのまま採用することは避けましょう。生成AIはある程度重要な部分を強調してくれますが、**時にはまったく重要ではない部分を強調してしまうこともあります。**

資料作成の目的に立ち返って、伝える相手が気になる部分や知っておくべき部分はどこかを客観的に考えて強調部分を修正していきます。修正できたらスライドの箇条書きの部分に太字＋色で反映すれば、文字強調は完成です。

忘れてはいけないのは、「生成AIはあくまでもサポートツールである」ということです。生成AIは入力された情報に対してはある程度適切な答えを返してくれますが、入力されていない情報については対応することができません。

スポーツジムの事例　文字の強調

スポーツジムの事例で、文字強調のためにプロンプトを作って入力し、生成AIから回答を得ました。ここでも、スライド情報はP.552で生成AIに作らせたものを活用しています。

プロンプト

\# 命令書：
あなたは、プレゼンテーション資料作成のコンサルタントです。
以下の制約条件と入力文をもとに、大事な部分を太字にしてください。
このタスクで最高の結果を出すために、追加の情報がほしい場合は、質問してください。

\# 制約条件：
・小見出しには太字はつけない
・スライドメッセージの「ジム市場はコロナ禍で縮小したが、24時間営業のジムの広がりなどを背景に2023年には4,886億円まで回復している」の関連部分は必ず強調に含める
・太字部分は一文の文字量の30%程度にする

\# 入力文：
市場規模変動
2010年から2023年にかけて市場は大きく変動しました
2023年の市場規模は約4,886億円に達しています
新型コロナの影響後、健康意識の高まりが回復を支えています

入会者推移
2020年のコロナ禍で大幅に減少した入会者数が回復中です
若年層を中心に、月額制のリーズナブルな価格が受け入れられています

大手ジム戦略
大手ジムは24時間営業や個別トレーニングプランを導入しています
オンラインクラスの提供で消費者の多様なニーズに応えています

\# 出力文：

生成AIの回答

市場規模変動
2010年から2023年にかけて市場は大きく**変動**しました
2023年の市場規模は**約4,886億円**に達しています
新型コロナの影響後、**健康意識の高まり**が回復を支えています

入会者推移
2020年のコロナ禍で大幅に**減少**した入会者数が**回復中**です
若年層を中心に、**月額制のリーズナブルな価格**が受け入れられています

大手ジム戦略
大手ジムは**24時間営業**や個別トレーニングプランを導入しています
オンラインクラスの提供で消費者の**多様なニーズ**に応えています

それぞれの文章の重要な部分がきちんと強調された結果が出力されました。生成AIの回答をベースにしつつ、一部修正を加えた上でスライドに当てはめると、次のようなスライドになります。

フィットネスジム市場の現状と推移

日本のフィットネスジム市場はコロナ禍で縮小したが、24時間営業のジムの広がりなどを背景に2023年には4,886億円まで回復している

市場規模の変動
- 2010年から2023年にかけて市場は大きく変動した
- 2023年の市場規模は約4,886億円に達している
- 新型コロナの影響後、健康意識の高まりが回復を支えている

入会者の推移
- 2020年のコロナ禍で大幅に減少した入会者数が回復中
- 若年層を中心に、月額制のリーズナブルな価格が受け入れられている

大手ジムの戦略
- 大手ジムは24時間営業や個別トレーニングプランを導入している
- オンラインクラスの提供で消費者の多様なニーズに応えている

原則 174 生成AIで「表の作成」を行う

表の作成は先頭行と先頭列を指定する

1枚のスライドに記載する情報の量が多い場合は、表型やマトリックス型で情報を整理して表現すると、情報が多くてもわかりやすく相手に伝わります。一方で、情報を表の形に整理するのは手間がかかる作業です。生成AIは、情報を表の形で整理することにも優れています。

生成AIを用いてスライドに記載する情報を表形式で出力する

表の作成を生成AIに指示する際には、先頭行と先頭列を指定することがポイントになります。 先頭行と先頭列を指定しなくても生成AIは表を作成してくれますが、想定しない結果になることもあるので、できるだけ指定するようにしましょう。

ここでは情報収集を生成AIに依頼し、それを表形式で出力するプロンプトをご紹介します。

> **プロンプト**
>
> ＃命令書：
> あなたは、○○業界の専門家です。
> 以下の制約条件をもとに○○を表形式で出力してください。
> このタスクで最高の結果を出すために追加の情報がほしい場合は、質問してください。
>
> ＃制約条件：
> ・表形式で表示してください
> ・先頭行は、○○、○○、○○ ← 先頭行に入れたい項目を指定します
> ・先頭列は、○○、○○、○○、○○ ← 先頭列に入れたい項目を指定します
>
> ＃出力文：

出力された表をExcelファイルで出力する

生成AIで出力された表は、コピーしてそのままPowerPointに貼り付けるとうまく表示されません。必ず一度Excelファイル形式で出力させましょう。Excelの表をコピーしてPowerPointに貼り付ければ、表で表現することが可能になります。

①「上記を Excel ファイルでダウンロードできるようにしてください。」と指示し、生成 AI で表を Excel ファイル形式で出力させます。

②出力された Excel の表をコピーします。

③ PowerPointの表を1セル分だけ作成します（「挿入」→「表」→「1行×1列」）。

④ Excelの表をPowerPointの表に貼り付けます（自動的に必要な行と列が追加される）。

 スポーツジムの事例　表の作成

スポーツジムの事例で、競合の情報について表形式で表示するプロンプトを作って入力し、生成AIから回答を得ました。

プロンプト

命令書：
あなたは、フィットネスジム業界の専門家です。
以下の制約条件をもとに大手ジムの戦略を表形式で出力してください。
このタスクで最高の結果を出すために、追加の情報がほしい場合は、質問してください。

制約条件：
・表形式で表示してください
・先頭行は、コナミ、ティップネス、ライザップ
・先頭列は、特徴、ターゲット顧客、戦略、具体事例

出力文：

生成AIの回答

	コナミ	ティップネス	ライザップ
特徴	多様なスポーツ施設の提供	健康志向のプログラム	高価格帯でパーソナルトレーニング重視
ターゲット顧客	家族や高齢者も含む幅広い層	健康とフィットネスに関心のある層	高収入層やダイエット希望者
戦略	スポーツクラブとしての総合性	フィットネスとウェルネスの統合	強いブランディングと成果保証
具体事例	クラブ会員制の運用	スタジオプログラムの多様化	成功報酬型のダイエットプログラム

コナミ、ティップネス、ライザップのちがいが、簡潔に表に整理されました。

上記の出力を一度Excelファイルに出力した上でPowerPointのスライドに落としたものが、こちらになります。

競合分析

コナミは総合性、ティップネスはウェルネスの強化、そしてライザップは高収入層をターゲットとした戦略としてしている

	コナミ	ティップネス	ライザップ
特徴	多様なスポーツ施設の提供	健康志向のプログラム	高価格帯でパーソナルトレーニング重視
ターゲット顧客	家族や高齢者も含む幅広い層	健康とフィットネスに関心のある層	高収入層やダイエット希望者
戦略	スポーツクラブとしての総合性	フィットネスとウェルネスの統合	強いブランディングと成果保証
具体事例	クラブ会員制の運用	スタジオプログラムの多様化	成功報酬型のダイエットプログラム

原則 175 生成AIで「情報の評価」を行う

生成AIは評価も得意

表などで情報を整理すると、情報量が多くてもある程度理解しやすくなりますが、一瞥して情報を理解することは難しく、ある程度情報を読み込むことが必要になります。このような場合に表の情報をより理解しやすくする方法として、○△×などの評価を加えることが有効です。

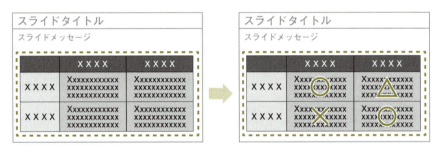

生成AIを用いて情報の評価を出力する

一方で、**定性的な情報に対して○△×などの評価を加えるには自分なりの基準を作る必要があり、骨が折れる作業になりがちです**。また、評価を加えた情報を共有した時に相手から「恣意的な評価ではないか？」と思われる可能性があります。ここでも、生成AIを活用することで評価を迅速かつ客観的に行うことができます。

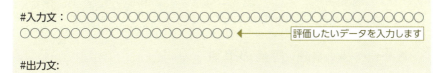

上記のプロンプトを利用すると、生成AIは表形式に評価を加えた状態で情報を出力してくれます。ここでは評価したいデータを入力する想定ですが、PowerPointファイルを読み込むことで代用も可能です。その場合は、「# 命令書」の「以下の制約条件をもとに表形式で情報を整理し、評価してください。」の部分を「以下の制約条件と添付ファイルの情報から、スライド○○の情報を表形式で整理し、評価してください。」(○○にはスライド番号を入力)に変更し、「#入力文:」を削除してください。

評価は必ず確認し、手直しする

生成AIの評価は客観的ですが、与えられた情報をもとに評価しているため、評価の精度には限界があります。また、生成AIはスクリプトを実行する度に評価が変わるなど、やや結果が安定しない傾向があります。

そこで、**生成AIに評価をさせたら必ず内容を確認し、適切な評価が与えられているかを人間の目でチェックすることが必要です**。そして、必要に応じて修正を加えることが重要です。また、評価の修正については自身だけでなく、関係者を巻き込んで行うことで評価への納得性を高めることが可能です。

また、本手法は情報を比較して優劣をつけられる場合にのみ利用できます。情報が競合企業や製品の特徴を表すもので、優劣をつけるのが難しい場合には活用できません（例えば、製品ターゲットがA社は高齢者、B社は若者の場合、どちらがよいという評価はつけられない）。生成AIの評価の限界を知った上で活用することが重要です。

スポーツジムの事例　**評価の追加**

スポーツジムの事例で、プロモーション施策に評価を加えるプロンプトを作って入力し、生成AIから回答を得ました。

プロンプト

```
# 命令書：
あなたは、フィットネスジム業界の専門家です。
以下の制約条件をもとにプロモーション施策を説明してください。
このタスクで最高の結果を出すために、追加の情報がほしい場合は、質問してください。

# 制約条件：
・表形式で表示してください
・先頭行は、無料体験チラシ、無料トレーナー体験、会員の友人の無料体験
・先頭列は、インパクト、コスト、手間
・情報はできるだけ具体的に表現します
・それぞれの内容を他より優れているものを3として、1～3の3段階で評価します
・各セルは、詳細情報（評価）の形で出力します

# 入力文：
```

無料体験チラシ
チラシに無料のフィットネス利用券をつけて周辺世帯に配布する

無料トレーナー体験
トレーナーの無料協力で、トレーナー体験を無料で希望者に提供する
周辺世帯にチラシで告知する

会員の友人の無料体験
当フィットネス会員の友人のみを対象にして無料体験キャンペーンを行う

出力文：

生成AIの回答

	無料体験チラシ	無料トレーナー体験	会員の友人の無料体験
インパクト	広範囲への配布で多くの新規客を惹きつける可能性が高い（3）	対面でのトレーナー体験が強い印象を与え、魅力を直接伝える（3）	既存会員を通じての信頼性のある紹介が効果的（2）
コスト	チラシ印刷と配布にコストがかかるが、広告として効果的（2）	トレーナーの時間が無償であればコストは低いが、調整が必要（2）	特に追加コストが発生しないため、もっともコスト効率がよい（3）
手間	チラシのデザインと配布に手間がかかる（2）	スケジュール調整や個別対応が必要で手間がかかる（1）	会員を動員しての実施が必要だが、手間は少ない（3）

一見問題のないように見える結果ですが、無料体験チラシのインパクトが「3」というのはチラシ施策への過大評価です。また、無料トレーナー体験のコストの内容が「無償であれば」となっていますが、そもそも無償を前提とする内容ですので、修正が必要です。加えて無料トレーナー体験の手間についてはトレーナーにスケジュール調整を依頼するので、ジムとしての手間はありません。修正を加えた内容は、次のようになります。

	無料体験チラシ	無料トレーナー体験	会員の友人の無料体験
インパクト	すでに数度行っている施策で効果は限定的（1）	対面でのトレーナー体験が強い印象を与え、魅力を直接伝える（3）	既存会員を通じての信頼性のある紹介が効果的（2）
コスト	チラシ印刷と配布にコストがかかるが、広告として効果的（2）	トレーナーの顧客開拓にもなるので無償前提で実施し、コストは低い（2）	特に追加コストが発生しないため、もっともコスト効率がよい（3）
手間	チラシのデザインと配布に手間がかかる（2）	スケジュール調整や個別対応はトレーナーが行うので手間がかからない（3）	会員を動員しての実施が必要だが、手間は少ない（3）

上記の内容をスライド化すると、次のようになります。スライド化するにあたり、1、2、3の数字を×、△、○に置換して表現しています。

施策の評価

三つの施策候補の中では無料トレーナー体験が最も費用対効果が高いと考えられる

	無料体験チラシ	無料トレーナー体験	会員の友人の無料体験
インパクト	すでに数度行っている施策で効果は限定的　×	対面でのトレーナー体験が強い印象を与え、魅力を直接伝える　○	既存会員を通じての信頼性のある紹介が効果的　×
コスト	チラシ印刷と配布にコストがかかるが、広告として効果的　△	トレーナーの顧客開拓にもなるので無償前提で実施し、コストは低い　△	特に追加コストが発生しないため、最もコスト効率が良い　○
手間	チラシのデザインと配布に手間がかかる　△	スケジュール調整や個別対応はトレーナーが行うので手間がかからない　○	会員を動員しての実施が必要だが、手間は少ない　○

原則 176 生成AIで「サマリーの作成」を行う

生成AIでサマリーを瞬時に作成する

資料全体を要約するサマリーは、資料を読む相手にとって資料の全体像を理解することにつながる重要な情報です。また、資料の作り手が資料の全体像を自身で把握し、相手に説明する際の要点を理解することにも役立ちます。

このように便利なサマリーですが、作成には大きな手間がかかります。資料を要約するには、資料の全体像を俯瞰して見て、相手に伝える要素を絞って抽出することが必要です。しかし、資料が数十ページにも渡る場合、全体像を俯瞰して伝えたいことを絞ることにはかなりの時間がかかります。

そこで、**生成AIにサマリーのドラフトを作成してもらうことが時間の節約につながります**。サマリーの策定は資料作成の最後に行うことが多いので、ここでは各スライドのスライドタイトルとスライドメッセージが完成していることを前提としています。

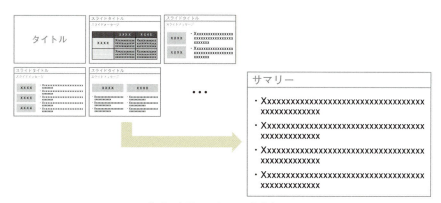

生成AIを用いてサマリーを出力する

アウトライン表示でスライドタイトルとスライドメッセージを表示し、テキストをコピーすれば、「#入力文：」の部分はすぐに作成できます。

> **プロンプト**
>
> ＃命令書：
> あなたは、プレゼンテーション資料作成のプロのコンサルタントです。
> 以下の制約条件と入力文をもとに、サマリーを作成してください。
> このタスクで最高の結果を出すために、追加の情報がほしい場合は、質問してください。
>
> ＃制約条件：
> サマリーは箇条書き5つ程度で作成してください
>
> ＃入力文：
> ・スライドタイトル：スライドメッセージ　←実際のスライドタイトルとスライドメッセージを入力します
> ・スライドタイトル：スライドメッセージ
> ・スライドタイトル：スライドメッセージ
> ・スライドタイトル：スライドメッセージ
> ・
> ・
> ・
>
> ＃出力文：

PowerPointファイルの内容を読み込む

スライドタイトルとスライドメッセージを入力する代わりに、生成AIのPowerPointファイルを読み込む機能を活用するのもお勧めです。スライドタイトルとメッセージが完成しているPowerPointファイルを添付し、次のようにプロンプトを入力すれば完了です。

> **プロンプト**
>
> ＃命令書：
> あなたは、プレゼンテーション資料作成のプロのコンサルタントです。
> 添付の資料の内容と制約条件をもとに、サマリーを作成してください。
> このタスクで最高の結果を出すために、追加の情報がほしい場合は、質問してください。
>
> ＃制約条件：
> サマリーは箇条書き5つ程度で作成してください
>
> ＃出力文：

サマリーを相手に合わせて加工する

資料の冒頭に配置されるサマリーは、資料の印象を決めるものと言っても過言ではありません。生成AIで出力された内容をそのまま使うことはできるだけ避け、目的に応じて加工することをお勧めします。

まず、P.214で解説した、サマリーの最初に「今までのコミュニケーションの経緯」や「この資料が作られた背景」を追記するようにします。次に、**伝える相手の知っている情報レベル・立場・興味・関心などを踏まえて、サマリーを修正します**。相手にとって重要な部分は情報をより具体的に、重要でない部分は思い切って削除するようにします。また、企画に対する意気込みなど「意志」を示す部分についても追記するようにします。

生成AIは情報を要約することには非常に長けていますが、あくまでも無機質に情報を要約します。生成AIが不得意な部分を人間が補うイメージを持つとよいでしょう。プロンプトの**「＃ 制約条件」**に、「サマリーを読む相手がどういう相手で、自分はどう見られていて、相手にどういった行動をしてほしいか」という情報を追加することで、ある程度サマリーに濃淡をつけることも可能です。必要に応じて、プロンプトに追加しましょう。

スポーツジムの事例　サマリーの作成

スポーツジムの事例で、サマリー作成のプロンプトを作って入力し、生成AIから回答を得ました。

プロンプト

\# 命令書：
あなたは、プレゼンテーション資料作成のコンサルタントです。
以下の制約条件と入力文をもとに、サマリーを作成してください。
このタスクで最高の結果を出すために、追加の情報がほしい場合は、質問してください。

\# 制約条件：
サマリーは箇条書き5つ程度で作成してください

\# 入力文：
- 入会者の推移：入会者数が前年同月比で5％低下している
- 課題の特定：認知から本入会までの流れを確認すると体験入会の5％減少が課題と特定された
- ジムの体験に関するアンケート：時間や金銭、ジムからの距離などの顧客の課題を除くと、体験が有料であること、マシンの使い方がわからないことが課題である
- 入会者増加のためのプロモーション案：三つのプロモーションがアイデアとして挙がった
- 打ち手の評価：無料トレーナーと友人の無料紹介の企画が費用対効果としてもっとも高い打ち手と考えられる
- 入会者増加のためのプロモーション案の比較：2つの施策を比較したところ、無料トレーナー体験がより適している
- トレーナー付き無料体験の内容：無料体験、無料でのトレーナーによる指導で顧客にアピールできる一方で、追加的なコストは発生しない
- プロモーションの効果：無料トレーナー体験のプロモーションの効果として平均で15人/月の入会者の増加が期待できる
- プロモーションの効果：トレーナーとの関係性構築がトレーナー利用による継続率増加につながり、口コミによるトレーナー希望の入会者増につながる
- プロモーションの実施計画：対象エリアを限定して試験的に実施し、効果を検証し、その後本格的なプロモーションを開始する
- プロモーションの実施計画 – 詳細：4月から5月に試験的に実施し、効果予測を行い、6月から本格的にプロモーションを開始する

\# 出力文：

生成AIの回答

- 入会者の推移と課題: 入会者数は前年同月比で5%減少し、体験入会の減少が主な課題と特定されました。
- 顧客の課題: 有料の体験とマシンの使い方の不明瞭さが、顧客がジム体験に及び腰になる要因です。
- プロモーション案の比較: 無料トレーナー体験と友人の無料紹介の施策が検討され、無料トレーナー体験がもっとも効果的と評価されました。
- プロモーションの効果: 無料トレーナー体験を通じて、月平均15人の新規入会者の増加が見込まれます。
- 実施計画: 4月から5月にかけて試験的に実施し、効果を確認後、6月から本格的なプロモーションを展開する計画です。

ポイントを押さえたサマリーが出力されました。これに、今までの経緯と部長の特徴を押さえた形でサマリーを書き直したものが以下になります。冒頭に前回の打ち合わせの内容を追記し、この資料の目的を伝えています。最後に、相手に期待する行動を追記しています。ここでは、試験的なプロモーションの部長からの承認ということになります。

サマリー
- 前回の打ち合わせの中で入会者の減少の現状把握と対策のためのプロモーション案の策定を行うことが決まりましたので資料を作成いたしました
- 入会者の推移と課題: 入会者数は前年同月比で5%減少し、体験入会の減少が主な課題と特定されました
- 顧客の課題: 有料の体験とマシンの使い方の不明瞭さが、顧客がジム体験に及び腰になる要因です
- プロモーション案の比較: 無料トレーナー体験と友人の無料紹介の施策が検討され、無料トレーナー体験がもっとも効果的と評価されました
- プロモーションの効果: 無料トレーナー体験を通じて、月平均15人の新規入会者の増加が見込まれます
- 実施計画: 4月から5月にかけて試験的に実施し、効果を確認後、6月から本格的なプロモーションを展開する計画です
- 以上を踏まえて試験的なプロモーションのご検討をいただきたく、よろしくお願いいたします。

原則 177 生成AIで「Q&Aの作成」を行う

生成AIで想定される質問を作成する

入念に練られた資料を準備しても、実際に相手に説明する時には緊張してしまうという方も多いのではないでしょうか。その原因の1つは「想定外の質問がきたらどうしよう」という不安だと思います。

「想定外の質問」への対応は難しいものです。自分で想定できる質問に対しては準備ができますが、自分が想定できない質問に対しては準備ができません。自身が思いつかない質問は、上司や同僚の協力を得て洗い出す必要があります。しかし、想定外の質問を考えてもらうためには相手に資料の内容をきちんと理解してもらう必要があり、忙しいメンバーに協力を依頼するのは難しい場面も多いのではないでしょうか。

そこで活躍するのが生成AIです。生成AIにPowerPointファイルを読み込ませて内容を理解させ、そこから想定される質問と回答例を作成してもらうことが可能です。**生成AIのよいところは、質問例を20個でも30個でも100個でも考えてくれるところです。また、回答例まで出力してくれます。**生成AIの作成した質問集があれば、資料の説明の前にある程度の心の準備が可能になります。

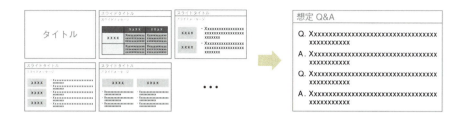

生成AIを用いて想定Q&Aを出力する

まず、生成AIのファイル添付機能から対象となるPowerPointファイルを添付して、以下のプロンプトを入力します。聞き手の特徴によって想定される質問が変わりますので、「数字にうるさい」とか「効果を気にする」などの聞き手の特徴を入力しましょう。目的設定の際に洗い出した相手の特徴が、ここで役に立つはずです（P.80）。最後に質問と回答例の個数を入れれば完了です。

> **プロンプト**
>
> ＃命令書：
> あなたは、プレゼンテーションのプロのコンサルタントです。
> 添付の資料の内容と制約条件をもとに、聞き手から想定される質問と回答例を作成してください。
> このタスクで最高の結果を出すために、追加の情報がほしい場合は、質問してください。
>
> ＃制約条件：
> ・聞き手の特徴は、○○○、○○○、○○○　　← 聞き手の特徴を入れる
> ・質問と回答例は○○個作成してください
> ・添付資料にある情報では答えられない質問を出してください
>
> ＃出力文：

生成AIの回答例は参考程度にする

上記のプロンプトで出力される生成AIの質問と回答例は大変参考になりますが、回答例は内容が間違っていることが多いので、あくまでも回答の仕方の参考として見るようにしましょう。

例えば「コストは○○万円の想定です」という生成AIの回答があったとして、間違っていることも多いので、実際に想定されるコストを弾く必要があります。また、「根拠は○○です」という回答についても生成AIが勝手に作り出していることがあるので、注意が必要です。あくまでここで参考にするのは質問のバリエーションと回答の方法であることに留意しましょう。

スポーツジムの事例　Q&Aの作成

スポーツジムの事例で想定質問と回答例をプロンプトを作って入力し、生成AIから回答を得ました。

プロンプト

```
# 命令書：
あなたは、プレゼンテーション資料作成のコンサルタントです。
添付の資料の内容と制約条件をもとに、聞き手から想定される質問と回答例を作成してください。
このタスクで最高の結果を出すために、追加の情報がほしい場合は、質問してください。

# 制約条件：
・聞き手の営業部長の特徴は、数字への興味が強い、プロモーションの知識が浅い、前例がないことが嫌い
・質問と回答例は10個作成してください
・プレゼンテーション資料にある情報では答えられない質問を出してください

#出力文：
```

生成AIの回答

質問: 無料トレーナー体験キャンペーンが他のジムで成功した例はありますか?
回答: 現在、フィットネスバートのような規模のジムでの前例はありませんが、同様のサービスを提供する小規模なジムでの成功事例がいくつか報告されています。ただし、具体的なデータはないため、今回のキャンペーンはパイロット実施後にその効果を検証します。

質問: このキャンペーンが失敗した場合、どのようなリスクが考えられますか?
回答: 主なリスクは、期待された入会者増加が見られないことです。その場合、投資した時間とリソースが回収されない可能性があります。ただし、初期投資を抑えたパイロット実施を行うことでリスクを最小化します。

質問: キャンペーンによる月平均15人の入会者増加予測は、どのような根拠に基づいていますか?
回答: この予測は、過去のキャンペーンの成果を参考にし、アンケート結果を基に計算されたものです。具体的なシミュレーションデータについては別途ご用意可能です。

質問: 前例のないこのプロモーションに対して、経営層からの反対が予想されますが、どう対応しますか?
回答: まず、パイロットテストの結果を基に効果を実証し、その結果を詳細なデータとして提示します。経営層にとってリスクが少ないことを説明し、賛同を得るよう努めます。

質問: チラシ配布エリアの選定基準は何ですか?
回答: 選定基準は、過去の入会者データとジムからの距離、人口動態データを基にしています。また、競合の影響を受けにくいエリアを優先しました。

質問: トレーナーのスケジュールがこのキャンペーンによってどの程度影響を受けますか?
回答: トレーナーのスケジュールは、現在の稼働率を基に調整を行います。無料体験に必要なトレーナーの数は十分に確保されており、既存の業務に支障がないよう計画しています。

質問: 競合他社も同様のキャンペーンを始めた場合、どう対応しますか?
回答: 競合が追随した場合は、我々が先行するメリットを活かし、キャンペーンの内容をさらに拡充するか、別の差別化ポイントを設けることを検討します。

質問: このキャンペーンによる収益の見込みはどの程度ですか?

> 回答: 収益見込みは、入会者増加予測と平均客単価を基に試算しています。詳細な収益予測モデルは現在作成中であり、後日お見せすることができます。
>
> 質問: 無料体験後の退会率はどの程度と予測していますか？
> 回答: 無料体験後の入会率は高いと見込んでいますが、退会率は他の会員と同程度で推移すると予測しています。実際のデータを基に、継続率を向上させるための施策を並行して検討します。
>
> 質問: 競合他社と比べた我々の強みは何ですか？
> 回答: 我々の強みは、トレーナーの質の高さと、コミュニティの一体感です。このキャンペーンは、それらの強みを最大限に活かすことを目的としています。また、競合との差別化ポイントを明確に打ち出すことで、他社にはない価値を提供します。

生成AIの回答は一見もっともらしいものですが、例えば「質問: 無料体験後の退会率はどの程度と予測していますか？」「回答例: 無料体験後の入会率は高いと見込んでいますが、退会率は他の会員と同程度で推移すると予測しています。」について、退会率が他の会員と同程度で推移するとは想定しておらず、正しい回答ではありません。ここではあくまでも「無料体験入会後の退会率」の質問が来ることを想定することが重要で、その回答については生成AIの回答例にかかわらず、あらかじめ自身で準備しておく必要があります。

生成AI活用まとめ

- 資料作成に生成AIを活用することで、情報整理、ストーリー作成、情報収集、スライドメッセージ作成などが効率的に行えます。

- 資料の目的や相手の特徴を生成AIに入力することで、効果的なストーリーを作成することが可能です。

- 生成AIを使ってビジネスの環境分析を行う際には、出所やURLを指定してデータの信頼性を担保することが必要です。

- 生成AIに複数のスライドメッセージの案を出させることで、スライドメッセージを作成する労力が軽減できます。

- スライドにおける小見出しや箇条書きも、生成AIで作成可能です。

- 情報が多い場合、生成AIを使って表やマトリックス型で整理し、理解しやすい図解を作ることが可能です。

- 図解に対して○△×などの評価を加える際にも生成AIが有効ですが、生成された評価は必ず確認して、必要に応じて修正することが重要です。

- 資料全体のサマリーを生成AIで作成し、相手の関心や背景に応じて修正・加工することで、資料の全体像を効果的に伝えることができます。

- 生成AIを使って想定される質問と回答を準備することで、プレゼンテーション時の安心感を高めることができます。

付録

付録01 資料作成チェックリスト20

付録02 テンプレートファイルの使い方

付録03 参考スライド例（スポーツジム　ルバート）

付録04 参考文献

付録 01 資料作成チェックリスト20

　資料作成の流れを一通り見てきましたが、いかがだったでしょうか。本書は細部にわたって資料作成のコツについて述べてきましたので、「結局のところ何をすればよいかわからない」や「ポイントをまとめてほしい」という要望があるかと思います。そこで、資料作成の際に気をつけるべき最低限のポイントを20個整理してみました。

　20個あるといっても、すべてのポイントを確認する必要はありません。資料全体のコツをチェックしたい時は、①目的と②ストーリーのポイントを参考にします。スライド単体を作成する際のポイントを確認したい時は、③スライドレイアウト、④スライドタイプ、⑤スライド表現のポイントを参考にしてください。特に④スライドタイプについては、対象となるスライドのタイプによって、箇条書きか図解かグラフのポイントに絞って確認すればよいでしょう。チェックリストの内容だけではわからないという場合は、該当する章をご確認いただければと思います。

　このチェックリストは、資料作成の際に参考にしていただくことはもちろん、資料ができあがった後に最後のチェックとして使っていただくと、改善ポイントが洗い出され、資料の質を大幅にアップすることが可能になります。また、部下や同僚の資料を確認する際にこのリストを使うと、効率的なフィードバックが可能になります。ぜひご活用いただければと思います。

項目		番号	チェックポイント	章	✓
①目的		1	「誰が」「誰に」「どうしてもらうか」が明確	3	
②ストーリー		2	「相手が重要と思うポイント」を漏れなく含んでいる	4	
		3	背景→課題→解決策→効果の順を押さえている	4	
		4	サマリー、目次、結論がある	4	
③スライドレイアウト		5	スライド情報がスライドメッセージを説明できている	5	
		6	スライドタイトル、スライドメッセージが入っている	7	
		7	左から右、上から下の流れがある	7	
④スライドタイプ	箇条書き	8	文章は箇条書きで表現できている	8	
	図解	9	基本図解が使えている	9	
		10	応用図解が使えている	9	
		11	表の先頭行・列は色で塗りつぶし、文字は中央にある	9	
		12	ピクトグラムが使えている	9	
	グラフ	13	適切なグラフが使えている	10	
		14	データの並び順が適切である	10	
		15	グラフが矢印やテキストで強調されている	10	
⑤スライド表現	強調	16	重要な文字が太字と色で強調されている	9	
		17	スライドの重要な部分が強調されている	9	
	比較	18	比較の場合、点数や○×などで評価が一見してわかる	9	
	色	19	3色以下におさめられている	7	
	整列	20	図形の位置が縦横で揃っている	7	

チェックリスト20の活用例

ここでは図解とグラフを例に、チェックリストの活用方法をご紹介します。

● **図解　その1**

改善前は図形の大きさが揃っておらず、2つの施策の優劣がわかりにくかったのですが、改善後は図形の大きさが整い、優劣が明確になりました。

改善前

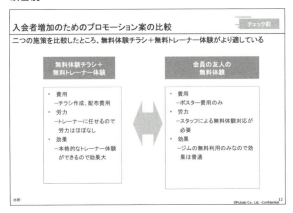

改善後

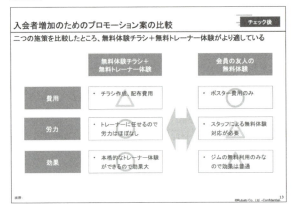

この例では、以下の3つのポイントに関して修正を加えています。

⑩応用図解が使えている
⑱比較の場合、点数や〇×などで評価が一見してわかる
⑳図形の位置が縦横で揃っている

3つのポイントを押さえることで、図解のメッセージが明確になりました。

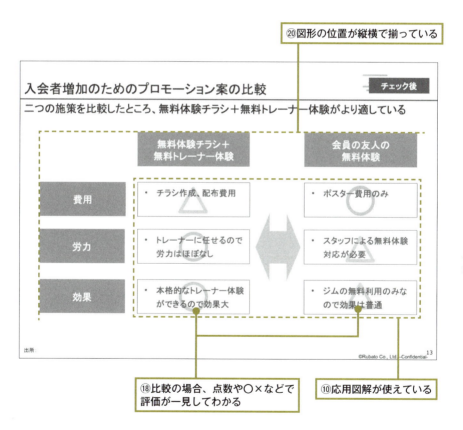

● 図解　その2

改善前は文字ばかりでスライドメッセージやピクトグラムがないため、何を伝えたいスライドなのかわかりませんでした。しかし改善後は内容が理解しやすく、メッセージが明確なスライドになりました。

改善前

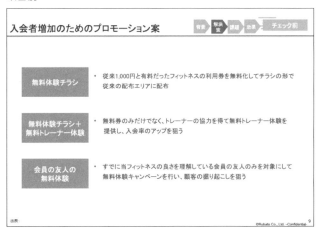

改善後

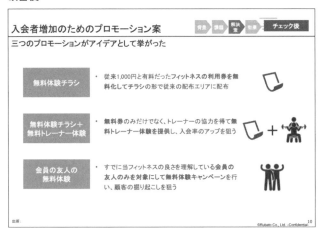

この例では、以下の4つのポイントに関して修正を加えています。

③背景→課題→解決策→効果の順を押さえている
⑥スライドタイトル、スライドメッセージが入っている
⑫ピクトグラムが使えている
⑯重要な文字が太字と色で強調されている

4つのポイントを押さえることで、図解のメッセージが明確になりました。

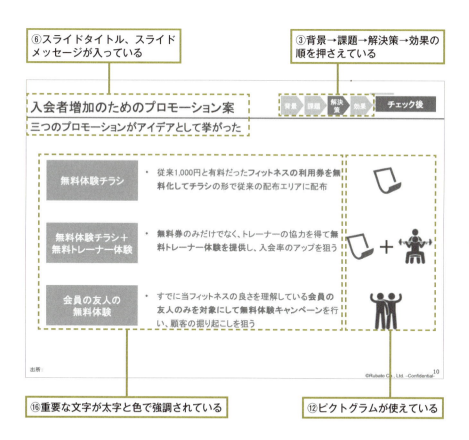

● **グラフ**

改善前と改善後を比較すると、グラフが大変わかりやすくなっていることがわかると思います。チェックリスト20の、グラフの内容を活用しています。

改善前

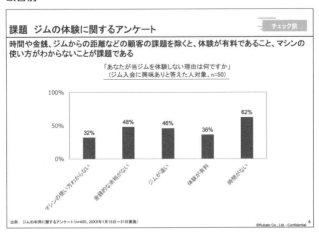

改善後

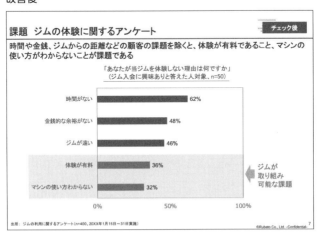

この例では、以下の3つのポイントに関して修正を加えています。

⑬適切なグラフが使えている
⑮グラフが矢印やテキストで強調されている
⑰スライドの重要な部分が強調されている

たった3つのポイントですが、グラフのメッセージが明確になったことがおわかりいただけると思います。

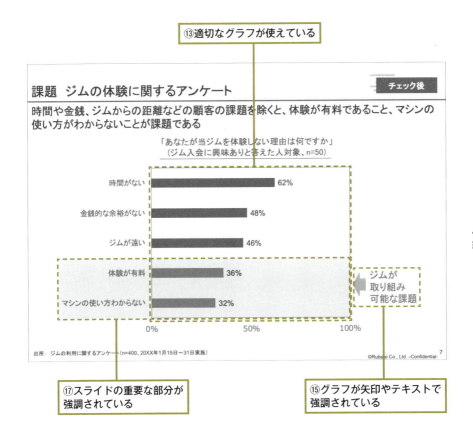

付録 02 テンプレートファイルの使い方

本文で紹介したテンプレートファイルは、以下のURLからダウンロードできます。それぞれのファイルについて、ご説明していきます。

https://www.rubato.co/download2

①クイックアクセスツールバー

第2章「作業環境」のP.62でご紹介した、クイックアクセスツールバーのインポートファイルです。

②ストーリーライン作成用Excelテンプレート

ストーリーライン作成用Excelテンプレートは、ストーリーシート1と2に分かれています。ストーリーシート1は、第3章「目的設定」で「伝えること」を決定する際に使用するテンプレートです。

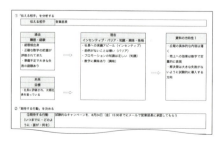

ストーリーシート1で「伝えること」が決まったら、ストーリーシート2を使ってスライドの構成を決定していきます。第4章「ストーリー作成」、第5章「情報収集」の内容を作成する際に使用しましょう。

第4章では、「伝えること」に基づいて「スライドタイトル」「スライドメッセージ」「スライドタイプ」をまでを決め、第5章では「スライド情報の仮説」を決定します。そしてその仮説に基づいて情報収集を行い、入手した情報を「入手情報」「出所」に入力して整理します。

ここで完成したスライド構成はいったんWordに転記して、そこからPowerPointに落とし込めば、スケルトンが完成します（WordからPowerPointに落とし込む手順についてはP.206を参考にしてください）。

	第4章			第5章		
	スライドタイトル	スライドメッセージ	スライドタイプ	スライド情報の仮説	入手情報	出所
タイトル						
サマリー						
目次						
背景	入会者の推移	入会者数が前年同月比で5%低下している	図解	自社：設備の老朽化	- 内装は前の店舗のものを引き継ぎ15年経過 - 空調も同様で20年経過 - エアロバイクは7年	社内情報
				競合：ジムの増加	- 24hrsジムが商圏に2店舗開店 - 加圧ジムは3店舗開店	自社調査（2016年10月）
				市場：地域の人口の減少	- 転入者が年率0.5%で減少 - 少子化が他地域より進んでいる	世田谷区ウェブサイト(www.xxxxxxxxxxxx)
課題	入会者減少の原因	体験入会者数が前年同月比で5%減少している	グラフ			
解決策	入会者増加のためのプロモーション	トレーナー無料お試しキャンペーンはコストと効果の点から最適と思われる	図解			
効果	プロモーションの効果	プロモーションの効果として平均で15人／月の入会者の増加が期待できる	グラフ			
結論						

③スポーツジム事例のスケルトン

第6章「スケルトン作成」のP.216でご紹介した、スポーツジムの事例のスケルトンです。

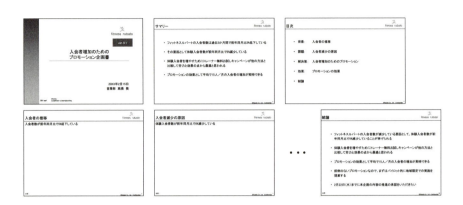

④スライド作成ルール表

第7章「ルール設定」のP.268でご紹介した、スライド作成ルール表です。

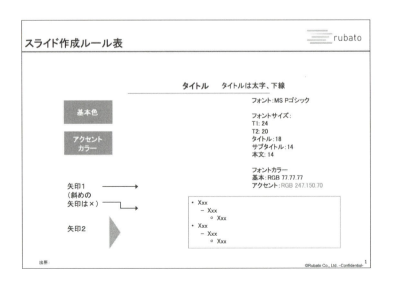

⑤図解とグラフのテンプレートファイル

第9章「図解」、第10章「グラフ」でご紹介した、図解とグラフのテンプレートファイルです。

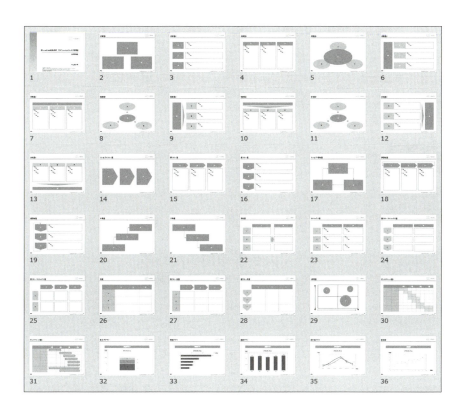

⑥生成AIプロンプトテンプレート

本書での解説に使用した生成AIのテンプレート集です。

付録 03 参考スライド例
(スポーツジム　ルバート)

本書での解説に使用した事例の完成スライドをご紹介します。他のテンプレートファイルと同様、以下のURLからダウンロードが可能です。

https://www.rubato.co/download2

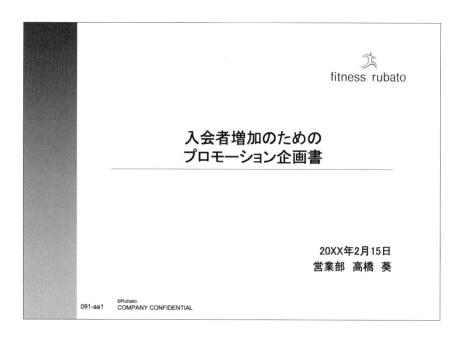

サマリー

fitness rubato

- フィットネスルバートの入会者数は過去3か月間で前年同月比5%低下している

- その要因として体験入会者数が前年同月比で5%減少している

- 体験入会者を増やすためにトレーナー無料お試しキャンペーンが他の方法と比較して労力と効果の点から最適と思われる

- プロモーションの効果として平均で15人／月の入会者の増加が期待できる

目次

fitness rubato

- **背景：　入会者の推移**

- 課題：　入会者減少の原因

- 解決策：　入会者増加のためのプロモーション

- 効果：　プロモーションの効果

- 結論

付録

入会者の推移

入会者数が前年同月比で5%低下している

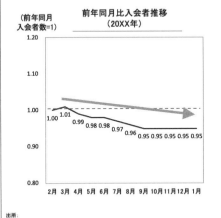

自社 設備の老朽化	・内装は前の店舗のものを引き継ぎ15年経過 ・空調も同様で20年経過 ・エアロバイクは7年
競合 ジムの増加	・24hrsジムが商圏に2店舗開店 ・加圧ジムは3店舗開店
市場 地域の人口の減少	・転入者が年率0.5%で減少 ・少子化が他地域より進んでいる

出所:

目次

- 背景：　入会者の推移
- **課題：　入会者減少の原因**
- 解決策：　入会者増加のためのプロモーション
- 効果：　プロモーションの効果
- 結論

課題の特定

認知から本入会までの流れを確認すると体験入会の5%減少が課題と特定された

	認知数	体験入会	本入会
昨年からの変化	・チラシの配布数は変化なし ・アンケートによると認知度も変化なし	・体験入会者数が昨年より5%減少している ・月次では、減少が加速している	・体験者数の減少割合とほぼ同じ割合で本入会数が減少している
示唆	・ジムの認知には課題は見られない	・認知度に変化がないのにもかかわらず体験者入会者数の減少があることが課題	・体験入会からの本入会率には課題は見られない

出所: ジムの利用に関するアンケート(n=400、20XX年1月15日〜31日実施)

ジムの体験に関するアンケート

時間や金銭、ジムからの距離などの顧客の課題を除くと、体験が有料であること、マシンの使い方がわからないことが課題である

「あなたが当ジムを体験しない理由は何ですか」
(ジム入会に興味ありと答えた人対象、n=50)

理由	割合
時間がない	62%
金銭的な余裕がない	48%
ジムが遠い	46%
体験が有料	36%
マシンの使い方わからない	32%

← ジムが取り組み可能な課題

※10%未満の回答は記載していない

出所: ジムの利用に関するアンケート(n=400、20XX年1月15日〜31日実施)

目次

fitness rubato

- 背景： 入会者の推移
- 課題： 入会者減少の原因
- **解決策： 入会者増加のためのプロモーション**
- 効果： プロモーションの効果
- 結論

入会者増加のためのプロモーション案

三つのプロモーションがアイデアとして挙がった

無料体験チラシ	・チラシに無料のフィットネス利用券をつけて周辺世帯に配布する	
無料トレーナー体験	・トレーナーの協力を得て、無料トレーナー体験を希望者に提供する	
会員の友人の無料体験	・当フィットネス会員の友人のみを対象にして無料体験キャンペーンを行う	

出所：

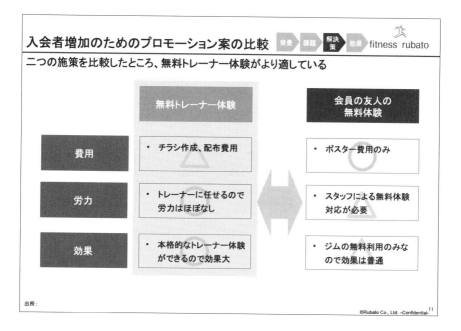

トレーナー付き無料体験の内容

無料体験、無料でのトレーナーによる指導で顧客にアピールできる一方で、追加的なコストは発生しない

無料トレーナー体験 プロモーション

無料体験
- 1日体験入会を1,000円から無料にすることで顧客がより気軽に体験に取り組める
  - 1,000円の課金は売上にとってほとんど影響がない
  - 無料ならば試してみたいという顧客層がいることはすでに確認済み

無料でのトレーナー
- 当社には金銭的負担がなく、お客様へのサービス向上になる
  - 従来は顧客がマシンの使い方がわからず入会を阻害
  - 顧客開拓になるのでトレーナーに無料で依頼可能
  - 既に複数のトレーナーが協力に意欲を見せている
  - 当社スタッフの負担軽減にもつながる

追加でのコストなし
- 従来通りのエリアにチラシ配布を行うので追加的なコストは発生せず、効果検証も容易
  - 従来のチラシの内容変更が必要だが、簡単な変更に留める
  - 新たなエリアにまくよりも従来のエリアにまくことで効果検証が容易になる

目次

- 背景： 入会者の推移

- 課題： 入会者減少の原因

- 解決策： 入会者増加のためのプロモーション

- **効果： プロモーションの効果**

- 結論

プロモーションの効果

無料トレーナー体験のプロモーションの効果として平均で15人/月の入会者の増加が期待できる

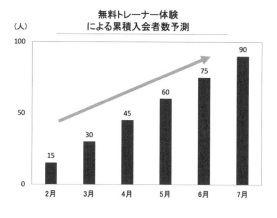

無料トレーナー体験による累積入会者数予測

出所：フィットネスルバート予測

プロモーションの効果

トレーナーとの関係性構築がトレーナー利用による継続率増加につながり、口コミによるトレーナー希望の入会者増につながる

入会者数増加
- トレーナーの指導で体験満足度が上がり、入会者数が増える

入会後の退会率減少
- トレーナーのきめ細やかな指導により、退会率が下がる

口コミ増加
- トレーナー指導で顧客満足度が上がり、新規顧客への口コミ効果が期待できる

出所：

付録

プロモーションの実施計画

対象エリアを限定して試験的に実施し、効果を検証し、その後本格的なプロモーションを開始する

1. 試験的な実施
- 既存のチラシ配布エリアの10%にあたる世帯に対して無料トレーナー体験のチラシを配布
- 残りの90%については従来の1,000円の体験入会のチラシを配布

2. 効果の検証
- 従来のチラシと新しいチラシの配布数に対して体験入会数の割合を比較
- また、体験入会後の入会率を比較
- 対象エリアすべての新しいチラシを拡大した時の効果を予測

3. 本格的な開始
- 十分なトレーナーの人数を確保
- 対象エリアを三段階に分けて拡大
- 途中でトレーナーの不足などが起こった場合は対象エリアの拡大タイミングを調整

出所：

プロモーションの実施計画 – 詳細

4月から5月に試験的に実施し、効果予測を行い、6月から本格的にプロモーションを開始する

出所：

結論

- フィットネスルバートの入会者数が減少している要因として、体験入会者数が前年同月比で5%減少していることが挙げられる

- 体験入会者を増やすためにトレーナー無料お試しキャンペーンが他の方法と比較して労力と効果の点から最適と思われる

- プロモーションの効果として平均で15人／月の入会者の増加が期待できる

- 前例のないプロモーションなので、まずはパイロット的に地域限定での実施を提案する

- 本企画内容につきご検討いただき、問題がなければ3月8日（水）までに推進のご承認をいただきたい

出所：

付録 04 参考文献

本書の執筆にあたって直接の引用や、直接的に参照した書籍は限られています。しかし、下記の書籍は私がこれまで仕事を行う上で参考にしてきた書籍です。本書を読んで、さらに内容を深めたいと思われた方にも役立つ書籍だと思います。ぜひ、参考にしていただければと思います。

安宅和人（2010年）『イシューからはじめよ—知的生産の「シンプルな本質」』、英知出版

アンドリュー＝V＝アベラ（2014年）『Encyclopedia of Slide Layouts: Inspiration for Visual Communication』、Soproveitto Press

内田和成（2006年）『仮説思考 BCG流 問題発見・解決の発想法』、東洋経済新報社

大前研一（1999年）『企業参謀—戦略的思考とはなにか』、プレジデント社

大前研一、斎藤顕一（2003年）『実戦！問題解決法』、小学館

木部智之（2017年）『複雑な問題が一瞬でシンプルになる 2軸思考』、KADOKAWA

齋藤嘉則（1997年）『問題解決プロフェッショナル「思考と技術」』、ダイヤモンド社

齋藤嘉則（2001年）『問題発見プロフェッショナル—「構想力と分析力」』、ダイヤモンド社

ジーン＝ゼラズニー（2004年）『マッキンゼー流図解の技術』、東洋経済新報社

ジーン＝ゼラズニー（2005年）『マッキンゼー流図解の技術 ワークブック』、東洋経済新報社

清水久三子（2012年）『プロの資料作成力』、東洋経済新報社

菅野誠二（2009年）『PowerPointビジネスプレゼン ビジテク 図を描き・思考を磨き・人を動かすプレゼンテーション』、翔泳社

菅野誠二（2017年）『外資系コンサルのプレゼンテーション術—課題解決のための考え方＆伝え方』、東洋経済新報社

杉野幹人（2016年）『超・箇条書き—「10倍速く、魅力的に」伝える技術』、ダイヤモンド社

高田貴久（2004年）『ロジカル・プレゼンテーション———自分の考えを効果的に伝える戦略コンサルタントの「提案の技術」』、英知出版

高橋佑磨、片山 なつ（2016年）『伝わるデザインの基本 増補改訂版 よい資料を作るためのレイアウトのルール』、技術評論社

竹島愼一郎（2004年）『速プレーカリスマがこっそり教える企画＆プレゼン30の極意』、アスキー・メディアワークス

田坂広志（2004年）『企画力「共感の物語」を伝える技術と心得』、ダイヤモンド社

出原栄一、吉田 武夫、渥美浩章（1986年）『図の体系—図的思考とその表現』、日科技連

照屋華子、岡田恵子（2001年）『ロジカル・シンキング』、東洋経済新報社

中川邦夫（2008年）『問題解決の全体観 下巻 ソフト思考編 (知的戦闘力を高める全体観志向)』、コンテンツ・ファクトリー

中川邦夫（2008年）『問題解決の全体観 上巻 ハード思考編 (知的戦闘力を高める全体観志向)』、コンテンツ・ファクトリー

中川邦夫（2010年）『ドキュメント・コミュニケーションの全体観 下巻 技法と試合運び』、コンテンツ・ファクトリー

中川邦夫（2010年）『ドキュメント・コミュニケーションの全体観 上巻 原則と手順』、コンテンツ・ファクトリー

バーバラ＝ミント（1999年）『考える技術・書く技術—問題解決力を伸ばすピラミッド原則』、ダイヤモンド社

細谷功（2014年）『具体と抽象 —世界が変わって見える知性のしくみ』、dZERO

前田 鎌利（2015年）『社内プレゼンの資料作成術』、ダイヤモンド社

三谷宏治（2011年）『一瞬で大切なことを伝える技術』、かんき出版

三谷宏治（2014年）『一瞬で大切なことを決める技術』、KADOKAWA/中経文庫

山口周（2012年）『外資系コンサルのスライド作成術—図解表現23のテクニック』、東洋経済新報社

吉澤準特（2014年）『外資系コンサルが実践する 資料作成の基本 パワーポイント、ワード、エクセルを使い分けて「伝える」→「動かす」王道70』、日本能率協会マネジメントセンター

索引

記号・数字

#出力文 549
#制約条件 548
#入力文 547
#命令書 548
2スライド／1ページ 506
2分割 226
3C分析 170
4象限型 356
4分割 227

英字

Arial 232
filetype: 186
MECE（ミーシー） 167, 298
Meiryo UI 230, 249
MS Pゴシック 230, 249
PEST分析 169
PowerPointファイルの読み込み（生成AI） 557
Q&Aの作成（生成AI） 584
Word 206
Z型 224, 227

あ行

アイコン 400
アイコンの非表示（プレゼン） 519
アウトライン 206
アクセントカラー 260, 374

アニメーション 524
一括置換 492
色を揃える（スライド間） 484
因果関係 322
インセンティブ 81
インターネット検索 186
インデント 303
インデントマーカー 307
円グラフ 436
折れ線グラフ 420

か行

解決策 112
解釈型 137
階層 292, 303
回転型 336
ガイド 204
カギ線矢印 240
拡散型 330
拡大 531
掛け算 176
下降型 345
箇条書き 144, 278
箇条書きの作成（生成AI） 561
箇条書きモード 302
仮説作り 160
画像 386
　-の圧縮 536
　-の配置 396
課題 108
角の丸み 250

616

Index

角丸の四角形 ………………………… 248
ガントチャート型 …………………… 358
期待する行動 ………………………… 84
既定の図形 …………………………… 270
行間 …………………………………… 308
強調の意図（グラフ）……………… 457
共通化 ………………………………… 50
クイックアクセスツールバー
　………………… 62, 66, 257, 355, 371
グラフ ………………………………… 144
　-のガイドライン ………… 410, 435
　-のデータの絞り込み …………… 440
　-のデータの並び順 ……… 442, 444
グレースケール ……………………… 508
結論スライド ……………… 125, 215
原色 …………………………………… 265
効果 …………………………………… 116
構成要素比較 ………………………… 411
行動型 ………………………………… 138
購買行動分析 ………………………… 172
項目比較 …………………… 411, 428
合流型 ………………………………… 332
コーポレートカラー ………………… 262
個別データの強調（グラフ）……… 452
小見出し …………………… 236, 310
　-の作成（生成AI）……………… 561
　-の重複（スライド間）………… 487
根拠型 ……………………… 162, 164

さ行

作成者 ………………………………… 538
サマリースライド ………… 124, 214
サマリーの作成（生成AI）……… 579
三角矢印 ……………………………… 242
散布図 ………………………………… 424
四角 …………………………………… 246
時間の流れ …………………………… 322
色相環 ……………………… 260, 374
軸目盛 ……………………… 464, 469
時系列 ………………………………… 174
時系列比較 ………………… 412, 430
事実型 ………………………………… 137
自分の見られ方 ……………………… 88
写真の拡大／縮小 …………………… 398
写真の切り取り ……………………… 398
ジャンプ（プレゼン）……………… 518
出所 ……………………… 202, 469
順番を揃える（スライド間）……… 485
詳細情報型 ………………… 162, 164
上昇型 ………………………………… 344
情報収集 …………………… 182, 184
情報収集（生成AI）……………… 552
情報の正確性 ………………………… 56
ショートカットキー … 70, 72, 355, 371
書式のコピー ………………………… 493
書式の統一 …………………………… 493
資料のPDCA ………………………… 30
シルエット画像 ……………………… 393
図解 …………………………………… 144
　-の強調 …………………………… 374

617

索引

-の評価 ……………………… 384
図形 ………………………… 246
 -の影づけ ………………… 252
 -の統一 …………………… 496
 -の配置 …………… 256, 368
 -の変更 …………………… 496
 -のまとまり ……………… 366
 -の文字入力 ……………… 370
 -の余白 …………………… 254
 -の立体化 ………………… 252
ストーリー作成（生成AI）…… 546
スポイト機能 ………………… 263
スライド構成 ………………… 118
スライドサイズ ……………… 197
スライド情報 ………………… 162
スライドショー ……………… 516
スライドタイトル ……… 128, 198
スライドタイプ ……………… 144
スライドの背景 ……………… 264
スライド番号 ………………… 202
スライドメッセージ … 132, 198, 376
スライドメッセージの作成（生成AI）
　……………………………… 556
スライドレイアウト ………… 196
生成AI ………………………… 54
接続詞 ………………………… 140
説明型 ………………………… 30
説明資料 ………………… 28, 47
相関比較 ……………………… 413
増減の傾向（グラフ）……… 455
組織の7S ……………………… 172
空・雨・傘 …………………… 136

た・な行

タイトルスライド ……… 124, 212
対比型 ………………………… 346
楕円 …………………………… 246
足し算 ………………………… 176
縦棒グラフ …………………… 418
縦横比 ………………………… 398
単位（グラフ）……………… 468
単純白黒 ……………………… 508
チェックリスト ……………… 504
置換 …………………………… 494
知識・興味・性格・立場 …… 81
直角の四角形 ………………… 248
伝える相手 …………………… 80
伝えること …………………… 92
積み上げグラフ ……………… 414
提案型 ………………………… 30
データの差（グラフ）……… 456
データの省略（グラフ）…… 469
データラベル（グラフ）…… 462
テスト印刷 …………………… 504
添付ファイルの説明 ………… 539
入門書 ………………………… 160

は行

背景 …………………………… 104
背景型 ………………………… 328
背景の透過 …………………… 394
配色 …………………………… 260
ハイパーリンク ……………… 520

Index

は行

パスワード ……………………………… 537
バリア ……………………………………… 81
バリューチェーン分析 ………………… 171
範囲の強調（図解）……………………… 380
パンくずリスト ………………………… 480
凡例 ……………………………………… 466
ピクトグラム …………………… 390, 394
ビジネスフレームワーク ……………… 168
ビュレットポイント ……… 279, 293, 304
評価（生成AI）………………………… 574
表型 ……………………………………… 352
表現の統一 ……………………………… 494
表の作成（生成AI）…………………… 570
頻度分布比較 …………………… 412, 434
ファイブフォース分析 ………………… 169
ファイル形式を指定 …………………… 186
フェード ………………………………… 524
フォントの統一 ………………………… 492
吹き出し ………………………………… 246
複合グラフ ……………………………… 446
複数データの強調（グラフ）………… 454
フラットデザイン ……………………… 252
フレームワーク ………………………… 166
プレゼンテーション資料 ……………… 28
フロー型 ………………………………… 334
フローマトリックス型 ………………… 351
分類型 …………………………………… 357
ページ番号（プレゼン）……………… 514
ベースカラー ………………… 260, 262, 374
ホームベース …………………………… 246
補助線 …………………………………… 256
ホワイトアウト ………………………… 517

ま行

マーケティングの4P …………………… 173
マトリックス型 ………………… 348, 482
見出しの強調（図解）………………… 379
目盛線 …………………………………… 462
目次スライド ………………… 125, 213, 478
文字強調（生成AI）…………………… 566
文字の色 ………………………………… 233
文字の強調（図解）…………………… 378
文字のサイズ …………………………… 234

や行

矢印 ……………………………………… 240
　-の色 ………………………………… 240
　-の角度 ……………………………… 240
　-の先端 ……………………………… 240
優先順位（プレゼン）………………… 512
横棒グラフ ……………………………… 416

ら行

リモート会議 ……………………………… 44
ルーラー ………………………………… 306
ルール表 ………………………………… 268
レーザーポインター …………………… 531
列挙型 …………………………………… 326
列挙マトリックス型 …………………… 350
ロゴ ……………………………………… 202
ロジックツリー ……………… 164, 298, 320

あとがき

2019年1月、この本の前身に当たる「PowerPoint資料作成プロフェッショナルの大原則」が発売されました。編集の大和田洋平さんと数え切れないほどの議論を重ねる中で、「資料作成の全体像がわかる本にしよう」「実践的なスキルにまで落とし込んだ本にしよう」「一貫した事例がある本にしよう」と、「読者にとってのわかりやすさ」を最大限に追求した結果の500ページを超える大著でした。自信を持って送り出した書籍でしたが、そのボリュームから、手に取っていただけるか正直不安でもありました。

ただ、蓋を開けてみると5年で11刷、5万部を数えるまでとなり、多くの方に読んでいただきました。読者からは「資料作成のバイブル。部下にも大好評です。組織力がアップしました。」「思考の順番や目的、大枠から詳細まで一気通貫して把握でき、大変参考になりました。」「もっと早く出会いたかったです。大変勉強になりました。」などの声が寄せられました。その反響に驚くとともに、資料作成に悩まれている方がこんなにもいるのだという大きな気付きを得られました。

資料作成というのは、広範なスキルを必要とする、総合的なスキルです。そもそも自身の考えを手紙やメールにまとめるだけでも難しいのに、それを資料にまとめるというのは実に多様なスキルを必要とするのです。一方で、「資料にまとめる」ことを練習すれば、本書の冒頭にもお伝えしたように「仕事に必要なコアスキル」を鍛えることができます。顧客に話をする時の「話の流れ」、目的から考える「目的志向」、仮説に基づいて行動する「仮説思考」など、ビ

ジネスに役立つ左脳系スキルは資料作成にほぼ凝縮されていると言って過言ではありません。

ビジネス以外にも、上記のスキルが活躍する場面は多様です。パブリックセクターや地域コミュニティなどの活動において、昔ながらの文書型コミュニケーションや飲みニケーションが重要なことは今後も変わらないと思います。一方で、それらに加えて本書にあるスキルを身に付ければ、より多くの人に動いてもらうための大きな武器になるはずです。

このような想いを持って2019年に本書を出版したわけですが、近年、リモートワークの増加や生成AIの普及など、私達の仕事を取り巻く環境が大きく変わってきています。それに伴い、資料作成の方法や資料の使い方にも大きな変化が生まれています。その状況に追いつくために、今回改訂版を出版させていただきました。特に資料作成における生成AIの活用は急速に進んでおり、生成AIを活用できる人と活用できない人の差は広がっていく一方です。本書では、こうした環境の変化に対応するためのノウハウをできる限り追加しました。その結果600ページを超えるボリュームになりましたが、現時点で資料作成に必要なほとんどのノウハウがこの本に詰まっていると考えて良いと思います。

このような資料作成の本を書いている私ですが、実は1人ひとりが自身のwillを明確にして、よりよい未来を自身で描き、「よく生きる」ことをサポートすることが自分のミッションと考えています。対話の中からwillを生み出していくコーチングを会社の事業として取り組んでいるのはそのためです。

一方で、自身の想いを描くだけでは想いは実現できません。私たちは想いを実現するための「武器」を身に付ける必要があります。ぜひ本書を皆さんの手元に置いていただき、皆さんの仕事、プライベートでの武器にしていただければと思います。本書にある資料作成スキルを通して、皆さんのwillやwantがまわりの人たちに伝わり、より多くの人たちが夢を実現したり、よりよい社会を実現できるのなら、私にとってこれに勝る喜びはありません。皆さんの「想い」と「武器」を、私は常にサポートしていきたいと思います。

最後になりますが、改訂版の執筆にあたりご支援いただいた方々に謝辞を伝えたいと思います。株式会社Rubatoのスタッフの小菅慶一さん、江田素子さん、山本涼子さん、小泉暁子さん、荒谷有紗さん、太田洸平さん、砥上渓子さん、瀬川翠香さん、平野亮輔さん、小川美里さん、また、学生インターンの中野莉子さん、宗村都央さん、浅田美都さんには業務や執筆をサポートいただきました。執筆の時間が限られる私が本を完成できたのは皆さまのおかげです。どうもありがとうございました。株式会社Rubato講師の重次泰子さん、渋屋隆一さん、尾崎智史さん、小澤知子さん、中平麗華さんには共に日々の研修を担っていただきありがとうございます。資料添削スタッフの石原亮さん、伊原知希さん、大下麻里さん、奥澤健さん、近藤優子さん、安田光治さん、清水雄太さん、角田鮎美さん、土居浩司さん、中川拓也さん、西本光子さん、宮下侑子さん、山角麻美さん、山本哲史さん、百合野美沢さん、養父淳悟さんにはいつも新たな気づきをいただきました。また、資料添削のトレーナーとレビュワーを務める丸尾武司さんにはいつも刺激をいただいています。ありがとうございました。

生成AIパートの執筆にあたり、きっかけを与えてくださった古澤剛さん、東京大学大学院教授の山崎俊彦先生、アドバイスをくださった中島敬太郎さん、新たな技術への窓を開いていただき、どうもありがとうございました。

そして、戦略的プレゼン資料作成講座を受講された6,000名以上の皆さんには、大きな示唆をいただきました。どうもありがとうございました。

最後に、日々の執筆をいつも応援し続けてくれた妻の文香と娘の陽(はる)に何よりの感謝を伝えたいと思います。どうもありがとうございました。

2025年1月

株式会社Rubato代表取締役

松上純一郎

※本書の内容をさらに深めたい方向けに、法人向け研修と個人向け研修を開催しております。詳しくは株式会社Rubato（info@rubato.co）までお気軽にお問い合わせください。

●著者紹介

松上　純一郎（まつがみ　じゅんいちろう）

同志社大学 文学部卒業、神戸大学大学院修了、英国University of East Anglia修士課程修了。
米国戦略コンサルティングファームのモニターグループ（現モニターデロイト）で、外資系製薬企業のマーケティング・営業戦略、外国政府の依頼によるツアリズムのマーケティング戦略、外資系医療機器メーカーの主要管理指標（KPI）策定、国内企業の海外進出戦略の策定に従事した。
その後、NGOに転じ、アライアンス・フォーラム財団にて日本企業の新興国進出支援プロジェクト（バングラデシュやザンビアでのソーラーパネルプロジェクト、栄養食品開発プロジェクト等）や営業改善プロジェクトを統括する。
現在は株式会社Rubatoの代表取締役を務める。Rubatoにて企業に対しての経営コンサルティングを提供する一方で、提案を伝え、人を動かす技術を多くの人に広めたいという想いで、2010年より資料作成講座を開始。毎回キャンセル待ちが出る人気講座となった。現在は企業向け人材育成サービスや個人向けビジネススキルトレーニングに事業を拡大し、ビジネスパーソンに必要なスキルの普及と啓蒙に努めている。
著書に『ドリルで学ぶ！人を動かす資料の作り方』（日本経済新聞出版社）、監修に『この1冊で伝わる資料を作る！ PowerPoint 暗黙のルール』（マイナビ出版）がある。

カバーデザイン◯西垂水敦（krran）
本文デザイン◯リンクアップ
レイアウト・図版作成◯リンクアップ
編集◯大和田洋平
技術評論社Webページ　https://book.gihyo.jp/116

■お問い合わせについて

本書の内容に関するご質問は、下記の宛先までFAXまたは書面にてお送りください。なお電話によるご質問、および本書に記載されている内容以外の事柄に関するご質問にはお答えできかねます。あらかじめご了承ください。

〒162-0846
新宿区市谷左内町21-13
株式会社技術評論社　書籍編集部
「PowerPoint資料作成 プロフェッショナルの大原則【生成AI対応版】」質問係
FAX番号　03-3513-6183

なお、ご質問の際に記載いただいた個人情報は、ご質問の返答以外の目的には使用いたしません。また、ご質問の返答後は速やかに破棄させていただきます。

PowerPoint資料作成 プロフェッショナルの大原則【生成AI対応版】

2025年1月29日　初版　第1刷発行
2025年2月15日　初版　第2刷発行

著者　　松上　純一郎
発行者　片岡　巖
発行所　株式会社技術評論社
　　　　東京都新宿区市谷左内町21-13
電話　　03-3513-6150　販売促進部
　　　　03-3513-6166　書籍編集部
印刷／製本　日経印刷株式会社

定価はカバーに表示してあります。

本書の一部または全部を著作権法の定める範囲を越え、無断で複写、複製、転載、テープ化、ファイルに落とすことを禁じます。

© 2025　松上純一郎

造本には細心の注意を払っておりますが、万一、乱丁（ページの乱れ）や落丁（ページの抜け）がございましたら、小社販売促進部までお送りください。送料小社負担にてお取り替えいたします。

ISBN978-4-297-14637-5 C3055

Printed in Japan